超值附赠近3GB的DVD光盘，内容包括440多个素材和源文件、500多分钟的视频教学，以及赠送2200多个素材文件

美工与创意
网页设计艺术

THE WEBPAGE DESIGNER'S IDEA BOOK

31集
500多分钟视频教学

第二版

云海科技 编著

ON

OFF

通过丰富的理论与案例，全面且细致地讲解从构思到设计，再到制作的网页创作流程和技术，是一本从网页美工到网页设计的教程。

这是一本写给网页设计师的创意书

U0286927

北京希望电子出版社
Beijing Hope Electronic Press
www.bhp.com.cn

内 容 简 介

本书通过丰富的理论与案例，全面且细致地讲解了从构思到设计，再到制作的网页创作流程和技术，是一本从网页美工到网页设计的教程。

本书从网页设计理论着手，第 1~2 章将网页设计的视觉与创意体现进行综合归纳；第 3~6 章对视觉与创意所涉及的网页效果图、网页文字、网页版式及网页配色等知识分章节细致全面的介绍；第 7~10 章则通过 Photoshop、Dreamweaver、Flash 三个常用网页制作软件对网页设计技术知识进行讲解；最后通过两个综合案例"企业网站设计"及"Flash 全站设计"的设计制作，全面而系统地讲解了网页设计的全过程。

本书讲解循序渐进，理论与实例相结合，技术全面、细致，适用于网页制作初学者和网页设计爱好者学习阅读，同时可作为培训班及各大、中专院校的参考教材。

本书配套 1 张 DVD 光盘，其中包括了书中部分实例的素材及源文件，以及部分实例的高清语音视频教学。

图书在版编目（CIP）数据

美工与创意：网页设计艺术 / 云海科技编著. —2 版. —北京：
北京希望电子出版社，2015.1

ISBN 978-7-83002-166-5

Ⅰ．①美… Ⅱ．①云… Ⅲ．①网页制作工具－教材 Ⅳ.
①TP393.092

中国版本图书馆 CIP 数据核字（2014）第 259492 号

出版：北京希望电子出版社	封面：付　巍
地址：北京市海淀区中关村大街 22 号	编辑：刘秀青
中科大厦 A 座 9 层	校对：方加青
邮编：100190	开本：787mm×1092mm　　1/16
网址：www.bhp.com.cn	印张：18
电话：010-62978181（总机）转发行部	印数：3001-4500
010-82702675（邮购）	字数：427 千字
传真：010-82702698	印刷：北京昌联印刷有限公司
经销：各地新华书店	版次：2016 年 8 月 1 版 2 次印刷

定价：39.80 元（配 1 张 DVD 光盘）

前言
PREFACE

网页设计的工作目标，是通过使用更合理的颜色、字体、图片、样式进行页面美化，尽可能给予用户完美的视觉体验。因此，网页设计的前提是理解视觉传达的原理，掌握网页设计中所需的配色、版式布局、效果图、动画的应用，从而设计出美观实用的网页界面。同时，掌握网页设计软件的使用，便于将创意思维通过技术完美实现。

本书内容

本书是一本从网页美工到网页设计的教程，内容涵盖网页视觉设计、网页创意开发、网页效果图、网页文字编排、网页版式布局、网页配色应用、Photoshop网页效果图设计、Dreamweaver网页设计、Flash网页动画设计、动态网页技术及综合网页设计实例。采用循序渐进的方法，通过理论与实例相结合的形式，对网页制作的技术及流程进行了全面、细致的讲解。

本书特色

1. 美工与技术完美结合

本书将网页设计中的视觉创意与网页设计技术相结合，第1~2章将网页设计的视觉与创意体现进行综合归纳。第3~6章对视觉与创意所涉及的网页效果图、网页文字、网页版式及网页配色等知识分章节细致全面的介绍。第7~10章则通过Photoshop、Dreamweaver、Flash三个常用网页制作软件对网页设计技术知识进行讲解。

2. 专业与全面的知识体系

本书中不仅涉及网页的前台设计，还讲述了动态网页的实现：利用Photoshop制作网页效果图，对效果图进行切片；利用Dreamweaver设计网页；利用Flash制作网页动画。另外，通过Visual Studio实现动态网站开发等知识的讲解，体系了本书的专业和全面性。

3. 视频教学全程辅导

本书配有教学光盘，精心录制了书中部分实例的视频讲解，通过书盘结合学习，能成倍提高学习兴趣和效率。另外，光盘中还包括了书中部分实例的素材及源文件，方便读者的参考与操作练习。

创作团队

本书由云海科技编著，参与编写的有陈志民、陈运炳、申玉秀、李红萍、李红艺、李红术、陈云香、陈文香、陈军云、彭斌全、林小群、刘清平、钟睦、刘里锋、朱海涛、廖博、喻文明、易盛、陈晶、张绍华、黄柯、何凯、黄华、陈文轶、杨少波、杨芳、刘有良、刘珊、赵祖欣、齐慧明、胡莹君等。

由于作者水平有限，书中错误、疏漏之处在所难免。在感谢您选择本书的同时，也希望您能够把对本书的意见和建议告诉我们。

联系邮箱：lushanbook@gmail.com，bhpbangzhu@163.com。

编著者

目 录
CONTENTS

第5章　网页版式布局·043

美工与创意　网页设计艺术　第二版

第8章 Dreamweaver网页设计·121

第9章 Flash网页动画设计 · 168

第10章 动态网页技术 · 198

第11章　综合网页设计实例·234

第1章 网页视觉设计

网页是通过引人注目的色彩、文字、图像等视觉元素而实现信息内容的传达，因此网页视觉设计关系到网站的可读性及体验度。本章通过介绍网页设计的概述及基础知识，帮助读者对网页设计、制作有清晰的认识与了解，为后续的网页制作打下基础。

1.1 网页设计概述

网页设计属于视觉传达设计的范畴，通过图文并茂的页面设计，实现信息传达；通过使用合理的颜色、字体、图片、样式进行页面设计美化，给予浏览者完美的视觉体验。

1.1.1 网页设计理念

网页设计一直在随着时代的发展而不断变化着，下面介绍网页设计的理念。

1. 主题鲜明

网页设计，作为视觉设计范畴的一种，其最终目的是达到最佳的主题诉求效果。这种效果的取得，一方面通过对网页主题思想运用逻辑规律进行条理性处理，使之符合浏览者获取信息的心理需求和逻辑方式，让浏览者快速地理解和吸收；另一方面通过对网页构成元素运用艺术的形式美法则进行条理性处理，更好地营造符合设计目的的视觉环境，突出主题，增强浏览者对网页的注意力，增进浏览者对网页内容的理解。只有两个方面有机地统一，才能实现最佳的主题诉求效果。

优秀的网页设计必然服务于网站的主题，就是说，什么样的网站，应该有什么样的设计。例如，设计类的个人站点与商业站点性质不同，目的也不同，所以评判的标准也不同。网页艺术设计与网站主题的关系应该是这样：首先，设计是为主题服务的；其次，设计是艺术和技术结合的产物，就是说，即要"美"，又要实现"功能"；最后，"美"和"功能"都是为了更好地表达主题。

只注重主题思想的条理性而忽视网页构成元素空间关系的形式美组合，或者只重视网页形式上的条理而淡化主题思想的逻辑，都将削弱网页主题的最佳诉求效果，难以吸引浏览者的注意力，导致平庸的网页设计或使网页设计以失败而告终。

要使网页从形式上获得良好的诱导力，鲜明地突出诉求主题，具体可以通过对网页的空间层次、主从关系、视觉秩序及彼此间的逻辑性的把握运用来达到。

2. 形式与内容统一

网页设计既要体现出独具的分量和特有的价值，又要确保网页上的每一个元素都有存在的必要性，通过认真设计和充分的考虑，在体现美感的同时实现全面的功能，也就是实现形式与内容的统一。

网页具有多屏、分页、嵌套等特性，设计网页时可以对其进行形式上的适当变化，以达到多变性处理效果，丰富整个网页的形式美。这就要求设计时在注意单个页面形式与内容统一的同时，更不能忽视同一主题下多个分页面组成的整体网页的形式与整体内容的统一。

3. 强调整体

网页的整体性包括内容和形式上的整体性。网页是传播信息的载体，它要表达的是一定的内容、主题和意念，在适当的时间和空间环境里为人们所理解和接受，以满足人们的实用和需求为目标。设计时强调其整体性，可以使浏览者更快捷、更准确、更全面地认识它、掌握它，并给人一种内部有机联系、外部和谐完整的美感。整体性也是体现一个站点独特风格的重要手段之一。

网页的结构形式是由各种视听要素组成的。在设计网页时，强调页面各组成部分的共性因素或者使诸部分共同含有某种形式特征，是求得整体的常用方法。这主要从版式、色彩、风格等方面入手。一个站点通常只使用2~3种标准色，并注意色彩搭配的和谐；对于分屏的长页面，不可设计完第一屏再考虑下一屏。同样，整个网页内部的页面，都应统一规划，统一风格，让浏览者体会到设计者完整的设计思想。

1.1.2 网页设计分类

一个内容丰富、排版合理、色调搭配舒适的网站才能吸引浏览者长期的光顾。只有了解了网页的不同类型以及特点，才能根据不同的特色来进行网页设计。

从形式上，可以将网页设计分为3类。

1. 资讯类

如新浪、网易、搜狐等门户网站，如图1-1所示。这类网页将为访问者提供大量的信息，而且访问量较大。因此网页设计时需注意页面的分割、结构合理、页面的优化和界面的亲和力等问题。

图1-1 资讯类网页

2. 资讯和形象相结合

比如一些较大的公司、国内的高校等，如图1-2所示。这类网页在平面设计上要求较高，既要保证资讯类网站的上述要求，同时又要突出企业、单位的形象。

图1-2 资讯和形象相结合的网页

3. 形象类

比如一些中小型的公司或单位，如图1-3所示。这类网页需要实现的功能也较为简单，网页设计的主要任务就是突出企业形象，网页设计需要美观。因此，需要把网页设计形式进行艺术化的处理，更要把美观和实用性相结合，方便浏览和阅读。

图1-3 形象类网页

1.1.3 网页视觉设计

网页视觉设计原则关系到网站的用户体验，网页设计师只有充分了解设计原则才能设计出更好的网页。下面介绍网页的视觉设计原则。

1. 视觉要素

视觉要素包括通过字体表达产品风格、通过配色展示产品定位、营造统一的品牌形象、造型让产品更有冲击力、模拟现实世界匹配用户心智模型等，下面进行具体介绍。

➢ 通过字体表达产品风格：视觉设计中，字体的选择对于产品风格的表现是作用明显的，同一段文字，用不同字体写出，感觉千差万别。

➢ 通过配色展示产品定位：这是设计师必用的方法。视觉设计前期的调研阶段，常常通过情绪版提炼适合目标用户的颜色，形成一整套的配色方案。

➢ 营造统一的品牌形象：品牌形象是一个很大的领域，具体到某个产品的品牌感，更多的还是通过视觉形象来传达。这就需要视觉设计师制定一套系统的视觉体系，让用户看一眼就能清晰地辨认。

➢ 造型让产品更有冲击力：视觉设计中，夸张的造型对用户的冲击力非常大，很容易一下抓住用户。

➢ 模拟现实世界匹配用户心智模型：原型设计中常说，操作方式要符合用户的心智模型，其实视觉设计也一样。把一些现实元素拿来模拟真实世界，会给用户身临其境的感觉。

2. 交互与视觉配合

交互与视觉配合包括重要内容留在首屏、让页面有层次有重点、插图让产品更有情感、巧用图标页面更精彩、栅格化提升用户体验和开发成本等，下面进行具体介绍。

- ➢ 重要内容留在首屏：首屏相当于报纸的头版，是网页视图呈现给访客的第一屏幕，在不需要滚动条的前提下可观看的浏览面积。首屏是一个访客对网站的第一眼印象，因此将重要内容留在首屏至关重要。
- ➢ 让页面有层次有重点：交互设计师完成页面布局设计，突出页面重点，方便用户浏览信息、完成任务。视觉设计阶段，好的设计稿对于延续前期交互理念、引导用户操作是非常有帮助的。
- ➢ 插图让产品更有情感：在文章页面中使用一张张插图，使产品具有情感。
- ➢ 巧用图标，页面更精彩：图标设计是视觉设计非常重要的一部分，很多难懂的内容配上图标图形化解释会更容易理解。相反，如果图标的设计元素不合适，或是将图标和背景乱用，也会干扰用户理解。
- ➢ 栅格化提升用户体验和开发成本：在视觉设计中，栅格化越来越受重视。栅格化可以统一页面的布局，提升用户的浏览操作体验；将页面模块的尺寸标准化，降低开发和维护的成本；同时，栅格化也是网页设计专业度的体现。

1.2 网页设计的构成

在网页设计中，要实现信息内容的有效传达，就需通过将网页设计的各构成要素进行设计编排来实现。

📷 1.2.1 构成要素

网页的构成要素包括文字、图像、色彩、版式等。

1. 文字

文字是最容易传递信息和最通用的一种沟通方式。文字在一些应用实例中，甚至不需要任何装饰与组合，便能独立地成为一个完美的视觉传达。

在网页设计中，文字作为画面构成的基本要素，通过平面设计展现自身极强的表现力。在设计网页时，根据网页的内容，选择使用3~4种字体，通过精心的平面规划与编排，使文字配合网页画面达到和谐与统一，如图1-4所示。

图1-4 网页设计中的文字

字体的选择要与网站内容的性质相吻合。如休闲娱乐类网页，文字字体鲜亮明快，给人以优美清新、轻松愉悦的感受，如图1-5所示。

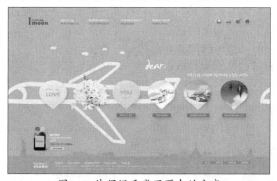

图1-5 休闲娱乐类网页中的文字

有关历史文化方面的网页，字体应具有一种苍劲古朴、端庄典雅的格调，如图1-6所示；政府网页，其文字具有庄重和严肃性，字体规整简洁；公司网页可根据行业性质和企业理念，对字体进行编排与设计，使其符合主题内容；个人主页可以根据个人的爱好与兴趣，充分展示个性和特色。

图1-6 历史文化类网页中的文字

总之，文字的主要功能是在视觉传达中向大众传达设计者的意图和各种信息，要达到这一目的要做到以下几点：提高文字的可读性；文字的位置符合网页设计要求；视觉和色彩在形式上给人以美感；在整体设计上要有独特风格和色调，并力求形式上的创新。

2. 图像

图片是文字以外最早引入网络中的多媒体对象，图片的引入大大美化了网页。可以说，要使网页在纯文本的基本上变得更有趣味，最为简捷省力的方法就是使用图片。对于一条信息来说，图片对浏览者的吸引远远超过单纯的文字。

网页图片的质量要求不高，通常分辨率为72px，是大多数图片的最佳选择。网页中的图片在网络传输中受到带宽的限制，因此，图片的文件尺寸在一定范围内越小越好。

图片的位置、面积、数量、形式、方向等直接关系到网页的视觉传达。在选择和优化图片的同时，应考虑图片在整体网页设计中的作用，注意统一、悦目、突出重点，以达到和谐整齐，如图1-7所示。

图1-7 网页中的图像

3. 色彩

进入网站，首先映入眼帘的就是网页的色彩，如图1-8所示。在网页设计中，首先要根据网站内容，设计适合的色调组合，形成"总体协调，局部对比"的特点，即页面的整体色彩设计在色调上应形成自己独特的风格，在一些特定的版面上可以有小部分的色彩对比。

图1-8 色彩

一个成功的网页设计，首先应清楚网站信息所要传达给的浏览者，然后根据页面内容的性质，确定最适合的色调设计，这样才能使浏览者被网页的整体色调感觉所吸引，从而提高网站的点击率与回访率，如图1-9所示。

图1-9 合适的色调

在网页设计时，应选择一种能表现主题的主色调，然后根据具体的需要，应用颜色的近似与对比完成整个页面的配色方案。设计的任务不同，配色方案也随之不同。再考虑到网页的适用性，选色时应尽量选择网页安全色。一般而言，一个网页的颜色尽量不要超过4种，使用太多的色彩会让人感觉没有方向感、轻重感。但在特定的情况下，还是有变化的，例如娱乐性网站就需要绚丽多彩。

4. 版式

网页版式的设计是技术性与艺术性的高度统一，是视觉传达的重要手段，是网页设计的重要组成部分。它是指将文字、图形等视觉元素进行组合配置，使页面整体的视觉效果美观而易读，便于阅读理解，实现信息传达的最佳效果。一个网页成功地吸引浏览者，往往并非仅仅依赖于几张引人注目的图片或标题，而更依靠成功的版式设计。好的版式，首先以清晰的视觉导向使浏览者对网页内容一目了然，其次又以巧妙的图文搭配使浏览者感受悦目的视觉效果，如图1-10所示。

图1-10 网页版式

📷 1.2.2 设计特性

网页有其自身的设计特性，包括信息传达性、主题明确性、形式简洁性、界面一致性、使用便利性等。

1. 信息传达性

虽然网页设计是将技术性和艺术性融为一体的创造性活动，但网页设计应时刻围绕"信息传达"这一主题来进行。从根本上来看，它是一种以功能性为主的设计。网页设计是一项创造性的工作，要求网页设计师通过有效吸引视线的艺术形式清晰、准确、有力地传达信息。网页审美从属于网页内容，其本身不可能独立存在。网页设计的审美功能不仅由界面形式所决定，很大程度上也受到操作顺畅程序、信息接收心理及信息接受形式等因素的影响，具有很明显的综合性。网页设计需要充分体现功能第一的原则，以功能要求为设计的主要出发点，综合考虑，整体设计，以求达到最佳效果。

2. 主题明确性

对网页中主题形象的构思要以主题明确、易

于接受的原则来设计，如图1-11所示。在网页中出现的视觉形象要适应大多数浏览者的品味，越明确、越通俗、越具体越好。应尽量让各层次的浏览者都能接受、理解，通过通俗易懂的形象来吸引浏览者的注意，以引发他们的联想从而达到信息的认知。尽量避免费解的、冷漠的形象进行说教式信息的传递。

图1-11 主题明确性

3. 形式简洁性

形式简洁能加强网页界面的视觉冲击力，起到迅速传递信息的作用。网页的形式应力求"删繁就简"、"以少胜多"，摒弃一切分散浏览者注意力的图形、线条等可有可无的装饰性元素，使参与形式构成的诸元素均与欲传递的内容直接相关。各种元素的编排也应简明、清晰。另外，形式简洁也符合形式美的要求。简洁的图形、醒目的文字、大的色块更符合形式美和当今人们的欣赏趣味，令人百看不厌，回味无穷，联想丰富，如图1-12所示。

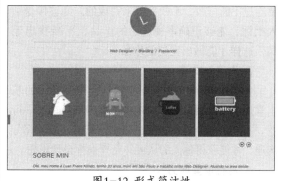

图1-12 形式简洁性

4. 界面一致性

界面一致性是实用性的关键。网页设计应保持一贯性，若网站内导航的位置、页面的版式等不能保持一致性，则会给用户带来混乱感，无法找到需要的信息。另外，网页界面设计应遵循普遍原则，符合浏览者的阅读习惯，才能让用户很容易适应。

5. 使用便利性

在网页设计时，最重要也是最关键一点就是站在浏览者的立场上去思考设计。做到既能给浏览者带来方便，又兼备视觉冲击力。不能盲目为了网页美观而设计网页，如将网页中的文字调小或变换颜色，使其接近背景色而更具美感，这样的设计只能给浏览者带来读取网页的不便。

1.3 网页设计的实现

网页设计的实现包括对网页设计师的要求，了解网页设计的误区，熟悉网页设计的流程，及掌握网页设计的原则。

1.3.1 网页设计师的要求

在信息时代的今天，互联网无处不在，网页设计师角色的重要性不断凸显出来。那网页设计师有哪些要求呢？

1. 用心与责任

用心与责任，这是作为一个设计师最基本的要求。设计师是否用心去设计、是否考虑到整个网站的各个细节，每个小细节是否都用心去处理，这是决定一个网页设计师合格与否的要求之一。

2. 端正的态度

网页设计师必须具备端正的态度和良好的心态，这是一个心理素质问题。一个优秀的网页是需要通过不断修改、不断完善来完成的。能够接受别人批评，能够正确审视自己的作品，不断找出毛病，这样才能做出完美的作品。

3. 沟通与交流

沟通与交流，也是作为一名合格设计师的基本素质。设计网页时，应该换位思考，站在不同行业、不同角度分析整个网站的设计思路，进行充分沟通，才能获得他人的认可并充实发挥设计思想。

4. 富有审美能力

审美能力，是作为设计师最基本的素质之一。在平面设计中的对比、均衡、重复、比例、近似、渐变及节奏美、韵律美等审美观点，都能在网页设计中显示出来。当然并不是页面做得好看、具有美感的网页就一定让人感兴趣，好的网页也要建立在好的内容基础上。网页的界面设计应该以布局的美为标准，有规律可循，这是网页设计师需具备的要求。

5. 掌握软件知识

技术是作为网页设计师最基本的要求，网页设计师应该掌握以下的几个软件。

> - Photoshop：熟练图像处理、制作图像特效、文字特效、图像切片等操作。
> - Dreamweaver：熟练样式应用、框架布局、排版、网页交互、静态网页、表单网页、动态网页的制作等。
> - Flash：制作各种动画效果，包括游戏、贺卡、MTV、动画短片、教学课件等。

6. 熟悉脚本语言

作为网页设计师，需要学习掌握HTML超文本设计语言的原理与语法、CSS层叠样式表单，以及了解Javascript脚本语言、Flash中的Action Script等。

1.3.2 网页设计误区

设计一个非常好的网页是一件非常不容易的事情。为了帮助设计初学者少走弯路，下面列出了一些网页设计上的误区。

1. 缺乏空白区域

很多设计初学都想在第一个页面提供更多的内容，从而忽略了网页的留白。只有适当的保留一定的空白区域，才能使网页设计及布局更迎合访问者的习惯，也能尽可能地避免视觉疲劳。

2. 不合理的颜色搭配

初学者在网页设计时，一味追求视觉冲击力，很容易忽略产品本身的作用，不合理地使用颜色，从而影响了网页的体验。因此，在网页设计前，需要先了解色彩、色彩的搭配及色彩的心理效应等知识。

3. 页面内容过多

在网页布局中可以拥有很多空白区域，同时也可以包含大量信息。通常人们都是先扫上几眼页面布局，因此设计人员应该让整个布局可被快速浏览。一个拥有信息太多的网站，如插入太多的图标、按钮和图片，将会非常难以浏览，会让网站的易用度大打折扣。

4. 图片使用不当

一张图片可能抵得过上百个文字，但是如果使用不当，则布局设计就失败了。文字内容、布局和图片应该组合使用，它们并不是分离的个体。

图片应该能有效地说明网站需要表达的信息，这是在设计时最先需要考虑的因素。

5. 忽略了字体排版

因为网页中的文字数量多或者非常少就忽略了文字排版是一个非常大的错误。文字排版不是一个简单地如何选择字体的过程，它还包含了句子、段落、标题的组织方式，以及文字同图片的编排等。

6. 忽略了网页的可用性及使用感受

网页的可用性关乎浏览者的体验感受，如网页中链接的高亮显示、人们浏览网页的习惯、网站各个页面设计的一致性，等等，都关系到了网页的可用性。

7. 缺乏事先思考

初学者由于缺乏经验，在设计网页时可能会再三修改也不能确定最终方案。因此，在网页设计前思考整个布局的大概设计，这种方式可以节省很多时间和资源。

1.3.3 网页设计流程

网站伴随着网络的快速发展而快速兴起，同时作为上网的主要依托，由于人们使用网络的频繁而变得非常重要。由于企业需要通过网站呈现产品、服务、理念、文化，或向浏览者提供某种功能服务，因此网页设计必须首先明确设计主题，从而做出切实可行的设计方案。具体的网页设计流程如下。

1. 明确主题

在目标明确的基础上，完成网站的构思创意，即总体设计方案。对网站的整体风格和特色作出定位，规划网站的组织结构。

Web站点应针对所服务对象的不同而具有不同的形式。有些站点只提供简洁文本信息；有些则采用多媒体表现手法，提供华丽的图像、闪烁的灯光、复杂的页面布置，甚至可以下载声音和录像片段。好的Web站点把图形表现手法和有效的组织与通信结合起来。

为了做到主题鲜明突出、要点明确，应该使配色和图片围绕预定的主题；调动一切手段充分表现网站的个性和情趣，体现出网站的特点。

2. 设计思路

➢ 简洁实用：这是非常重要的，网络特殊环境下，尽量以最高效率的方式将用户所要想得到的信息传送给他就是最好的，所以要去掉所有的冗余的东西。

➢ 使用方便：同第一点是一致的，满足使用者的要求，网页做得越适合使用，就越显示出其功能美。

➢ 整体性好：一个网站强调的就是一个整体，只有围绕一个统一的目标所做的设计才是成功的。

➢ 网站形象突出：一个符合美的标准的网页是能够使网站的形象得到最大限度的提升的。

➢ 页面用色协调：页面颜色布局符合形式美的要求。

➢ 布局有条理：充分利用美的形式，使网页富有可欣赏性，提高档次。

➢ 交互性强：发挥网络的优势，使每个使用者都参与到其中来。

3. 版式设计

网页设计作为一种视觉语言，特别讲究编排和布局，虽然主页的设计不等同于平面设计，但它们有许多相近之处。

版式设计通过文字图形的空间组合，表达出和谐与美。

多页面站点页面的编排设计要求把页面之间的有机联系反映出来，特别要求处理好页面之间和页面内的秩序与内容的关系。为了达到最佳的视觉表现效果，需反复推敲整体布局的合理性，使浏览者有一个流畅的视觉体验。

4. 色彩应用

色彩是艺术表现的要素之一。在网页设计中，设计师根据和谐、均衡和重点突出的原则，将不同的色彩进行组合、搭配来构成美丽的页面，根据色彩对人们心理的影响，合理地加以运用。

5. 形式内容

为了将丰富的意义和多样的形式组织成统一的页面结构，形式语言必须符合页面的内容，体现内容的丰富含义。

灵活运用对比与调和、对称与平衡、节奏与韵律以及留白等手段，通过空间、文字、图形之间的相互关系建立整体的均衡状态，产生和谐的美感。

6. 三维空间的构成

网络上的三维空间是一个假想空间，这种空间关系需借助动静变化、图像的比例关系等空间因素表现出来。在页面中，图片、文字位置前后叠压或页面位置变化所产生的视觉效果都各不同。通过图片、文字前后叠压所构成的空间层次不太适合网页设计。尽管这种叠压排列能产生强节奏的空间层次，视觉效果强烈，根据现有浏览器的特点，网页设计适合比较规范、简明的页面。

网页上常见的是页面上、下、左、右、中位置所产生的空间关系，以及疏密的位置关系所产生的空间层次，这两种位置关系使产生的空间层次富有弹性，同时也让人产生轻松或紧迫的心理感受。

7. 多媒体

网络资源的优势之一是多媒体功能。要吸引浏览者注意力，网页的内容可以用三维动画、Flash等来表现。但要由于网络宽带的限制，在使用多媒体的形式表现网页的内容时，不得不考虑客户端的传输速度。

8. 导向清晰

网页设计中，导航使用超文本链接或图片链接，使人们能够在网站上自由前进或后退，而不必让他们使用浏览器上的前进或后退按钮。

9. 下载迅速

很多的浏览者不会进入需要等待5分钟下载时间才能进入的网站，在互联网上30秒的等待时间与我们平常10分钟等待时间的感觉相同。因此，建议在网页设计中尽量避免使用过多的图片及体积过大的图片。主要页面的容量应确保普通浏览者页面等待时间不超过10秒。

10. 非图形内容

在必要时适当使用动态图片，为减少动画容量，应用巧妙设计的Java动画可以用很小的容量使图形或文字产生动态的效果。但是，由于在互联网上浏览的大多是一些寻找信息的人，因此网站将为他们提供有价值的内容，而不是过度的装饰。

11. 反馈与沟通

如果是产品或服务介绍网站，应该有留言、电话、在线咨询等功能或信息呈现。

在企业的网页站点上，要认真回复用户的电子邮件和传统的联系方式如信件、电话垂询和传真，做到有问必答。最好将用户的用意进行分类，如售前一般了解、售后服务等，由相关部门处理，使网站访问者感受到企业的真实存在并由此产生信任感。

12. 测试改进

测试实际上是模拟用户询问网站的过程，以发现问题并改进网页设计。应该与用户共同安排网站测试。

13. 内容更新

企业Web站点建立后，要不断更新网页内容。站点信息的不断更新，让浏览者了解企业的发展动态和网上职务等，同时也会帮助企业建立良好的形象。

1.3.4 网页设计原则

网页设计是有原则的，无论使用何种手法对画面中的元素进行组合，都一定要遵循5个大的原则：统一、连贯、分割、对比及和谐。

1. 统一

统一是指设计作品的整体性、一致性。设计作品的整体效果是至关重要的，在设计中切勿将各组成部分孤立分散，那样会使画面呈现出一种枝蔓纷杂的凌乱效果。

2. 连贯

连贯是指要注意页面的相互关系。设计中应利用各组成部分在内容上的内在联系和表现形式上的相互呼应，并注意整个页面设计风格的一致性，实现视觉上和心理上的连贯，使整个页面设计的各个部分极为融洽，犹如一气呵成。

3. 分割

分割是指将页面分成若干小块，小块之间有视觉上的不同，这样可以使观者一目了然。在信息量很多时，为使观者能够看清楚，就要注意将画面进行有效的分割。分割不仅是表现形式的需要，换个角度来讲，分割也可以被视为对于页面内容的一种分类归纳。

4. 对比

对比就是通过矛盾和冲突，使设计更加富有生气。对比手法很多，如多与少、曲与直、强与弱、长与短、粗与细、疏与密、虚与实、主与次、黑与白、动与静、美与丑、聚与散，等等。在使用对比的时候应慎重，对比过强容易破坏美感，影响统一。

5. 和谐

和谐是指整个页面符合美的法则，浑然一体。如果一个网页设计仅仅是色彩、形状、线条等的随意混合，那么作品将不但没有"生命感"，而且也根本无法实现视觉设计的传达功能。和谐不仅要看结构形式，而且要看作品所形成的视觉效果能否与人的视觉感受形成一种沟通，产生心灵的共鸣。这是设计能否成功的关键。

第2章 网页创意开发

创意是创造意识或创新意识的简称，指对现实存在事物的理解以及认知，所衍生出的一种新的抽象思维和行为潜能。在网页设计中，创意是网页的灵魂，是成功网页的先决因素。

2.1 创意设计与开发

创意设计，把再简单不过的东西或想法不断延伸给予的另一种表现方式。一个网站如何在浏览者中确定自己的形象，就必须具有突出的个性。在网页设计中，要想达到吸引浏览者、引起共鸣的目的，就必须依靠网站自身独特的创意，因此创意是网站存在的关键。好的创意能巧妙、恰如其分地表现主题、渲染气氛，增加网页的感染力，让人过目不忘，并且能够使网页具有整体协调的风格。

📷 2.1.1 关于创意设计

创意是人类的一种思维活动，是人们在认识事物的过程中，运用自己所掌握的知识和经验，通过分析、综合、比较、抽象，再加上合理的想象产生的新思想、新观点的思维方式。

创意设计，简而言之，它是由创意与设计两部分构成，是将富于创造性的思想、理念以设计的方式予以延伸、呈现与诠释的过程或结果。设计是前提，思维是手段，如图2-1所示为不同领域的创意设计。

图2-1 不同领域的创意设计

下面介绍创意思维的分类。

1. 发展思维

以思维的中心点向外辐射、扩散，积极地思考和联想，产生多方向、多角度的捕捉创作灵感的触角。发展思维的结构形式包括树型结构、伞型结构、网状结构等。

2. 逆向思维

打破原有思维定式，将思维的方向和逻辑顺序完全颠倒过来，反其道而行，以达到异、新、奇的视觉效果。例如，网页设计中非均衡的视觉效果及色彩的反向运用等。

3. 独特思维

勇于挑战，超越常规、习惯的认识模式，综合复杂环境中的多种元素，产生一种新颖的不同凡响的视觉效果。独特思维的规则就是人无我有，人有我变。

4. 思维的灵活性

思维的灵活性指改变思维的能力。

> 举一反三，触类旁通。
> 思维扩散、聚合。

5. 思维进程的跨越性

创意超越了思维的步骤，因某一事物激发起突然的顿悟。

6. 思维效果的整体性

整体性是创新性思维的基本要求，脱离整体性，作品就会显得凌乱。

7. 思维认识的深刻性

明察秋毫、入木三分、见微知著，抓住事物的本质和发展趋向。

8. 思维表达的流畅性

流畅性是对思维速度和效率的综合评价。影响思维流畅性的因素有知识储备、思维的敏锐性。

📷 2.1.2 网页中的创意思维

在网页设计中，最核心的因素是创造性思

维。在网页设计中，为了创造出高质量的作品，往往需要用多种思维方式来开发对事物的理解，不断发现事物全新的含义，并赋予其新的表现形式和生命力。

在网页设计中，创意的中心任务是表现主题。因此，创意阶段的一切思考方向都要围绕着主题来进行。

1. 创意思维的原则

（1）审美原则

好的创意必须具有审美性。一种创意如果不能给浏览者以好的审美感受，就不会产生好的效果。创意的审美原则要求所设计的内容健康、生动、符合人们的审美观念。

（2）目标原则

创意自身必须与创意目标相吻合，创意必须能够反映主题，表现主题。网页设计必须具有明确的目标性。网页设计的目的是为了更好地体现网站内容。

（3）系列原则

系列原则符合"寓多样式于统一之中"这种形式美的基本法则，是在具有同一设计要素或同一造型、同一风格或同一色彩、同一格局等的基础上进行连续的发展变化，既有重复的变迁，又有渐变的规律。这种系列变化，体现了网站的整体运作能力和水平，增强了网站的固定印象和信任度。

（4）简洁原则

要做到简洁原则有以下几点。

➤ 明确主题，抓住重点，不能本末倒置、喧宾夺主。

➤ 注意修饰得当，做到含而不露、蓄而不发，以凝炼、朴素、自然为美。

2. 创意过程

创意是传达信息的一种特别方式，创意开发有5个过程。

➤ 准备期：研究所搜集的资料，根据以往经验，启发新的创意。

➤ 孵化期：将资料咀嚼消化，使意识自由发展，任意重组。

➤ 启示期：意识发展并结合，产生创意。

➤ 验证期：将产生的创意讨论修正。

➤ 形成期：设计制作网页，将创意具体化。

2.2 网页中的设计创意

网页创意设计的过程需要设计人员新颖的思维作铺垫。好的创意是在借鉴的基础上，利用已经获取的设计形式，来丰富自己的知识，从而启发创造性的设计思路。

📷 2.2.1 联想与想象

界面中使用富于联想性的图形和色彩，可以使浏览者在形象与主题之间建立必然的联系，从而起到加强主题表现的作用。联想型创意要选择大众最熟悉的联想形象诱导浏览者。网页中的图标设计大多运用联想。例如，信封或邮筒的形象是"与我们联系"，麦克风的形象是"我要发言"，房子的形象是"主页或首页"等，如图2-2所示。

图2-2 网页图标具有联想性

对设计师而言，联想与想象是至关重要的，可以说是创意与作品之间的桥梁纽带。要完成一个作品，首先要通过联想和想象找出创意，接下来才能实际进行设计。

1. 横向思维方式的拓展——联想

联想是因某事物而想起与之有关事物的思想活动，是横向的思维。事物与事物之间存在或多或少的必然联系，通过联想机制的作用，使客观事物通过各种方式互相联系起来，这种联系正是联想的桥梁。通过联想这座桥梁，可以找出表面相同、相似、毫无关系甚至相隔甚远的事物之间内在的关联性，这种事物间的关联性可促使创意产生。在联想过程中，包括具象联想和抽象联想。

> 具象联想：具象联想是人们通过一个具体的事物联想到另外一个具体的事物，是一件事物对于另一件事物的活动。这在平面设计、包装设计中常被运用，是形象与形象置换关系的桥梁，通过这些形象置换的完成，巧妙地传递着信息。例如，由圆柱形的烟囱联想到相似的树桩，由地球冰川热化联想到冰淇淋融化，由地球的树木联想到人们的汗毛等。具象联想是创意中常用的采用两种形象表现作品的手法。

> 抽象联想：抽象联想是由一事物想起和其有关的信仰、理念、状态和风格等，是更深入层次上的联想，是建立在人们感官、信仰、风俗、理念等基础上的联想。例如，由绿色联想到和平、绿化、环境、生态问题，由枪炮联想到死亡、战争、暴力、冲突问题，由吸烟联想到道德、健康问题，由文字联想到文化、历史、风俗、人文等。这些抽象的联想往往使创意主题更加深刻、动人，增加了作品感染力，运用准确就会产生事半功倍的效果。

2. 纵向思维方式的拓展——想象

想象是为设计创造目的而形成的有意识的观念或心理意向，这种心理活动能在原有感性形象的基础上创造出新的形象。如果说联想是横向的思维，那么想象则是纵向的思维。想象中这些新的形象是由积累的感性材料经过加工改造所形成的，人们虽然能想出从未感知过的或是现实生活中不存在的事物形象，但想象归根到底来源于客观现实存在的视觉信息，是在社会实践中发生、发展起来的。想象依赖于设计师的综合素养及创造能力，想象的完成是更深一步的思维过程，人们在创造新颖的、奇特的创意时，离不开想象机制的作用。

设计师在设计作品的时候，事实上是一个审美的过程。在这个过程中，设计师们利用丰富的联想和想象来超越时间和空间的束缚，尽可能地把艺术形象的容量扩大，使画面的意境和新奇效果得到加深，最终以激发受众群体的极大兴趣。想要让设计达到事半功倍的效果，就要增加创意的数量，最后还是得落实到联想和想象上面来。

📷 2.2.2　比喻与比拟

比喻与联想的不同之处在于，联想选用与主题直接关联的形象，比喻则选用与主题在某些方面有些许相近的形象，如图2-3所示。比喻的形象在某一特点上与主题相同甚至比主题更加美好，从而加强主题的特点，增加界面的形式美感和浏览者的兴趣。

图2-3　比喻

比喻是把要表达的内容作为本体，通过相关联的喻体去表现内容的本质特征，比体与本体之间要求有相类似的特征。

比喻的种类有明喻、暗喻、借喻等。

> 明喻：本体与喻体形象共同出现在页面当中
> 暗喻：也称隐喻，只有喻体，没有本体形象出现。
> 借喻：是引用某些事物做喻体，用来状物、抒情、说明。
> 比拟：分为两种，拟人或拟物。
> 拟人：把物当作人来表现。
> 拟物：把人当作物来表现。

比拟离不开联想和想象，其效果使网页中内容更形象、生动，从而增强感染力。比拟可以让静态变得生动起来，让呆板变得有生机活力，让抽象的形象变得具体，从而增加作品的艺术魅力，如图2-4所示。

图2-4　比拟

📷 2.2.3　夸张与变形

夸张就是把作品中所宣传对象的特征、性质特意放大或渲染，突出自然形态中最本质、最典型的部分，使主体特征更加鲜明突出，如图2-5所示。

图2-5　夸张

变形手法在实际运用中的表现方式为拉伸、压缩、扭曲、畸变或将某一部分突出渲染，如图2-6所示。

图2-6　变形

📷 2.2.4　借代

不直接说出要说的人或事物，而是借与说的人或事物有密切、象征关系的其他某些事物来代替说明的一种修辞方法。在网页设计中的常用体现方法为"以小见大"，如图2-7所示。

图2-7　借代

以小见大中的"小"是网页中描写的焦点和视觉兴趣中心，它既是网页创意的浓缩和升华，也是设计者匠心独具的安排，以细节见整体，以管窥豹。因而它已不是一般意义的"小"，而是小中寓大、以小胜大的高度提炼的产物，是简洁的追求。

📷 2.2.5　幽默

浏览者容易被富于情趣的界面形式所吸引。趣味性方法以幽默的表现形式，表现出较强的视觉冲击力，让人浏览信息的同时拥有愉悦、轻松的心情，并能使浏览者回味。在网页设计中，通过在网页中采用一些经过夸张处理的图形图像，能更鲜明地强调主题，同时增强画面的视觉效果。如儿童网站，网页的图片由卡通图像构成，充满了童趣，同时色彩的纯度、明度较高，整个网页给人以鲜艳、活泼之感。

幽默手法的优点是抓住人或事物的某些特征，运用喜剧性的手法造就一种耐人寻味、引人发笑的幽默意境，撞击浏览者的心灵，如图2-8所示。

图2-8　幽默

📷 2.2.6　象征

用具体的事物表现某种特殊意境，是对事物原型的延伸，是超越性的存在，如图2-9所示。

图2-9　象征

美工与创意｜网页设计艺术 第二版

2.2.7 对比

把两种不同事物或同一种事物的不同方面放在一起，相互比较，运用对比使对立事物的矛盾突出揭示本质，给人以深刻的启示，留下深刻的印象。

在网页设计中加入不和谐的元素，把网页作品中所描绘的事物的性质和特点放在鲜明的对照和直接对比中来表现，借彼显此，互比互衬，从对比所显示的差别中，达到集中、简洁、曲折变化的表现。通过这种手法更鲜明地强调或提示网页的特征，给浏览者以深刻的视觉感受，如图2-10所示。

图2-10 对比

2.3 网页创意设计中的基本要素

我们在浏览网站时，不难发现，任何一个网页都不是单一的元素构成的。文字与图片是构成一个网页的两个最基本的元素。可以简单地理解为文字就是网页的内容，图片就是网页的美观。除此之外，网页的元素还包括动画、音乐、表格表单、程序，等等。

2.3.1 图形图像的创意设计

图片，是构成网页的基本元素之一。图片不仅能够增加网页的吸引力，传达给用户更加丰富的信息，同时也大大地提升了用户在浏览网页的体验。图片的展示形式丰富多样，不同形式的图片展现也让浏览网页的乐趣变得更加多样化。

图像元素在网页中具有提供信息并展示直观形象的作用，如图2-11所示。

网页中的图像包括静态图像和动态图像。

➤ 静态图像：在页面中可能是光栅图形或矢量图形，通常为GIF、JPEG或PNG格式。

➤ 动画图像：通常动画为GIF和SVG。

图2-11 网页图片

2.3.2 文本编排与设计

文本和图片是网页的两大构成元素，缺一不可。文本是网页上最重要的信息载体和交流工具，网页中的主要信息一般都以文本形式为主。

文本在页面中出现，多数以行或者段落出现，它们的摆放位置决定着整个页面布局的可视性。过去因为页面制作技术的局限，文本放置位置的灵活性非常小。而随着DHTML的兴起，文本已经可以按照自己的要求放置到页面的任何位置，如图2-12所示。

图2-12 网页中的文本

在网页中，字体往往占据了很大的空间和页面，单一形态大小、颜色的字体，虽能传递信息，但不免让人感到疲劳乏味。对字体进行设计、重新组合、合理编排后，能得到不一样的效果，如图2-13所示。

图2-13 设计编排后的文字

📷 2.3.3　版式布局与设计

网页给人最直观的感受就是它的页面框架与构造，网页设计中的构图也足以影响到整个网站给人的感受。就网页构图而言，些许的改变和简单的创新也许就能起到事半功倍的效果，使网站给人耳目一新的感受，如图2-14所示。

图2-14　版式布局与设计

📷 2.3.4　色彩搭配设计

一个优秀的网页设计会给用户带来记忆深刻、好用易用的体验。从网页设计的版式、信息层级、图片、色彩等视觉方面的运用，直接影响到用户对网站的最初感觉，而在这些内容中，色彩的配色方案是至关重要的。网站整体的定位、风格，都需要通过颜色给用户带来感官上的刺激，从而产生共鸣，如图2-15所示。

从色彩研究的方向来看，色彩分为色调、饱和度、明度三方面，颜色的运用是纯色之间的关系，以及它们混合在一起的效果。

图2-15　色彩搭配设计

📷 2.3.5　多媒体元素选择

除了文本和图片，还有声音、动画、视频等其他媒体，如图2-16所示。虽然它们不是经常能被利用到，但随着动态网页的兴起，它们在网页布局上也将变得更重要。

图2-16　网页中的多媒体元素

➢ Flash动画：动画在网页中可以有效地吸引访问者更多的注意。

➢ 声音：声音是多媒体和视频网页重要的组成部分。

➢ 视频：视频文件的采用使网页效果更加精彩且富有动感。

➢ 表格：表格是在网页中用来控制信息的布局方式。

➢ 交互式表单：表单在网页中通常用来联系数据库并接收访问用户在浏览器端输入的数据，利用服务器的数据库为客户端与服务器端提供更多的互动。

第3章 网页效果图

除了文本之外，网页上最重要的设计元素莫过于图像了。一方面，图像的应用使网页更加美观、有趣；另一方面，图像本身也是传达信息的重要手段之一，它非常直观地表达所要表达的内容。与文字相比，它直观、生动，可以很容易地把那些文字无法表达的信息表达出来，易于浏览者理解和接受。

3.1 图像在网页中的应用

图像的应用提高了网页的视觉体验效果，为网页提供了更多信息，能将文字分为更易操作的小块。另外，网页中的图像能够体现出网站的特色。

3.1.1 网页图像应用

图像不仅能够增加网页的吸引力，同时也大大地提升了用户在浏览网页的体验。网页中的图像主要包括了标志Logo、背景图、主图等等。

1. 标志Logo

标志是网页构成要素之一，在网页设计中起着举足轻重的作用。标志即网站的名片，Logo图形化的形式，特别是动态的Logo，比文字形式的链接更能吸引人的注意，如图3-1所示为建设银行的标志。

图3-1 建设银行的标志

（1）重要性

标志Logo有其重要的作用。

➢ 标志设计在广阔的视觉领域内起到了宣传和树立品牌的作用。

➢ Logo是信誉的保证，给人以诚信之感，通过Logo，可以更迅速、准确地识别判断。

➢ 优秀的Logo具有鲜明个性、视觉冲击力，便于识别、记忆，产生美好联想。

（2）Logo的国际标准规范

为了便于Internet上信息的传播，一个统一的国际标准是需要的。实际上已经有了这样的一整套标准。其中关于网站的Logo，目前有4种规格。

	Logo规格	备注
1	88×31	互联网上最普遍的Logo规格
2	120×60	用于一般大小的Logo规格
3	120×90	用于大型的Logo规格
4	200×70	这种规格Logo也已经出现

（3）设计原则

➢ 合理构图：Logo的设计是面向大众的，设计时需注意构图、色彩拍配的合理，符合浏览者的平均审美。

➢ 具有独特性：标志也称标识，表明了其最主要的功能——识别性。标志设计应具有唯一性、代表性、识别性。

➢ 简洁大方：标志的简洁，目的是让人们容易记忆，以及使用方便。

➢ 寓意深刻：一个好的标志设计应具备其意义和说法。

➢ 指向性：不同行业、机构的网页标志应具备其行业或典型特征，便于一眼识别该标志的行业属性。

2. 图标

在网页设计中表达出的细节就是图标，图标设计带来了额外的注解并且使设计的对象和元素引起用户的注意。

图标在网页设计中用途广泛，几乎每个网站中都存在着图标。通过这些小小的图标，可以方便地实现视觉引导和功能划分。如果选用恰当，图标能和页面中的图片有机融合，保持视觉上的一致性，同时也能够和整个网站的风格相契合。图标并不是华而不实的小玩意儿，小图标有大用处。

一般来说，根据使用手法、使用场合的不同，一张图像可以有多种解读，图标亦如此。图标不但能够吸引用户的注意力，还能分割页面中的区域；最为重要的事，图标能够提供一种视觉隐喻，能赋予物体某种含义，这样用户扫一眼便能知晓功能，因此，图标是一种提高用户体验的工具。

（1）图标的作用

图标在网页设计被广泛使用。几乎每个元素中都找到图标的身影，如标题、脚注、导航条、列表等，图标可以大幅提升页面中元素的浏览效果。其主要作用如下。

➢ 视觉上分割内容：让内容更具有吸引力和可读性。经常被应用到网站的主体、列表或者其他文本较多的元素中。

➢ 快速引导用户：这在导航元素中最为常见，比如房子图标表示主页，电话图标表示联系方式，仅仅这些图标就能快速地引导用户。

（2）设计原则

图标是优秀网页设计中不可或缺的部分，具备概念传达完善、视觉有效性的特点。在进行图标设计时，要遵循以下原则。

➢ 视觉有效性：图标能够很好地组织相关内容，吸引注意力，将用户引导至重要信息处，前提是图标要简单易懂。

➢ 保持视觉统一：视觉统一，关乎到整体设计。如何做到视觉统一，下面进行介绍。

◆ 使用相同的颜色或者配色，如图3-2所示。

图3-2 相同颜色图标

◆ 将所有的图标设置为形状相同，如图3-3所示。

图3-3 相同形状图标

◆ 效果的一致性，如渐变、透明、阴影等效果。

◆ 图标的视觉风格与内容、其他图标、网站的风格保持一致。

3. 按钮

好的网页按钮设计一定会是醒目且能吸引用户眼球的。下面介绍按钮的设计原则。

（1）尺寸

如果按钮的主要设计目的是体现其重要性及提升点击率，则需要将其设计醒目，如将其尺寸设计得比其他按钮尺寸大，且放置在网页重点区域。

（2）位置

一个按钮在网页中所处的位置决定了该按钮是否醒目，点击率是否高。如将按钮放置在产品旁边、页头、导航的顶部右侧等，都能起到醒目的作用，如图3-4所示。

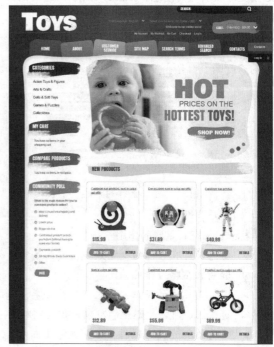

图3-4 网页中按钮的位置

（3）颜色

按钮的颜色设计与网页的其他部分相比与众不同，可以快速地吸引浏览者的目光，因此按钮颜色可以使用与背景对比相差大的颜色，如图3-5所示。

图3-5 网页中按钮的颜色

（4）留白

为了突出显示按钮，不能将其和网页中的其他元素挤在一起。因此在设计按钮时，需要充足的留白，即外边距，才能更加突出。同样，按钮内的文字也不能过于拥挤，因此也需要更多留白，即内边距，才能让文字更容易阅读。

（5）文字表达

在按钮上使用什么文字表达给用户是非常重要的。它应当简短并切中要点，并以动词开始，如注册、下载、创建、尝试等。

4. 背景图

使用背景图作为网页背景是最常见的一种网页设计布局，只要在不影响网站速度的情况下，适当地使用图片作为网站背景可以提升网页的视觉效果。在网页中，以背景图来衬托主题，增加层次感，或者使用背景的对比效果来突出网页风格，如图3-6所示。

图3-6 网页背景图

5. 主图

在网页中，主图是指网页中表达主题、突出主题的较大幅面的图形图像，一般是整个页面的视觉中心，如图3-7所示。

图3-7 网页主图

📷 3.1.2 网页图像构成

网页图像的构成即点、线、面的构成。自然界的万物形态构成都离不开点、线、面。点、线、面是视觉构成的基本元素，点、线、面具有不同的情感特征，善于采用不同的组合，才能体现不同的情感诉求。

在网页的视觉构成中，点、线、面既是最基本的造型元素，又是最重要的表现手段。在确定网页主体形象的位置及动态时，点、线、面将是需要最先考虑的因素。只有合理地处理好点、线、面的互相关系，才能设计出具有最佳视觉效果的页面，充分表达出网页最终的诉求，设计出具有独特形式美的作品，从而有效地唤起浏览者的审美感受。熟练掌握组合、对比、均衡、节奏、运动、统一等点线面构成规律，是优秀的网页设计者必备的基本功。

1. 点的构成

点是可见的最小的形式单元。网页设计中的点，是指页面中具备点的视觉特点、体积较小的物象，比如一个按钮，一个Logo等。

点具有求心属性，当页面中有一个点时，它能吸引人的视线，如图3-8所示。

当有两个大小相同的点且相差一定距离时，人的视线就会在这两点之间来回流动，就形成了线的视觉效果，如图3-9所示。当两点错位排列时，则视线呈曲线摆动。当两点有大小之别时，视线就会由大点流向小点，且产生透视效果，给人远近之感。

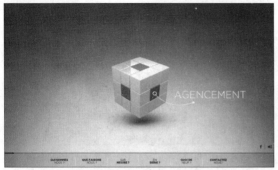

图3-8 只有一个点的视觉效果

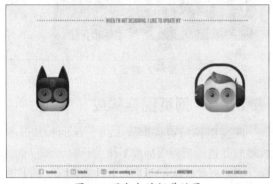

图3-9 两个点的视觉效果

当页面中有三个点时，视线在这三点之间流动，会让人产生面的联想。在密集的相同形状的点中出现异形点时，则异形点特别能引起人们的注意，如图3-10所示。

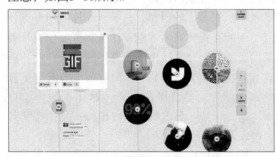

图3-10 异性点视觉效果

可见，点的排列所引起的视觉流动，引入了时间的因素。利用点的大小、形状与距离的变化，可以设计出富于节奏韵律的页面。点的连续排列构成线，点与点之间的距离越近，线的特性就越显著。点的密集排列构成面，同样，点的距离越近，面的特性就越显著。

2. 线的构成

点的重复延伸形成线。线有两方面的作用：一是用于塑造形象，二是用于分割页面空间布局。线是页面布局的决定元素，使画面承载的信息规整化、条理化，便于清晰、明确地设计表达信息脉络机构。

线分为4类：直线、曲线、折线以及三者的混合。直线又有水平线、垂直线、斜线3种形式。其中，水平线给人平静、开阔、安逸的感受，垂直线给人崇高、挺拔、严肃的感受。如图3-11所示为直线构成的页面效果。

图3-11 直线构成的页面效果

曲线、折线、弧线具有强烈的动感，更容易引起视线的前进、后退或摆动。如图3-12所示为曲线构成的页面效果。

图3-12 曲线构成的页面效果

线的布局安排，主要体现为线的空间分割。分割是网页设计的主要手段之一，容量较大的页面，更离不开线的分割。线的空间分割产生各种比例的面，所以线的分割也可以理解为面的分割，将面分割后形成的边缘就是线。在利用线进行页面分割时，既要考虑单独形态元素的美感，又要注意其在空间中所具有的联系，这样才能形成良好的形式秩序美感。若保证良好的视觉秩序感，要求被划分的空间有主有次、相互呼应。

（1）直线

直线分割页面，能使得页面更为清晰、条理，同时在整体上也显得和谐统一，如图3-13所示。

图3-13 直线分割页面

（2）曲线

通过曲线将页面分割为不同比例的空间，能使页面空间产生对比与节奏感，并富于变化与动感，给人无限想象，如图3-14所示。

图3-14 曲线分割页面

3. 面的构成

面在网页布局中的概念，可以理解为点的放大、点的密集或线的重复。另外，线的分割产生各种比例的空间，也可理解为各种比例的面。面有长度、宽度而无厚度，具有位置及方向的特性。

面一般表现为4种图形：几何形、有机形、手绘形和偶然形。

（1）几何形

几何形包括圆形、矩形、三角形、多边形或这几种形的组合，如图3-15所示。它可以表现理性、秩序、明快、冷静等感觉。简洁明确的几何形易于被人们所识别、理解和记忆。

（2）有机形

有机形是由一定数量的曲线组合而成，是自然物外力与内力相抗衡而形成的形态。有机形富有内在的张力，给人以纯朴、温暖而富有生命力的感觉，如图3-16所示。

（3）手绘形

手绘形指徒手描绘或用特定工具制作的图形。它能充分表达设计的个性或情感，如图3-17所示。

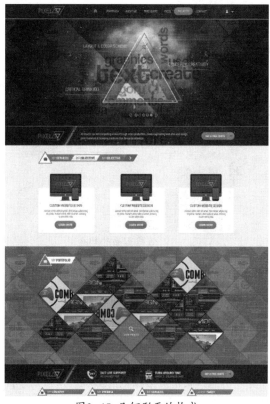

图3-15 几何形面的构成

图3-16 有机形面的构成

图3-17 手绘形面的构成

（4）偶然形

偶然形，是力的作用下随机形成的图形。它

具有天然成趣的效果，是一种利用偶然因素表现自然的趣味性及美感性，具有丰富的象征意义，如图3-18所示。

图3-18 偶然形面的构成

3.2 网页图像设计

图形图像可以更具体、更真实、更直接、更易于理解地将信息传达，这是图形图像的特点。与文字不同，图像更注重于视觉的冲击，强烈的视觉冲击能给人留下最深刻的影响，这点对于网页制作工作人员来说无疑是最重要的。

3.2.1 设计技巧

网页中的图像设计有其技巧，如协调对比、提高质量、关联性、控制大小、合理选图等。

1. 协调对比

图像设计必须与网页整体相协调，并且与文字产生对比。当图片过亮时，文字则应使用较深的颜色，反之亦然，如图3-19所示。当需要使用白色字体或亮色背景时，则应使用一些黑色元素进行过渡，如精美的投影技法等。

图3-19 协调对比

2. 提高质量

为保证图片吸引人，则应保证图片的质量。若网页中的图片模糊不清，很容易影响浏览者的心情。

3. 关联性

网页中有时候以文字为主，那么图片设计就一定要与文字相关联，保持元素的一致性在网页设计中是至关重要的，如图3-20所示。

图3-20 关联性

4. 控制大小

图像越大，视觉冲击也就越大，如图3-21所示。但图片过大，会导致网页打开的速度变慢，因此在网页设计中需要把握图片的大小。

图3-21 网页中图像的大小

5. 合理选图

在网页设计中，好的图像能打破视觉的单调性，帮助用户聚集注意力于网页文章、衔接等内容。还能够激发用户情绪，很好地引导下文，如图3-22所示。

图3-22 合理选图

🎦 3.2.2 设计手法

为了吸引人们的注意，创造新颖、有趣的视觉形象，必须认真探究图形的表现形式，掌握图形内在的组织变化规律和构形方法，才能不断推陈出新，衍生出新的图形形态，从而进一步丰富图形表达语言，使图形创意更具活力，形式更多样。

图形创意表现有其自身的构成语言和组织特点，我们可以从图形的形态特征出发，探讨图形创意的表现形式，从中了解图形创意的方法。用合理的图形表现形式，注入自己与众不同的认知、情感、创意和观念，并通过视觉形象将这种思想传达给他人，以期引起共鸣。

1. 同构

所谓同构，简言之就是移花接木，指将两个不同的元素与相关的内容巧妙地结合在一起。构成的新图形不再是现实生活中自然物形的再现，而是天人合一的非现实整合。在整合时，两个元素可以是对立的，也可以是同一含义的，但却是不同的材料，不同的对象。当两种不同的材料或对象结合在一起，就会形成反差，反差越大，视觉冲击越强。同构并不是原图形的简单相加，而是一种超越或突变，形成强烈的视觉冲击力，给予观者丰富的心理感受，如图3-23所示。

同构创意的产生与表现，需要有广阔的思路与丰富的联想，能够在平常熟悉的物象中寻找特殊，从不同的角度来观察事物，从形形色色的形象中寻找出各事物的共同点，才能创造出新颖独特的同构图形。

图3-23 同构

2. 替代

替代是一种特殊的、偷梁换柱式的同构现象，以常规图形为依据，保持其物形的基本特征，将图形元素中的某一部分用其他相似或不相似元素所替代，并从根本意义上改变物体原来所赋予的含义，产生了"意"的转换，使图形传达出深刻、富于哲理性的寓意，引发新的视觉感受和思考，如图3-24所示。

图3-24 替代

3. 联想

通过图像的联想，可以把图像有关的特征、特点表现出来。即将两个原本毫无关系、相差甚远的事物联系在一起，通过画面中直观图像，使浏览者在视觉心理上产生从这一物象到另一物象的联想，如图3-25所示。

图3-25 联想

4. 寓意

寓意的设计手法适用于不易直接表达的主题内容。通过选择与目标主题相吻合的物体，使用比喻和象征等手法来表现主题，如图3-26所示。

图3-26 寓意

5. 情感

将情感贯穿于图形图像中，增强了视觉感染力，使得视觉元素具有更深刻的含义，能引发人们的共鸣，如图3-27所示。

图3-27 情感

6. 夸张

夸张是运用丰富的想象力，在客观现实的基础上有目的地放大或缩小事物的形象特征，用以增强表达效果。夸张能突出事物的本质，或增强作者的某种感情，烘托气氛，引起读者丰富的想象和强烈的共鸣，如图3-28所示。

图3-28 夸张

7. 幽默

幽默图形对视觉心理的积极影响，为信息传达搭起沟通的桥梁。不仅适应人们在智慧和情感上的需要，还能有效地吸引浏览者的注意，引发思考和阅读兴趣，使浏览者在轻松的环境中获得审美享受，在微笑中愉快地接受信息，为信息传达起到积极的促进作用，如图3-29所示。

幽默图形设计是抓住信息传递过程中的喜剧色彩，采用出奇制胜的方法，来获得与常规思维方式截然不同的表现力。

图3-29 幽默

8. 层次空间

视觉层次是高效率网页设计的重要原则之一。通过表现图像的层次感，不仅能在平面上表现更多内容，营造一种视觉上的空间感，也使浏览者更易接受网页信息，如图3-30所示。图像的层次可以通过以下几点体现。

- ➤ 构图：构图时注意画面的前、中、远景，层次感才更好。
- ➤ 用光：顺光容易使画面显得平板，而侧光、逆光的层次就丰富些。
- ➤ 曝光：曝光准确的图片，高光部分、阴暗部分细节都能保留，层次自然丰富细腻。

图3-30 层次空间

9. 直接

直接，即开门见山式地将需要表达的主题

准确、明确地表达出来。对于需要展示实物的网页，使用该设计手法能给人真实、自然的感觉，如图3-31所示。

图3-31 直接

3.3 网页图像设计形式

网页图像设计形式包括概括、具象、抽象、漫画、装饰和图标6种，下面对每种形式进行具体的介绍。

3.3.1 概括

概括是将对象的特点归纳总结，对其进行简明地叙述，扼要重述，使图形简明化，让浏览者在很短的时间内就对该对象有很直观的认识。对事物的特征加以概括，才能在更短的时间内表现事物，并且方便传达与记忆，如图3-32所示。

图3-32 概括

3.3.2 具象

具象则是艺术家在生活中多次接触、多次感

受、多次为之激动的既丰富多彩又高度凝缩了的形象，它不仅仅是感知、记忆的结果，而且打上了艺术家的情感烙印，得到他们的思维加工。它是综合了生活中无数单一表象以后，又经过抉择取舍而形成的，如图3-33所示。

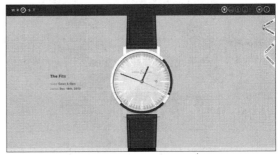

图3-33 具象

3.3.3 抽象

抽象是从众多的事物中抽取出共同的、本质性的特征，而舍弃其非本质的特征。例如苹果、香蕉、生梨、葡萄、桃子等，它们共同的特性就是水果。得出水果概念的过程，就是一个抽象的过程。要抽象，就必须进行比较，没有比较就无法找到在本质上共同的部分。共同特征是指那些能把一类事物与他类事物区分开来的特征，这些具有区分作用的特征又称本质特征。因此抽取事物的共同特征就是抽取事物的本质特征，舍弃非本质的特征。所以抽象的过程也是一个裁剪的过程。在抽象时，同与不同，决定于从什么角度上来抽象。抽象的角度取决于分析问题的目的，如图3-34所示。

图3-34 抽象

3.3.4 漫画

漫画常用夸张、比喻、象征、拟人、寓意等手法，直接或隐晦、含蓄地表达作者对纷纭世事的理解及态度，是含有讽刺或幽默的一种浪漫主义的绘画。它同其他绘画的主要区别在于独特的构思方法和表现手法。它具有讽刺与幽默的艺术特点，以及认识、教育和审美等社会功能，如图3-35所示。

图3-35 漫画

3.3.5 装饰

装饰化图形主要通过以下几种方式体现。

➤ 省略：是对自然形态的简洁化，减去烦琐细节，以突出整体的特征与个性。

➤ 夸张：是对自然形态的某些部分进行装饰变形，使特征与个性更加突出、更加典型。

➤ 添加：是运用附加组合的方式在图案中添加装饰，使其更加丰富、更加理想，如图3-36所示。

图3-36 添加

➤ 分解：是运用形与形之间的相互叠合，或者是运用点、线、面对图案形象进行分割，以达到更加丰富与变化的装饰效果，如图3-37所示。

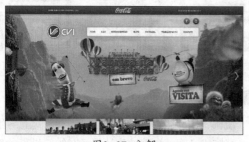

图3-37 分解

装饰图案的形式法则如下。

1. 变化与统一

变化是寻找各部分之间的差异、区别；统一是寻求它们之间的内在联系、共同点或共有特征。没有变化，则单调乏味和缺少生命力；没有统一，则会显得杂乱无章、缺乏和谐与秩序。

2. 对称与均衡

对称与均衡是不同类型的稳定形式，保持物体外观量感均衡，可达到视觉上的稳定。

➤ 对称：在假设的一条中心线左右、上下或周围配置同形、同量、同色的纹样所组成的图案。对称形式构成的图案，具有重心稳定和静止庄重、整齐的美感。

➤ 均衡：中轴线或中心点上下左右的纹样等量不等形，即分量相同，但纹样和色彩不同，是依中轴线或中心点保持力的平衡。在图案设计中，这种构图生动活泼富于变化，有动的感觉，具有变化美。

3. 条理与反复

条理是"有条不紊"，反复是"来回重复"。条理与反复即有规律的重复。

自然界的物象都是在运动和发展着的，这种运动和发展是在条理与反复的规律中进行的。

图案中的连续性构图，最能说明这一特点。连续性的构图是装饰图案中的一种组织形式，它是将一个基本单位纹样作上下左右连续，或向四方重复地连续排列而形成的连续纹样。图案纹样有规律的排列、有条理的重叠交叉组合，使其具有淳厚质朴的感觉。

4. 节奏与韵律

节奏是指构成要素有规律、周期性变化的表现形式，常通过点或线条的流动、色彩深浅变化、形体大小、光线明暗等变化表达。

韵律是指在节奏基础之上的更深层次的内容和形式的抑扬顿挫的有规律的变化统一。

节奏与韵律往往互相依存，互为因果。韵律在节奏基础上丰富，节奏是在韵律基础上的发展。一般认为节奏带有一定程度的机械美，而韵律又在节奏变化中产生无穷的情趣。各种物象由大到小、由粗到细、由疏到密，不仅体现了节奏变化的伸展，也是韵律关系在物象变化中的升华。

5. 对比与调和

对比，是指在质或量方面区别和差异的各

种形式要素的相对比较。在图案中常采用各种对比方法。一般指形、线、色的对比，质量感的对比，刚柔静动的对比。在对比中图案相辅相成，互相依托，使活泼生动，而又不失于完整。

调合就是适合，即构成美的对象在部分之间不是分离和排斥，而是统一、和谐，被赋予了秩序的状态。一般来讲对比强调差异，而调合强调统一，适当减弱形、线、色等图案要素间的差距，如同类色配合与邻近色配合具有和谐宁静的效果，给人以协调感。

对比与调和是相对而言的，没有调和就没有对比，它们是一对不可分割的矛盾统一体，也是取得图案设计统一变化的重要手段。

3.3.6 图标

图标是具有明确指代含义的图形符号，如图3-38所示。它源自于生活中的各种图形标识，是计算机应用图形化的重要组成部分，具有高度浓缩并快捷传达信息、便于记忆的特性。

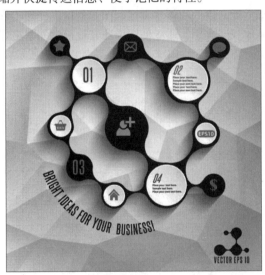

图3-38 图标

3.4 网页中的图像处理

图像的外形、大小、数量以及与背景的关系，都和内容有着密切的联系。

3.4.1 面积处理

图像在网页中占据的面积大小能直接显示整个页面的视觉效果和情感表达。一般而言，大图像容

易形成视觉焦点，感染力强，传达的情感较为强烈、直接；小图像常用来穿插在字群中，显得简洁而精致，有点缀和呼应页面主题的作用，表达情感含蓄。在一个页面中，如果只有大图像而无小图像或细密的文字，就会显得空洞；但只有小图像而无大图像，又使页面缺乏视觉冲击力。

图像的大小不仅决定着主从关系，也控制着页面的均衡与运动。大小对比强烈，给人跳跃感，使主角更突出；大小对比减弱，则页面稳定、安静。这是因为，访问者在浏览页面时，首先会注意到大图像，然后再看到较小的图像，这种由大到小的引导，使浏览者的视线在页面上流动，便造成一种动势，使页面活泼起来。

因此，在网页设计时，应首先确定主要形象与次要形象，扩大主要图像的面积，使次要角色缩小到从属地位。只有大小图像主次得当地穿插组合，才能构成最佳的页面视觉效果，如图3-39所示。

图3-39 面积处理

3.4.2 外形处理

图像的外形能使页面的气氛发生变化，并直接影响浏览者的兴趣。一般而言，方形的稳定、严肃，三角形的锐利，圆形或曲线外形的柔软亲切，退底图及一些不规则或不带边框的图像活泼。

1. 方形图

图形以直线边框来规范和限制，是一种最常见、最简洁、最单纯的形态。方形图使图像内容更突出且将主体形象与环境共融，可以完整地传达主

题思想，富有感染性，如图3-40所示。配置方形图的页面，给人以稳重、可信、严谨、理性、庄重和安静等感觉，但有时也显得平淡、呆板。

图3-40 方形图

2. 退底图

图像的退底是仅保留所选图像，而将沿图像边缘的背景去掉，退底后的形象的外轮廓成自由形状，具体清晰分明的视觉形态，显得灵活自如，更具有个性，因而给人印象深刻，如图3-41所示。退底图页面图文结合自然，给人以亲和感，但也容易造成凌乱和不整体的感觉。

图3-41 退底图

3. 出血图

图像的一边或几个边充满页面，有向外扩张和舒展之势。一般用于传达抒情或运动信息的页面，因不受边框限制，感觉上与人更加接近，便于情感与动感的发挥，如图3-42所示。

图3-42 出血图

3.4.3 位置处理

在网页设计中，图像位置的处理尤为重要，它由网页布局所决定，又影响着布局结构。根据人视线的移动规律，网页的上下左右及对角线是视觉的焦点，也就是最佳视域。处理好图像的位置关系，可以突出网页的形式美感，网页的版式设计、视觉流程的筹划也得到相应简化，如图3-43所示。

图3-43 位置处理

3.4.4 虚实处理

图像的虚实对比能够产生空间感，实的物体感觉近，虚的物体感觉远。图像的虚实处理不仅能体现层次感，还能使图像与其他视觉元素更好地融合，达到协调统一的效果，如图3-44所示。

图3-44 虚实处理

3.4.5 合成处理

图像的合成是指用计算机将多幅图片的不同内容有选择地合成一个图像，合成后的图像传达更丰富的信息，能更集中地体现创意，如图3-45所示。

图3-45 合成处理

📷 3.4.6 组合处理

图像的重要程度可以因面积、摆放位置、组合方式的不同而有所不同。将多幅图像以不同方式摆放，可形成图像组。

1. 块状组合

通过水平、垂直线分割，将多幅图像在页面上整齐有序地排列成块状，这种结构具有强烈的整体感和秩序美感。各幅图像相互自由叠置或分类叠置而构成的块状组合，具有轻快、活泼的特性，同时也不失整体感，如图3-46所示。

图3-46 块状组合

2. 散点组合

图像分散排列在页面各个部位，具有自由、轻快的感觉。采用这种结构，应注意图像的大小、主次，以及方形图、退底图和出血图的配置，同时还应考虑疏密、均衡、视觉流程等，如图3-47所示。

图3-47 散点组合

📷 3.4.7 特写处理

对于整体的图像局部进行特写，能让视线更加集中，这种手法有点到为止、意犹未尽的感觉。局部放大，重点表现这一部分，称为特写。特写能对图像产生瞬间的凝视，触发浏览者的兴趣点，如图3-48所示。

图3-48 特写处理

📷 3.4.8 数量处理

图像的数量是根据内容决定的，如图3-49所示。只用一幅图像，会使内容突出、页面安定。增加一幅图像，页面会因为有了对比和呼应而活跃起来。再增加一幅，则更加热闹、活泼。但是，限于目前网络的传输速度，使用图像时一定要谨慎，大的图像会降低页面显示速度，即使是小图像，如果运用数量过多，同样会使页面下载速度变慢。随着网络环境及技术条件的改善，这种情况已经有了很大的改观。

图3-49 数量处理

3.4.9 与背景的关系处理

网页图像与背景是对比和统一的关系。也就是说，图像与背景在和谐统一的基础上，应存在一定的对比，以使主要图像更加突出，如图3-50所示。如精密的相机镜头以粗糙的岩石为背景，明亮的文字以深邃的星空为背景，或者使用没有背景及陪衬物的退底图像，周围留出大面积空白，都是利用对比对主体形象起到突出作用。

图3-50 与背景的关系

第4章 网页文字编排

网页设计中，网页文字的排版和设计对于一个网站给人的第一印象是十分重要的。文字的设计安排或者效果直接关系到浏览者的心理感受，还可以影响到浏览者阅读的心情。好的字体排版，可以让人耐心地阅读完所有文字，然后得到其中的重要信息。

4.1 网页字体设计

文字最直接、最准确的视觉沟通及认知方式，是能最充分表达意思的媒介，是网站传递信息的重要载体，网站文字设计也是网站视觉设计中重要组成部分。网站文字设计同其他要素一样，要体现其功能性和审美性的价值。同时要使浏览者能够清晰地阅读，即要提高文字的可阅读性。

4.1.1 字号、字体、行距

网页中最基本，也是最常用元素的就是文字。

1. 字号

网页上文字的大小影响着信息的识别性及浏览者的阅读感受。文字过大，不仅会影响阅读速度，也会使网站显得过于凌乱；而文字过小，会加大阅读的难度。字号是区分文字大小的衡量标准。在进行网页设计时，最常使用的字号单位是点制（pt）和像素（px）。点制又称为磅制，对于网页来说，公认的正文字号是9磅。另一种流行的网页字体大小的表示法是像素，12px是最常用正文字号。

另外，文字的大小也可以区分功能并影响网页的视觉风格，如图4-1所示。

图4-1 网页中的字号

2. 字距行距

文字的字距和行距是决定文字可读性的重要因素，如图4-2所示。通过显示器阅读大段的文字，容易使人产生疲劳，字距过大或过小更加会影响阅读。网页上的正文字通常使用宋体，字距通常也采用"标准字距"。标题文字或指示性文字的间距可根据实际版面的需求，考虑各视觉要素之间的关系进行灵活设定。

图4-2 网页中的字距行距

行距的变化也会对文本的可读性产生很大影响。一般情况下，接近字体尺寸的行距设置比较适合正文。行距的常规比例为10:12，即用字10点，则行距12点。这主要是出于以下考虑：适当的行距会形成一条明显的水平空白带，以引导浏览者的目光，而行距过宽会使一行文字失去较好的延续性。

除了对于可读性的影响，行距本身也是具有很强表现力的设计语言。为了加强版式的装饰效果，可以有意识地加宽或缩窄行距，体现独特的审美意趣。例如，加宽行距可以体现轻松、舒展的情绪，应用于娱乐性、抒情性的内容恰如其分。另外，通过精心安排，使宽、窄行距并存，可增强版面的空间层次与弹性，表现出独到的匠心。

3. 字体

浏览者访问网页看到的文字的样式取决于客户端电脑所安装的字体，网页上如果使用了客户端电脑没有安装的字体，系统会将字体自动转换为默认字体，即中文的新宋体或英文Verdana，Arial等。

网页设计者可以用字体来更充分地体现设计中要表达的情感，如图4-3所示。字体选择是一种感性、直观的行为。但是，无论选择什么字体，都要依据网页的总体设想和浏览者的需要。例如，粗体字强壮有力，有男性特点，适合机械、建筑业等内容；细体字高雅细致，有女性特点，更适合服装、化妆品、食品等行业的内容。在同一页面中，字体种类少，版面雅致，有稳定感；字体种类多，则版面活跃，丰富多彩。关键是如何根据页面内容来掌握这个比例关系。

图4-3 网页中字体

从加强平台无关性的角度来考虑，正文内容最好采用默认字体。因为浏览器是用本地机器上的字库显示页面内容的。作为网页设计者，必须考虑到大多数浏览者的机器里只装有3种字体类型及一些相应的特定字体。而指定的字体在浏览者的机器里并不一定能够找到，这给网页设计带来很大的局限。解决问题的办法是，在确有必要使用特殊字体的地方，可以将文字制成图像，然后插入页面中，如图4-4所示。

一般来说，网页文字笔画圆弧越不规则，文字边缘的锯齿特征就越明显，这样在屏幕上显示就不是很美观。所以在选择网页字体时，尽可能去发现那些笔画贴近水平或者笔直方向的文字，或者文字的圆弧笔画要尽可能地靠近45°角的方向。在英文字母里面，Verdana, Geneva, Arial, San-serif字体都是比较理想的网页字体；而中文文字

体中，黑体字在网页的视觉效果比较好。同时，网页字体要极力避免使用斜体，那样会影响易读程度。

图4-4 将文字制作成图像

4. 中文字体

以语言进行信息传达时，语气、语调以及面部表情、姿态手势是语言的辅助和补充。而在界面设计中，文字的字体、规格及其编排形式，就相当于文字的辅助信息传达手段，如宋体字型结构方中有圆，刚柔相济，既典雅庄重，又不失韵昧灵气。从视觉角度来说，每种字体有其特点，下面对几种常见字体进行讲解。

➤ 宋体：阅读最省目力，不易造成视觉疲劳，具有很好的易读性和识别性。

➤ 楷体：字型柔和悦目，间架结构舒张有度，可读性和识别性均较好，适用于较长的文本段落，也可用于标题。

➤ 仿宋：字体笔画粗细均匀，秀丽挺拔，有轻快、易读的特点，适用于文本段落。因其字型娟秀，力度感差，故不宜用作标题。

➤ 黑体：不仅庄重醒目，而且极富现代感。因其形体粗壮，在较小字体级数时宜采用等细黑，否则不易识别。

➤ 圆体：视觉冲击力不如黑体，但在视觉心理上给人以明亮清新、轻松愉快的感觉，但其识别性弱，故只适宜作标题性文字。

手写体分为两种，一种来源于传统书法，如隶书体、行书体；另一种是以现代风格创造的自由手写体，如广告体、POP体。手写体只适用于标题和广告性文字，长篇文本段落和小字体级数时不宜使用。应尽量避免在同一页面中使用两种不同的手写体，因为手写体形态特征鲜明显著，很难形成统一风格，不同手写体易造成界面杂乱

美工与创意｜网页设计艺术 第二版

的视觉形象。手写体与黑体、宋体等规范的字体相配合，则会产生动静相宜、相得宜彰的效果。美术体是在宋体、黑体等规范字体基础上变化而成的各种字体，如综艺体、琥珀体。美术体具有鲜明的风格特征，不适于文本段落，也不宜混杂使用，多用于字体级数较大的标题，发挥引人注目、活跃界面气氛的作用。

5. 拉丁字母

依据其基本结构，可以分为3种类型。

> 饰线体：此类字体在笔画末端带有装饰性部分，笔画精细、对比明显，与中文的宋体具有近似形态特征。饰线体在阅读时具有较好的易读性，适于用作长篇幅文本段落。代表字体是新罗马体（Times New Roman）。

> 无饰线体：笔画的粗细对比不明显，笔画末端没有装饰性部分，字体形态与中文的黑体相类似。由于其笔画粗细均匀，故在远距离易于辨认，具有很好的识别性，多用于标题和指示性文字。无饰线体具有简洁规整的形态特征，符合现代的审美标准。代表字体是赫尔维梯卡体。

> 装饰体：即通常所说的"花"体，由于此类字体有很强的装饰意味，阅读时较为费力，易读性较差，只适合于标题或较短文本，类似于中文的美术体和手写体。代表字体是草体。

在某些特殊场合，如广告或展示性的短语中，拉丁字母全部使用小写字母，能够造成一种平易近人的亲切感。拉丁字母字体大都包含字幅（正、长、扁）、黑度（细、粗、超粗）、直斜的变化，因而由一种基本字型可以变化出多种具有相似特征的同族字体，这些字体统称为"字族"。同一页面中，字体应尽量在同一字族中选用，以保证界面具有明确、统一的风格特征。

📷 4.1.2　文字的强调

通过对文字的强调，可提高该文字内容的关注度，快速吸引注意力。

1. 行首的强调

将正文的第一个字或单词放大并作装饰性处理，嵌入段落的开头，这在传统媒体版式设计中称之为"下坠式"。此技巧的发明溯源于欧洲

中世纪的文稿抄写员。由于它有吸引视线、装饰和活跃版面的作用，所以被应用于网页的文字编排中。其下坠幅度应跨越一个完整字行的上下幅度。至于放大多少，则依据所处网页环境而定，如图4-5所示。

图4-5　行首的强调

2. 引文的强调

在进行网页文字编排时，常常会碰到提纲挈领性的文字，即引文。引文概括一个段落、一个章节或全文大意，因此在编排上应给予特殊的页面位置和空间来强调。引文的编排方式多种多样，如将引文嵌入正文的左右侧、上方、下方或中心位置等，并且可以在字体或字号上与正文相区别而产生变化，如图4-6所示。

图4-6　引文的强调

3. 个别文字的强调

如果将个别文字作为页面的诉求重点，则可以通过加粗、加框、加下划线、加指示性符号、

倾斜字体等手段有意识地强化文字的视觉效果，使其在页面整体中显得出众而夺目。另外，改变某些文字的颜色，也可以使这部分文字得到强调，如图4-7所示。这些方法实际上都是运用了对比的法则。

图4-7 个别文字的强调

4.1.3 文字的颜色

在网页设计中，设计者可以为文字、文字链接、已访问链接和当前活动链接选用各种颜色。例如默认的设置是正常字体颜色为黑色，默认的链接颜色为蓝色，鼠标点击之后又变为紫红色。使用不同颜色的文字，可以使想要强调的部分更加引人注目，如图4-8所示。但应该注意的是，对于文字的颜色，只可少量运用，如果什么都想强调，其实是什么都没有强调。况且，在一个页面上运用过多的颜色，会影响浏览者阅读页面内容，除非你有特殊的设计目的。

颜色的运用除了能够起到强调整体文字中特殊部分的作用之外，对于整个文案的情感表达也会产生影响。这涉及色彩的情感象征性问题，限于篇幅，在这里不做深入探讨。

需要注意的是文字颜色的对比度，它包括明度上的对比、纯度上的对比以及冷暖的对比。这些不仅对文字的可读性发生作用，更重要的是，可以通过对颜色的运用实现想要的设计效果、设计情感和设计思想。

图4-8 文字的颜色

4.1.4 字体设计创意方法

字体设计是在文字的基本形的基础上，对字的笔画或结构进行变化或加工，使变化后的形态符合本身的含义，加强了文字的视觉效果。下面介绍字体设计的创意方法。

1. 改变字体形态

人们已经习惯正常的字体形态，突然间的变化会产生新的视觉感受，产生重新审视的兴趣。对字体进行局部或整体改变，如拉伸、挤压、扭曲、撕裂、剪除、省略、替换、粗细等变化，可形成新的字体。

（1）笔画的横竖变化

将文字的笔画都变成横或竖的形态，改变原先的字体结构特征，如将笔画中的撇、捺、点、挑、钩等均变成了水平，垂直或直角转折，如图4-9所示。

图4-9 笔画的横竖变化

（2）笔画的粗细变化

将文字的笔画粗度设置不同而形成不同的字体，如图4-10所示。由于人们已经习惯正常的视觉大小，突然间的变化会产生新的视觉感受，产生重新审视的兴趣。

图4-10 笔画的粗细变化

（3）笔画的剪除与省略

将文字的笔画剪除或省略而形成不同的字体，在视觉上会形成自动补齐的效果，可以加深浏览者的印象，该方法的原则是保留字体的特征，如图4-11所示。

图4-11 笔画的剪除与省略

（4）笔画的拉长与缩短

将笔画进行拉长或缩短，如图4-12所示将"胡"字偏旁拉长，形成一种象形文字。

图4-12 笔画的拉长

（5）笔形变异

笔形变异是指在局部的某个或者某些笔画上采用不同于正常笔画的形态造型，突出文字内涵和特征。我们可以从很多动感的文字设计中找到笔画突变的造型，如图4-13所示。

图4-13 笔形变异

（6）笔端的变化

笔端变化是最简单的笔画形态设计，如将宋体字的棱角去掉，则变成另一种字体。笔端变化使用较多的是变圆，可有大圆角和小圆角之分。还可以变成弧形，甚至对字体的框性结构作圆化处理。如图4-14所示为笔端变化设计的文字。

图4-14 笔端变化

（7）笔画的对比

主要通过笔画大小、形态、色彩等的强烈对比，使各自的特征更加鲜明。如海信标志通过字母H左上角颜色的变化，突出了首字的特征；联想产品ThinkPad标志中字母i的点颜色的变化形成对比，如图4-15所示。

图4-15 笔画的对比

（8）笔画中的点与口

将一些文字中的笔画点或口字结构进行变化，如图4-16所示。

图4-16 变化笔画中点与口

2. 改变文字的组合效果

改变文字的组合效果有以下几种方式。

（1）笔画的连接

通过一组文字笔画上的连贯来表达文字之间的关系，增强一组文字的视觉感染力。笔画连接后使整体感加强，并且充满活力，如图4-17所示。

（2）笔画的共用

通过相关、相似、相近的笔画间的互相借用来组成文字间的关系，深化视觉传达效果，如图4-18所示。

（3）单笔

类似于一根铁丝弯曲而形成的字。注意线条的走向，自然连续才能给人以流畅的感觉。

图4-17 笔画的连接

图4-18 笔画的共用

（4）文字的错落摆放

把左右改为左上左下，上下排，或斜排就是一边高一边低，让文字错落有致排列，如图4-19所示。

图4-19 文字的错落摆放

3. 添加文字的装饰

通过对所设计的汉字字意的深刻内涵加以挖掘，将文字中部分笔画用实物、图形、符号、色块等替换，或利用文字外形与某一事物的相似点进行变化。

（1）图形替换文字笔画或结构

主要是通过在汉字局部笔画上添加与汉字含义相关的图形或图像装饰来增加文字的效果和感染力。如看到"时间"你就会联想到钟表，看到"对话"你就会联想到电话，看到"爱情"会想到心，想到这些有代表性的字时，巧妙地把图形和字体本身去结合，会使整个视觉活跃起来，如图4-20所示。

图4-20 形替换文字笔画或结构

（2）将图形添加到文字中

将与文字含义相关的图形加入文字结构，使图形与文字结合，形成新的文字，图4-21如所示。

图4-21 将图形添加到文字中

（3）文字组合成图形

在基础文字中添加与文字相关的图形，如图4-22所示。

图4-22 文字组合成图形

4. 改变文字的平面效果

（1）文字的三维效果

文字的三维效果表现为真实的空间：眼睛看得见，手能摸得到的；及虚拟的空间：眼睛看得见，而不能触摸到的。通过添加投影、浮雕、透视效果，产生矛盾空间，如图4-23所示。

图4-23 文字的三维效果

（2）空心

以线条勾画出文字的轮廓，而中间留出空白的一种字体，如图4-24所示。特粗字体的轮廓线有时会相合或重叠，宋体的横线如保持空心形状时会有太粗的感觉。因此，横线保持单线的形状即可。

图4-24 空心

（3）白线中分

通过在文字或字母的笔画中间贯通白线，形成统一的视觉效果，如图4-25所示。

图4-25 白线中分

4.1.5 字体设计原则

字体创意设计是通过巧妙的方法、途径，将文字信息以美的形式表现出来，使观者在快速、准确地了解诉说的基础上，得到美的享受，它能使文字的内容与形式有机结合，强调视觉表达的艺术性。字体创意首先要明确所针对的具体内容，遵循一定的设计原则，富有文字独特的艺术价值，发挥字体的艺术感染力。天马行空就会失去创意的意义，必须有的放矢。

1. 表达内容的准备性

在对字体进行创意设计时，首先应对文字所表达的内容进行准确的理解，然后选择最恰如其分的形式进行艺术处理与表现。

2. 形式与内容的统一性

字体设计有特定的内容和要求，设计时必须从具体内容出发，追求内容上的准确传达和形式上的新颖美观。形式与内容是否统一，是字体创意设计的首要问题。

3. 文字的可读性

容易阅读是字体创意设计的最基本原则。字体创意设计的目的是为了更快捷地传达信息，给人以清晰的视觉印象。让人们费解的文字，即使再优秀的构思，再富于美感的表现，无疑也是失败的。因此，设计中的文字应避免繁杂零乱，使人易认、易懂。夸张和变形不能失去约定俗成的特点，否则会使信息传达失败，容易造成错读或误读。

4. 表现形式的艺术性

在视觉传达的过程中，文字作为画面的形象要素之一，具有传达感情的功能，因此字体设计在易读性前提下要追求的就是字体的形式美感。整体统一是美感的前提，协调好笔画与笔画、字与字之间的关系，强调节奏与韵律也显得特别重要。

字型设计良好、组合巧妙的文字能使人感到愉快，留下美好的印象，从而获得良好的心理反应。反之，则使人看后心里不愉快，视觉上难以产生美感，甚至会让观众拒而不看，这样势必难以传达出作者想表现出的意图和构想。

另外字体创意要以创新为目的，独具风格的字会给人留下深刻的印象。

5. 赋予文字个性

文字的设计要服从于作品的风格特征。文字的设计不能和整个作品的风格特征相脱离，更不能相冲突，否则，就会破坏文字的诉求效果。一般说来，文字的个性大约可以分为以下几种。

> 端庄秀丽：这一类字体优美清新，格调高雅，华丽高贵。

> 坚固挺拔：字体造型富于力度，简洁爽朗，现代感强，有很强的视觉冲击力。

> 深沉厚重：字体造型规整，具有重量感，庄严雄伟，不可动摇。

> 欢快轻盈：字体生动活泼，跳跃明快，节奏感和韵律感都很强，给人一种生机盎然的感受。

> 苍劲古朴：这类字体朴素无华，饱含古韵，能给人一种对逝去时光的回味体验。

> 新颖独特：字体的造型奇妙，不同一般，个性非常突出，给人的印象独特而新颖。

6. 富于创造性

根据作品主题的要求，突出文字设计的个性色彩，创造与众不同的独具特色的字体，给人以别开生面的视觉感受，有利于作者设计意图的表现。设计时，应从字的形态特征与组合上进行探求，不断修改，反复琢磨，这样才能创造出富有个性的文字，使其外部形态和设计格调都能唤起人们的审美愉悦感受。

文字设计的成功与否，不仅在于字体自身的书写，同时也在于其运用的排列组合是否得当。如果一件作品中的文字排列不当，拥挤杂乱，缺乏视线流动的顺序，不仅会影响字体本身的美感，也不利于观众进行有效的阅读，难以产生良好的视觉传达效果。要取得良好的排列效果，关键在于找出不同字体之间的内在联系，对其不同的对立因素予以和谐的组合，在保持其各自的个性特征的同时，又取得整体的协调感。为了造成生动对比的视觉效果，可以从风格、大小、方向、明暗度等方面选择对比的因素。

但为了达到整体上组合的统一，又需要从风格、大小、方向、明暗度等方面选择协调相同的因素。将对比与协调的因素在服从于表达主题的需要下有分寸的运用，能造成既对比又协调的、具有视觉审美价值的文字组合效果。文字的组合中，要注意以下几个方面。

（1）人们的阅读习惯

文字组合的目的，是为了增强其视觉传达

功能，赋予审美情感，诱导人们有兴趣地进行阅读。因此在组合方式上就需要顺应人们心理感受的顺序。水平方向上，人们的视线一般是从左向右流动；垂直方向时，视线一般是从上向下流动；大于45°斜度时，视线是从上而下的流动的；小于45°时，视线是从下向上流动的。

（2）字体的外形特征

不同的字体具有不同的视觉动向，如扁体字有左右流动的动感，长体字有上下流动的感觉，斜体字有向前或向斜流动的动感。因此在组合时，要充分考虑不同的字体视觉动向上的差异，而进行不同的组合处理，如扁体字适合横向编排组合，长体字适合作竖向的组合，斜体字适合作横向或斜向的排列。合理运用文字的视觉动向，有利于突出设计的主题，引导观众的视线按主次轻重流动。

（3）设计基调

对作品而言，每一件作品都有其特有的风格。在这个前提下，一个作品版面上的各种不同字体的组合，一定要具有一种符合整个作品风格的风格倾向，形成总体的情调和感情倾向，不能各种文字自成一种风格，各行其是。总的基调应该是整体上的协调和局部的对比，于统一之中又具有灵动的变化，从而具有对比和谐的效果。这样，整个作品才会产生视觉上的美感，符合人们的欣赏心理。除了以统一文字个性的方法来达到设计的基调外，也可以从方向性上来形成文字统一的基调，以及色彩方面的心理感觉来达到统一基调的效果，等等。

（4）负空间的运用

在文字组合上，负空间是指除字体本身所占用的画面空间之外的空白，即字间距及其周围空白区域。文字组合的好坏，很大程度上取决于负空间的运用是否得当。字的行距应大于字距，否则观众的视线难以按一定的方向和顺序进行阅读。不同类别文字的空间要作适当的集中，并利用空白加以区分。为了突出不同部分字体的形态特征，应留适当的空白，分类集中。

在有图片的版面中，文字的组合应相对较为集中。如果是以图片为主要的诉求要素，则文字应该紧凑地排列在适当的位置上，不可过分变化分散，以免因主题不明而造成视线流动的混乱。

4.2 文字编排概述

文字是信息的主要载体方式，是网站构成的基础。众所周知，网页文字的排版设计对于页面的整体效果有着非常重要的影响。很多人忽略了文字排版的重要性，实际上占用页面面积最多的就是文字信息。文字信息阅读的舒适程度直接关系到浏览者的心理感受。

📷 4.2.1　文字编排的主要功能

所谓版面设计，即在版面上将有限的视觉元素进行有机的排列组合，将理性思维个性化地表现出来，是既具有个人风格又有艺术特色的视觉传达方式。它传达信息的同时，也产生感官上的美感。版面设计当然也是实用艺术，它利用文字特有的将物的形简化地融合于文字符号中的特点，在网站页面设计中发挥着独特的作用。尤其是汉字的一个字代表一种或多种意义，更能创造出极富视觉意趣的字体图形。由此看来，文字已不只是交流信息的语言符号，而是个性品位极强的艺术品。

网站种类繁多，内容千差万别，但是网页设计应和谐醒目，图表规范，字形考究，体例统一，清新活跃。每一类网站都面对不同的读者和不同的需要，如科教类的网站面对的是追求严谨科学的人，页面应该朴实、规范；而时尚类网站面对的是追逐时尚与潮流的年轻人，页面设计应该富有动感、活泼的特点，每类网站各具形态和魅力。网页虽小，但却有极强的可塑性和丰富性，因此，网页设计不能千篇一律，应发挥版面设计的独特功能。

1. 烘托文本主题

网页设计的最终目的是使网站内容产生清晰的条理性，用悦目的组织形式更好地突出主题，通过页面的空间层次、主从关系、视觉秩序及彼此间的逻辑条理性使网站具有良好的诱导力。人们通过网页设计的形式感、视觉冲击力，介绍、传播信息或知识，树立某种形象，扩大某种影响，推销某种商品和技术，传播某种观念，所以太过花哨、杂乱无章的网页不利于烘托文本主题。

2. 集中浏览视线

在网页设计中，不同字体造型具有不同风

格，给人不同的视觉感受。举例来说，常用字体黑体笔画粗直笔挺，整体呈方形形态，给观者稳重醒目、静止的视觉感受。而娃娃体则笔形较随意，轻松活泼。现在，电脑字体由原始的宋体、黑体，按设计空间的需要，演变出来多种美术化的变体，派生出多种新形态。一些官方类网站，追求的是严禁的风格，常用宋体、黑体等比较正规的字体。而时尚类网站具有资讯快捷和趣味性的特点，此类网站设计形式追求生动、活泼，采用形式多样而富有趣味的字体，如POP体、手写体等，采用富有动感的字体更符合年轻人追求时尚、追逐潮流的视觉感受和精神需要。

4.2.2 文字编排的意义

版面设计的意义不仅在于如何在技术上突破创新，更重要的是利用技术把艺术和思想统一起来，充分表达设计者和设计本身需要传达的内容与精神，表现视觉艺术独特的艺术性。版面设计通过对文字的字形、字体、字号，进行不同的编排及颜色设置，使网页极富视觉的冲击力、感染力，主题更加突出；根据所要面对的不同的读者，用准确的艺术语言和生动的视觉效果把网站的内容的本质和核心表现出来。

4.2.3 文字编排方式

页面里的正文部分是由许多单个文字经过编排组成的群体，要充分发挥这个群体形状在版面整体布局中的作用。从艺术的角度，可以将字体本身看成是一种艺术形式，它在个性和情感方面对人们有着很大影响。在网页设计中，字体的处理与颜色、版式、图形等其他设计元素的处理一样非常关键。从某种意义上来讲，所有的设计元素都可以理解为图形。

1. 文字的图形化

字体具有两方面的作用：一是实现字意与语义的功能，二是美学效应。所谓文字的图形化，即是强调它的美学效应，把记号性的文字作为图形元素来表现，同时又强化了原有的功能。作为网页设计者，既可以按照常规的方式来设置字体，也可以对字体进行艺术化的设计。无论怎样，一切都应围绕如何更出色地实现自己的设计目标。

将文字图形化、意象化，以更富创意的形式表达出深层的设计思想，能够克服网页的单调与平淡，从而打动人心，如图4-26所示。

图4-26 文字的图形化

2. 文字的叠置

文字与图像之间或文字与文字之间在经过叠置后，能够产生空间感、跳跃感、透明感、杂音感和叙事感，从而成为页面中活跃的、令人注目的元素。虽然叠置手法影响了文字的可读性，但是能造成页面独特的视觉效果。这种不追求易读，而刻意追求"杂音"的表现手法，体现了一种艺术思潮。因而，它不仅大量运用于传统的版式设计，在网页设计中也被广泛采用，如图4-27所示。

图4-27 文字的重叠

3. 标题与正文

在进行标题与正文的编排时，可先考虑将正文作双栏、三栏或四栏的编排，再进行标题的置入。将正文分栏，是为了求取页面的空间与弹性，避免通栏的呆板以及标题插入方式的单一性。标题虽是整段或整篇文章的标题，但不一定千篇一律地置于段首之上。可作居中、横向、竖向或边置等编排处理，甚至可以直接插入字群中，以新颖的版式来打破旧有的规律，如图4-28所示。

图4-28 标题与正文

4. 文字编排的4种基本形式

页面里的正文部分是由许多单个文字经过编排组成的群体，要充分发挥这个群体形状在版面整体布局中的作用，如图4-29所示。

图4-29 文字编排

下面介绍文字编排的4种形式。

➢ 两端均齐：文字从左端到右端的长度均齐，字群形成方方正正的面，显得端正、严谨、美观。

➢ 居中排列：在字距相等的情况下，以页面中心为轴线排列，这种编排方式使文字更加突出，产生对称的形式美感。

➢ 左对齐或右对齐：左对齐或右对齐使行首或行尾自然形成一条清晰的垂直线，很容易与图形配合。这种编排方式有松有紧，有虚有实，跳动而飘逸，产生节奏与韵律的形式美感。左对齐符合人们阅读时的习

惯，显得自然；右对齐因不太符合阅读习惯而较少采用，但显得新颖。

➢ 绕图排列：将文字绕图形边缘排列。如果将退底图插入文字中，会令人感到融洽、自然。

4.3 文字编排的应用原则

文字本身也是一种艺术，不同的文字具有俊秀、浑厚、奔放、飘逸等各种风格，设计者应把文字作为网站页面设计的重要构成元素来进行谋划和排布。网页设计要从标题、内文等一系列字体进行设计编排，使其表现出自身鲜明的特色与风格。网页最关键的版面设计中的视觉形象，构成、内容等都是由文字来进行变化调整的，好的文字编排可让读者从中品味网站的精神与内涵。

在网页设计中，版面设计的质量直接关系到信息传达的有效性，因此，如何提高其传达效果应遵循以下原则。

4.3.1 视觉性原则

把视觉所发现感性的外在美与理性的内在美协调统一是网站页面设计的重要任务，提高信息的视觉识别性，使之迅速、清晰传达是视觉效果的基本作用，并使页面美观大方，产生结构紧凑的效果。使网站的内容通过艺术形式美感将图形、文字、色彩组合编排应用，通过直接或间接、抽象的视觉效果传播信息，必须是十分明确、正确、有效的。

4.3.2 整体性原则

在网页设计中，"统一"是设计的风格，就其本质来说，即多样性的统一，也就是整体性原则。网页设计在宏观上整齐统一，微观上变化多样，达到形式与内容、布局与整体的完美一致，形成视觉艺术效果的吸引力和视觉空间秩序。网页设计中美的各种形式原理都具有共同性，而这个共同性是为了达到页面的完整性。

4.3.3 对比性原则

一个网站，一个页面，首先编排设计的就是空间对比，对有限的版面来说就是一个空间分配的问题，不同的版面划分，代表不同意义。如金

字塔形页面具有稳定的形态，而圆形和倒三角形则给人动感和不稳定感，倾斜型则更具有动感引人注目。这就要求被划分空间之间有相应的主次关系、呼应关系、形式关系。页面设计元素还原以点、线、面为基础，点的形态在空间中产生轻松活泼的视觉效果，线的形态在空间中产生方向性、条理性的视觉美感，面的形态在空间中产生活泼、轻松的视觉效果。因此，页面的空间对比是构成网页设计的基本原理。

4.4 网页文字设计技巧

文字排列组合的好坏，直接影响其版面的视觉传达效果。因此，文字设计是增强视觉传达效果、提高作品的诉求力、赋予版面审美价值的一种重要构成技术。下面介绍网页文字设计技巧。

📷 4.4.1　网页标题设计技巧

标题的视觉效果是利用不同字体的特点、标题的不同颜色、不同的排列方式、横排竖排的正式与稳重、斜排与不规则排列的动感与不稳定来表达文章内容和风格。标题常用大字、周围留白等各种强调手法来重点强调。标题还可以浓墨重彩，厚重有力的色彩从整个版面中跳出来，给读者以艺术上的吸引力，如图4-30所示。

图4-30　网页标题设计

📷 4.4.2　网页正文设计技巧

正文也可以做各种设计，如图4-31所示。正文的设计体现在正文的字体、字号、小标题的处理，等等。网页版面由于面积大，字数多，会给读者带来视觉疲劳，所以网页文字将分栏、分块展现，正文通常以宋体、新宋体居多。有时也根

据不同的读者和设计需要换用其他字体，字体字号选择以文章整体统一为原则，字体种类少的网页设计比较文静、雅致，字体种类多的网页设计会给人丰富的视觉效果。

图4-31　正文的设计

📷 4.4.3　主次和留白

在网页设计中，主次分明、重点突出是版面设计的重要要求。主次明确、只有一个视觉中心，不会造成视觉上的混乱，使传达准确而迅速，让读者迅速把握传达重点。留白率是版面与留白之比。在网页设计中，必须靠留白率造成视觉集中的效果，以提高注视率。留白使读者的视觉达到休息，是网页设计中提高视觉效果的重要手段，如图4-32所示。

综上所述，通过对版面设计理论在网页设计中的应用，使我们得到一个结论，那就是网页设计中，版面设计是为了达到网页的完整性、统一性，使读者在获得知识与信息的同时得到美的享受，充分发挥文字主体和网页的特点，不断创造出现代、新颖、艺术的网页效果，使网页设计在整体视觉效果上更上一层楼。

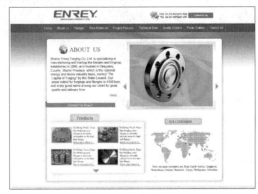

图4-32　主次和留白

4.5 网页标志设计

在网页设计中，会根据不同的需要设计不同类型的网页图标，最常见的是用于导航菜单的导航图标，以及用于链接其他网站的友情Logo图标。

📷 4.5.1 标志设计的构成要素

标志设计中，组成标志的基本要素可演绎为点、线、面，它们有各自的特性与彼此的效用。而点、线、面作为最基本的构成要素，在标志设计的造型中，拥有各自的特点。

📷 4.5.2 标志设计的构思

一个好的标志，首先要有好的构思，同时又要有好的形式贯穿始终。表现什么？怎么表现？前者是内容，后者是形式，两者巧妙结合是作品成败的关键。设计者在构思、设计时要注意以下6个要点。

1. 象征性

要把握事物的特点、性质、用途，然后考虑用什么形象恰如其分地表现出来，其形象和表达内涵必须有某种联系，这样才能引起联想，才能一目了然。因此比喻要确切，不论变形、联想、象征都要合适，如图4-33所示中绝味的标志。

图4-33 象征性

2. 独创性

视觉方面明显的识别功能和不同于其他标志的独创性，也是标志设计时必须注意的一点。有的标志内涵不明显，模棱两可，易产生歧义性、误解性。如图4-34所示，中国人民银行标志以中国古币与汉字形象为造型元素，具有鲜明的形象特色和强烈的独创性。

图4-34 独创性

3. 艺术性

即使有了确切的象征意义和强烈的独创性，如果缺乏整体的美感，标志也会失去生命力，有持久生命力的标志必然有其隽永的强烈艺术美。如图4-35所示，日本丰田汽车是由3个不同大小、方向的椭圆形组成，都是弧线，给人流畅、自然的感觉，这是艺术的魅力。标志图形圆润度结合好，体现了图案功夫和极强的造型能力，是企业理念、理想的更高体现。

图4-35 艺术性

4. 识别性

显著、易识别是标志最基本的特征。应避免标志雷同、易相互混淆而产生错觉，从而影响标志的识别。如图4-36所示，中国国际航空公司标志图形是鸟的变形，取"吉祥鸟"之意，优美典雅，造型精致，具有明显的识别性。

图4-36 识别性

5. 简明性

标志应以简洁、生动、鲜明的形象来传达信息，这便于人们在很短的时间内识别出标志形象并便于记忆。如图4-37所示，中国银行标志，以象征银行的古钱和表示银行归属的"中"字构成简洁而富有时代感的机构形象，给人牢固和可以信赖的感觉。

图4-37 简明性

📷 4.5.3 标志设计的表现

"标"字的基本含义是标记和记号，"志"字的基本含义是不忘和牢记之意。标志是特殊的语言形式，有其自身的艺术表现规律。

1. 一形多意

一形多意标志指一个形态表达多种含意。"一形"指相对完整独立的形，"多意"指组合后形成多个意义。如图4-38所示，中国邮政标志，是用中国古写的"中"字与邮政网络的形象相结合，归纳变化而成，并在其中融入了翅膀的造型，使人联想起"鸿雁传书"这一中国古代对于信息传递的形象比喻，表达了服务于千家万户的企业宗旨以及快捷、准确、安全无处不达的企业形象。

图4-38 一形多意

2. 一形一意

一形一意标志常用于公共信息符号，如交通、家电标志，及生产安全标志等。图形简练、清晰、醒目，在时间短、距离远的条件下能清楚识别。这类标志给社会生活带来便利，有世界通用语言之功效，如图4-39所示。

图4-39 一形一意

3. 多形多意

多形多意标志是指由多个单一形象通过组合形成多个概念。如图4-40所示，中国联通标志造型中的4个方形有四通八达、事事如意之意；6个圆形有路路相通、处处顺畅之意；而标志中的10个空穴则有圆圆满满、十全十美之意。无论从对称讲，还是从偶数说，都洋溢着古老东方久已流传的吉祥之气。中国联通的标志还有两个明显的上下相连的"心"，它一览无余地展示着联通公司的宗旨：通信、通心，联通公司永远为用户着想，与用户心连着心。

图4-40 多形多意

4. 多形一意

多形一意标志指多形集中、加深表现内涵，综合后产生一个概念，如保护环境标志和失物招领标志等，如图4-41所示。

图4-41 多形一意

5. 正负形的开发利用

正形在图案中也就是图与图组成的形，留下的空白为负形。在标志造型艺术表现手法上，对负形的利用和开发应十分重视，它是达到标志"形简意赅"的最佳形式，如图4-42所示。

图4-42 正负形的开发利用

标志设计的具体方法有以下几种。

> 增加形成法：是指在负形上增加有限的笔画，使之形成又一形象图形，并能与标志意义相吻合，使标志图形更加完整，形达意蕴。

> 减除形成法：指在成为正形的图形中，在恰当的位置上作些减除，而形成另一个形象的负形，这无疑是标志造型的良策。

> 自然形成法：在正形与负形之间，不用增减关系就自然形成了正负图形象。

> 共用："共用"包括"形"的共用和"意"的共用两种，它们是标志造型艺术中很重要的方法。

4.5.4　标志设计的流程

1. 调研分析

标志不仅仅是一个图形或文字的组合，它是依据企业的结构构成、行业类别、经营理念，并充分考虑标志接触的对象和应用环境，为企业制定的标准视觉符号。在设计之前，首先要对企业做全面深入的了解，包括经营战略、市场分析，以及企业最高领导人员的基本意愿，这些都是标志设计开发的重要依据。对竞争对手的了解也是重要的步骤，标志的识别性就是建立在对竞争环境的充分掌握上。因此，首先会要求客户填份标志设计调查问卷。

2. 要素挖掘

要素挖掘是为设计开发工作做进一步的准备。依据对调查结果的分析，会提炼出标志的结构类型、色彩取向，列出标志所要体现的精神和特点，挖掘相关的图形元素，找出标志的设计方向，使设计工作有的放矢，而不是对文字图形的无目的组合。

3. 设计开发

有了对企业的全面了解和对设计要素的充分掌握，可以从不同的角度和方向进行设计开发工作。通过设计师对标志的理解，充分发挥想象，用不同的表现方式将设计要素融入设计中，使标志含义深刻、特征明显、造型大气、结构稳重，色彩搭配能适合企业，避免流于俗套或大众化。不同的标志所反映的侧重点或表象会有区别，经过讨论分析修改，找出适合企业的标志。

4. 标志修正

提案阶段确定的标志，可能在细节上还不太完善。经过对标志的标准制图、大小修正、黑白应用、线条应用等不同表现形式的修正，使标志使用更加规范，同时标志的特点、结构也不丧失。

网页的版式布局，就是指网页中图像和文字之间的位置关系，简单来说也可以称之为网页排版。网页布局设计最重要的目的就是传达信息。一个并不能阅读的网页只能变成一个无用的链接。网页版式布局设计应该包括分割、组织和传达信息，并且使网页易于阅读、界面具有亲和力和可用性，只有这样，浏览者才有更好的机会找出吸引他的东西。

5.1 网页布局的基础

网页是网站构成的基本元素，决定网页是否吸引浏览者的重要因素之一是网页的合理布局。如何将文字、图像及各种网页元素合理、恰当地放入网页中，是网页设计者需要精通的一门技巧。一个好的网页，除了素材和颜色的搭配之外，如何将其布局得井井有条，使页面易读和美观也是至关重要的。

5.1.1 网页的构成

不同性质和类别的网站，网页的布局构成是不同的，一般网页的基本构成内容包括标题、网页Logo、页头、页脚、导航、主体内容、广告栏等。

1. 页面尺寸

由于页面尺寸和显示器大小及分辨率有关系，网页的局限性就在于无法突破显示器的范围，而且因为浏览器也将占去不少空间，留下的页面范围变得越来越小。一般分辨率在800×600的情况下，页面的显示尺寸为780×428像素；分辨率在640×480的情况下，页面的显示尺寸为620×311个像素；分辨率在1024×768的情况下，页面的显示尺寸为1007×600。从以上数据可以看出，分辨率越高，页面尺寸越大。

浏览器的工具栏也是影响页面尺寸的原因，如图5-1所示。目前的浏览器的工具栏一般都可以取消或者增加，那么当显示全部的工具栏时，和关闭全部工具栏时，页面的尺寸是不一样的。

在网页设计过程中，向下拖动页面是唯一给网页增加更多内容（尺寸）的方法。

2. 整体造型

什么是造型？造型就是创造出来的物体形象。这里是指页面的整体形象，这种形象应该是一个整体，图形与文本的接合应该是层叠有序。

虽然，显示器和浏览器都是矩形，但对于页面的造型，却可以充分运用自然界中的其他形状以及它们的组合。

图5-1 浏览器影响页面尺寸

对于不同的形状，它们所代表的意义是不同的。

（1）矩形

矩形代表着正式、规则，如ICP和政府网页都是以矩形为整体造型，如图5-2所示。

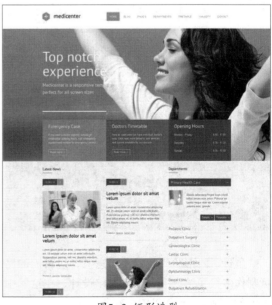

图5-2 矩形造型

（2）圆形

圆形带表着柔和、团结、温暖、安全等，如时尚站点喜欢以圆形为页面整体造型，如图5-3所示。

图5-3 圆形造型

（3）三角形

三角形代表着力量、权威、牢固、侵略等，如大型的商业站点为显示它的权威性常以三角形为页面整体造型，如图5-4所示。

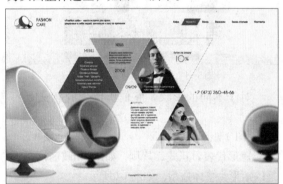

图5-4 三角形造型

（4）菱形

菱形代表着平衡、协调、公平，交友站点常运用菱形作为页面整体造型，如图5-5所示。

图5-5 菱形造型

虽然不同形状代表着不同意义，但目前的网页制作多数是结合多个图形加以设计，在这其中某种图形的构图比例可能占得多一些。

3. 网页标题

在浏览一个网页时，通过浏览器顶端的蓝色显示条出现的信息就是"网页标题"，如图5-6所示。网页标题是对一个网页的高度概括，一般来说，网站首页的标题就是网站的正式名称，而网站中文章内容页面的标题就是文章的题目，栏目首页的标题通常是栏目名称。当然这种一般原则并不是固定不变的，在实际使用中可能会有一定的变化，但无论如何变化，总体上仍然会遵照这种规律。

图5-6 网页标题

在网页HTML代码中，网页标题位于<head></head>标签之间。其形式为：

```
<title>网页标题</title>
```

4. 页头

页头又可称之为页眉，页眉的作用是定义页面的主题。比如一个站点的名字多数都显示在页眉里，这样访问者能很快知道这个站点是什么内容。页头是整个页面设计的关键，它将牵涉到下面的更多设计和整个页面的协调性。页头常放置站点名字的图片和公司标志以及广告，如图5-7所示。

图5-7 网页页头

5. 页脚

页脚和页头相呼应。页头是放置站点主题的地方，而页脚是放置制作者或者公司信息的地方，包括版权信息、邮件地址，友情链接等，如图5-8所示。

图5-8 网页页脚

5.1.2 构成的形式

网页布局构成的形式有重复、近似、渐变、变异、对比、密集、分割，等等。

1. 重复

重复构成是指同一形态或同组形态有序地反复出现，形成某种规律的构图形式。重复构成有其优点及缺点。

> 优点：单个的重复能求得整体形象的秩序和统一，使人产生清晰、连续、无限之感。反复出现的形态加强了视觉冲击力，能很好地加深印象，具有强化记忆的作用，如图5-9所示。

图5-9 重复

> 缺点：重复构成容易产生呆板、平淡、缺乏趣味性的视觉感受。为打破这种感觉，在构成设计时常加上交错与重叠，如图5-10所示。

图5-10 重叠

2. 近似

近似构成是在重复的基础上将重复元素进行大小、方向、颜色上的稍微改变形成的。近似构成形式的特点是形态相似，既有形态变化又有整体统一，如图5-11所示。

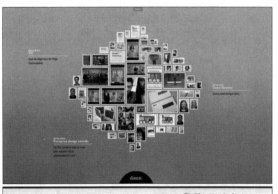

图5-11 近似

3. 渐变

渐变是在设计中常常会用到的技巧，是一种常见的视觉效果。是指构图元素的形状、大小、方向、颜色等的逐渐地、有规律地改变。渐变构成形式的特点是能有效地体现出空间感与时间感，如图5-12所示。

图5-12 渐变

4. 变异

变异是为了改变规律的单调性出现的突破，在整体效果中有意识地出现不合规律的个别基本形。根据大小、方向、形状、颜色进行不同构成的变异，能使整个页面具有动感，引人关注，如图5-13所示。

图5-13 变异

5. 对比

对比是指在两种或两种以上的对象之间有着明显的差别。对比的表现形式广泛应用于各种设计中。对比能使人感觉到鲜明、强烈的效果，如图5-14所示。其形式包括有大小、方圆、明暗、黑白、粗细、曲直、刚柔、轻重、强弱、动静、聚散、轻慢，等等。

图5-14 对比

6. 密集

基本形态按密集与疏散、虚与实、向心与扩散等方式进行构成的形式称为密集构成形式，它具有方向性和目的性的特征。元素最密集的地方和最稀疏的地方均为视觉的焦点，如图5-15所示。

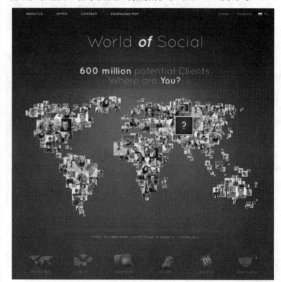

图5-15 密集

7. 分割

按一定比例和秩序进行分割或划分的构成形式称之为分割，如图5-16所示。分割又可以分为等形分割、比例分割、数列分割和自由分割等。

图5-16 分割

5.2 网页布局方法

网页的目的是为了传播信息，网页布局的目的就是为了让人们更好地浏览这些信息。将需要展示的信息在网页上进行编排与美化，就是网页布局的范围了。网页布局相似又不同于平面设计中的版式布局，本节将学习如何进行网页布局。

📷 5.2.1 常见的版式结构

一般来说，网站页面版式的形式不外乎有两种：一种是纯粹的形象展示型，即形象页面；还一种就是信息罗列型，也称为内容页面。

1. 形象页面

形象页面的文字信息较少，图像信息较多，通过艺术造型和设计布局，利用一系列与公司形象和产品、服务有关的图像、文字信息，组成一幅生动的画面，向浏览者展示一种形象、一个氛围，从而吸引浏览者进入浏览。这需要设计者具有良好的设计基础和审美能力，能够努力挖掘企业深层的内涵，展示企业文化。这种类型的首页在设计过程中一定要明确是以设计为主导，通过色彩、布局给访问者留下深刻的印象

形象页面多用于网站的形象宣传，主要针对于形象宣传形状的网站，偏重于设计性。它的主要特点是页面布局结构自由，以图像或者Flash为主，文字较少，如图5-17所示。

图5-17 形象页面

2. 内容页面

内容页面是一般的大、中型企业网站和门户网站常用的方式，即在首页中就罗列出网站的主要内容分类、重点信息、网站导航、公司信息，等等。这种风格比较适合网站信息量大、内容丰富的网站，因为是以展示信息为主，这时的设计就要在细微之处展现企业形象。

内容页面主要用于传达文字信息，其页面图像内容相对较少，整个页面按不同的布局划分为多个区域，如图5-18所示。

图5-18 内容页面

5.2.2 布局的原则

网页的版式布局在一定程度上体现了艺术性，其设计应加强页面的视觉效果、信息内容的可视度和可读性等。在进行网页版式设计与编排时，需要遵循以下基本原则。

1. 主次分明、重点突出

在进行网页的版面设计时，必须考虑页面的视觉中心，即屏幕的中间或中央偏上的位置。通常一些重要的文章和图片可以安排在这个位置，那些稍微次要的内容可以安排在视觉中心以外的位置，这样在页面上就突出了重点，做到了主次分明。

2. 平衡协调、统一均整

在进行网页的版面设计时，要充分考虑浏览者视觉的接受度，和谐地运用页面色块、颜色、文字、图片等信息形式，力求达到一种稳定、诚实、可信赖的页面效果。

平衡是指画面中图像文字的视觉分量在上下左右几个方位基本相等、分布匀称，能达到安定平稳的效果。过于平衡的画面难免有呆板的感觉，有时需要在局部上打破平衡或对称。好的网页应该给人安定、平稳的感觉，不只是文字、图片、动画等要素在空间上的合理分布，也包括色彩上的平衡。

正常平衡亦称"匀称"，多指左右、上下对照的形式，主要强调秩序，能达到安定、诚实、信赖的效果，如图5-19所示。

图5-19 正常平衡

异常平衡即非对照形式，但也要平衡和韵律，当然都是不均整的，此种布局能达到强调

性、不安性、高注目性的效果。

3. 图文并茂、相得益彰

在进行网页的版面设计时，应注意文字与图片的和谐统一。文字与图片具有一种相互补充的视觉关系，页面上文字太多，会显得沉闷，缺乏生气；页面上图片太多，又会减少页面的信息容量。文字与图片互为衬托，既能活跃页面，又能丰富页面，如图5-20所示。

图5-20 图文并茂

4. 简洁清晰、便于阅读

浏览网页是为了了解信息，因此，网页内容的编排要便于阅读。一般通过使用醒目的标题，限制所用的字体和颜色的数目，来保持版面的简洁。

5. 变化对比、丰富视觉

不同的形态、色彩等的运用可形成鲜明的对比，造成不同的变化，以吸引浏览者的目光，突出主题，如图5-21所示。所谓对比，就是利用不同的色彩、形态、线条等视觉元素相互并置对比，造成画面的多种变化，达到丰富视觉的效果。对比不仅利用色彩、色调等技巧来表现，在内容上也可涉及古与今、新与旧、贫与富等对比。

图5-21 对比

6. 视线凝视、注视效果

所谓凝视，是利用页面中人物视线，使浏览者产生仿照跟随的心理，以达到注视页面的效果，如图5-22所示。

图5-22 视线凝视

7. 适度留白、疏密有度

网页应疏密有度，不可密不透风，也不可过于疏散，应该使用适当的空白、空格、字体、边框等对不同的板块做出间隔，但是又要使所有的板块有整体感，不至于过于零散，如图5-23所示。

图5-23 网页中的留白

8. 图片解说、传达情感

图片解说用于对不能用语言说服，或用语言无法表达的情感。图片解说的内容，可以传达给浏览者更多心理因素，如图5-24所示。

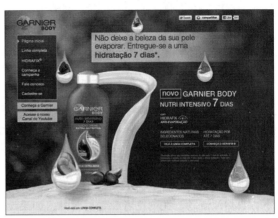

图5-24 图片解说

5.2.3 布局方法

网页布局的方法有两种，第一种为纸上布局，第二种为软件布局。下面分别加以介绍。

1. 纸上布局法

许多网页制作者不喜欢先画出页面布局的草图，而是直接在网页设计器里边设计布局边加内容。这种不打草稿的方法不能设计出优秀的网页来。所以在开始制作网页时，要先在纸上画出页面的布局草图来。

> ➤ 尺寸选择：目前一般800×600的分辨率为约定俗成的浏览模式。所以为了照顾大多数访问者，网页页面的尺寸以800×600的分辨率为准。

> ➤ 造型的选择：先在白纸上画出象征浏览器窗口的矩形，就是布局的范围。选择一个形状作为整个页面的主题造型，然后在矩形框架里随意画出来。

> ➤ 增加页头：一般页头都是位于页面顶部。

> ➤ 增加文本：页面的空白部分分别加入文本和图形

> ➤ 增加图片：图片是美化页面和说明内容必须的媒体。

2. 软件布局法

如果不喜欢用纸来画出布局意图，那么还可以利用软件来完成这些工作，这个软件就是Photoshop。Photoshop所具有的对图像的编辑功能用到设计网页布局上更显得心应手。不像用纸来设计布局，利用Photoshop可以方便地使用颜色、使用图形，并且可以利用图层的功能设计出用纸张无法实现的布局意念。

5.2.4 布局的视觉因素

视觉流程是一个视觉传达的过程。视觉总是有一种自然的习惯，普通的是由左至右、由上至下，其注意力逐步转移。

1. 视线移动规律

视觉流程是一个由总体感知、局部感知到最后印象这3个感知阶段组成的心理认知过程。人的视线在一个平面上的流动具有比较固定的认知模式，即从左到右、自上而下、由左上沿着弧线向下方自然地流动。在浏览者观看页面时，如果没有明确的目的，那么一般会首先快速浏览整个页面，形成一个初步印象，然后视线会被可视性最强或感兴趣的对象所吸引，并促成点击。

视线诱导是设计者为了实现网页信息的有序传达而使用的设计手段。在具体的设计中，可以通过线性方向、形状方向、组合排列、运动趋势等来实现视线诱导。

2. 最佳视觉区域

视觉规律的形成是由人类的视觉特性所决定的。浏览者的阅读行为在浏览不同性质的网站和肩负不同的阅读任务时候都表现出基本恒定的习惯：首先是水平扫描，常常是扫过网页内容的最上半部分，因此，上部和中上部被称为"最佳视域"，也就是最优选的地方；然后，向下移，浏览下面区域；最后，从网页左边的部分进行垂直扫描。

在网页设计中，灵活而合理地运用视觉流程和最佳视域，组织好自然流畅的视觉导向，可以直接影响网页传播的准确性与有效性。所以，在网页设计中，既要立足信息的传达，又要符合人们的视觉和思维习惯，设计网页时注意各种信息要素的合理分布，使各类信息要素的位置、间隙、大小保持一定的节奏感和美感。

3. 避免视觉疲劳

当网页过长、版式编排不合理等问题，很容易影响网站的用户体验度，从而导致浏览者出现视觉疲劳。为了更利于网页信息的有效传达，在网页设计时应从版式设计的角度消除人们的视觉疲劳。

4. 合理的配色

如果将大篇幅极亮的文字设计在极暗的背景上，则容易因视觉长时间过分紧张而产生疲劳。

因此应注意网页的配色，使其适合浏览者长期浏览。

5. 合适的页面长度

尽可能将网页限制在一屏以内（即满屏），这样浏览者不需要拖动滚动条就可以看到下面的导航信息。长页面固然能包含更多的内容，但是过长的网页不仅影响下载速度，又容易使人产生疲劳感，就像阅读没有标点的文字让人喘不过气来那样。因此，页面不宜过长，一般控制在1~3屏，尽量不超过5屏。提供到页首、页尾的定位链接，方便快速定位浏览。

6. 文字的调整

对于版面中的文字，要注意其看易读的视觉效果，否则极容易产生视觉疲劳。字号过小、行间距过密，都让人有难以辨认的疲劳感。因此，在网页设计中应提供浏览者定制字体大小的功能。

7. 遵循阅读习惯

减少交互的次数，按照人们的阅读习惯，固定导航的位置，免去用户去找导航的麻烦。

8. 适量的多媒体元素

网页中的动画不是越多越好，而是要形成动静相宜的效果，因此需要适量安排多媒体元素，并注意主次关系。

5.3 网页布局类型

网页版式的基本类型主要有骨骼型、国字型、满版型、拐角型、框架型、分割型、中轴型、曲线型、倾斜型、对称型、焦点型、自由型、三角型等。

5.3.1 骨骼型

骨骼型即类似于人体的骨骼结构，也可称为栏型。网页中的骨骼型版式是一种规范的、理性的设计形式，类似于报刊的版式。分为竖向通栏、双栏、三栏、四栏和横向的通栏、双栏、三栏和四栏等设计。一般以竖向分栏居多。典型的骨骼型结构中，上面主要是Logo，导航Banner，内容部分分栏设计，页脚为版权等信息，如图5-25所示。

骨骼型布局版式给人以和谐、理性的美，可以营造统一感，合理利用空间，保持页面的平衡。

图5-25 骨骼型网页布局

📷 5.3.2　国字型

国字型布局由同字型布局进化而来，因布局结构与汉字的"国"相似而得名，口字型、同字型、回字型都可归属于此类，是一些大型网站所喜欢的类型。其页面的最上部分一般放置网站的标志、导航或Banner广告，页面中间主要放置网站的主要内容，最下部分一般放置网站的版权信息和联系方式等，如图5-26所示。

国字型布局有其相应的优缺点。

> 优点：充分利用版面，信息量大。
> 缺点：页面拥挤，不够灵活。

图5-26　国字型网页布局

📷 5.3.3　满版型

随着当今网络带宽不断变大，满版型版式在商业网站设计尤其是网络广告中比较常见，如图

5-27所示。这种网页结构随着现在显示器尺寸的增大和分辨率的提高逐渐在做一个过渡，即以前的整个图片满版到后面的背景满版，到现在的局部满版。这种版式给人的感受是内容紧凑、气氛表达充分，适合温馨和暖性思维的表达。

> 优点：给人以舒展、大方的感觉，视觉传达效果直观而强烈。
> 缺点：满版型版式结构的运行速度慢。

图5-27　满版型网页布局

📷 5.3.4　拐角型

拐角型布局包括了匡型布局或T型布局。

1. 匡型布局

在匡型布局中，常见的类型有上面是标题与导航、左侧是展示图片的类型和最上面是标题及广告、右侧是导航链接的类型，如图5-28所示。

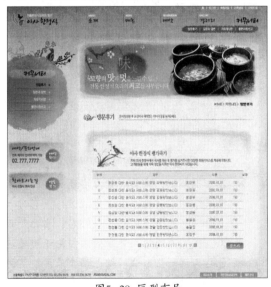

图5-28　匡型布局

2. T型布局

T型布局就是指页面顶部为横条网站标志与广告条，下方左面为主菜单，右面显示内容的布局。因为菜单背景色彩较深，整体效果类似英文字母T，所以称之为T形布局，如图5-29所示。

拐角型布局有其优缺点。

➢ 优点：页面结构清晰，主次分明，是初学者最容易上手的布局方法。

➢ 缺点：规矩呆板，如果在细节色彩上不注意，则很容易让人感觉枯燥无味。

图5-29 T型布局

📷 5.3.5 框架型

框架型版式常用于功能型的网站，如邮箱、论坛、博客等，如图5-30所示。框架型又分为左右框架、上下框架及综合框架。

图5-30 框架型网页布局

➢ 左右框架型：这是一种左右分别为两页的框架结构，一般左面是导航链接，有时最上面会有一个小块标题或标志，右面是正文。我们见到的大部分的大型论坛都是这种结构，一些企业网站也喜欢采用。这种类型结构非常清晰，一目了然。

➢ 上下框架型：与左右框架类似，区别仅仅在于这是一种上下分为两页的框架。

➢ 综合框架型：这是上述两种结构的结合，是一种相对复杂的下型框架结构，较为常见的是类似于"拐角型"的结构，只是采

用了框架结构。常见的邮箱网站的版式都是综合框架型。

📷 5.3.6 分割型

把整个页面分成上下或左右两部分，分别安排图片和文案。两个部分形成对比：有图片的部分感性而有活力，文案部分则理性而平静。可以调整图片和文案所占的面积，来调节对比的强弱。如果图片所占比例过大，文案使用的字体过于纤细，字距、行距、段落的安排又很疏落，则造成视觉心理的不平衡，显得生硬。倘若通过文字或图片将分割线虚化处理，就会产生自然和谐的效果，

水平、垂直分割构成会把页面划分成若干视觉区域，促使浏览者的视线进行阶段性的流动，造成视线流程的节奏性和明显的顺序性。这种版式常用于展示型的网页，如图5-31所示。

➢ 优点：分割型将网页进行层次分明的重新排序，使得网页看起来富有新鲜感和创意。

➢ 缺点：分割型对比强弱处理得不恰当，很容易造成视觉心理的不平衡。

图5-31 分割型网页布局

📷 5.3.7　中轴型

沿浏览器窗口的中轴将图片或文字作水平或垂直方向的排列，水平排列的页面给人稳定、平静、含蓄的感觉，垂直排列的页面给人以舒畅的感觉。这种版式常用于首页的设计，如图5-32所示。

图5-32　中轴型网页布局

中轴型网页布局的优缺点如下。

> ➤ 优点：中轴型的布局往往会使人们的视觉中心比较容易集中在网页的中心，有利于突出重点内容，有很好的视觉导向作用。
> ➤ 缺点：中轴型的布局比较呆板。

📷 5.3.8　曲线型

图片、文字在页面上作曲线的分割或编排构成，产生韵律与节奏。不规则的网页构造往往能够突出个人的兴趣爱好，以及自我对时尚的追求，这种类型的网页布局非常具有个性化，如图5-33所示。

图5-33　曲线型网页布局

📷 5.3.9　倾斜型

页面主题形象或多幅图片、文字作倾斜编排，形成不稳定感或强烈的动感，引人注目。这种版式常用于网络广告中。倾斜的设计使得网页的画面具有动感、灵气十足，再搭以良好的色彩和吸引人的图片，将会得到意想不到的惊人效果，如图5-34所示。

图5-34　倾斜型网页布局

📷 5.3.10　对称型

一般采用相对对称的手法，以避免呆板。左右对称的页面版式比较常见。四角型也是对称型的一种，是在页面四角安排相应的视觉元素。4个角是页面的边界点，重要性不可低估，在4个角安排的任何内容都能产生安定感。控制好页面的4个角，也就控制了页面的空间。越是凌乱的页面，越要注意对4个角的控制。这种版式常用于网络广告中，如图5-35所示。

图5-35　对称型网页布局

📷 5.3.11　焦点型

这类网页多见于围绕一个中心点，整个页面围绕中心，这类布局中心明确，表达信息集中，传达信息清楚，多见于销售类网站或者品牌产品网站。焦点型的网页版式通过对视线的诱导，使页面具有强烈的视觉效果，如图5-36所示。

图5-36 焦点型网页布局

焦点型分3种情况。

> 中心：将对比强烈的图片或文字置于页面的视觉中心。

> 向心：视觉元素引导浏览者视线向页面中心聚拢，就形成了一个向心的版式。向心版式是集中的、稳定的，是一种传统的手法。

> 离心：视觉元素引导浏览者视线向外辐射，则形成一个离心的网页版式。离心版式是外向的、活泼的、更具现代感的，运用时应注意避免凌乱。

📷 5.3.12 自由型

自由型结构的随意性特别大，颠覆了从前以图文为主的表现形式，将图像、Flash动画或者视频作为主体内容，其他的文字说明及栏目条均被分布到不显眼的位子，起装饰作用，如图5-37所示。这种结构在时尚类网站中使用的非常多。

图5-37 自由型网页布局

> 优点：这种结构富于美感，可以吸引大量的浏览者欣赏。

> 缺点：因为文字过少，难以让浏览者长时间驻足；另外起指引作用的导航条不明显，不便于操作。

📷 5.3.13 三角型

网页各视觉元素呈三角形排列。正三角形（金字塔型）最具稳定性，倒三角形则产生动感。侧三角形构成一种均衡版式，既安定又有动感。这种布局的网页往往简洁明了，一般不会过多注重丰富的内容，而更在意独特的风格制造，如图5-38所示。

图5-38 三角型网页布局

5.4 网页导航布局

网页导航是网页中很重要的一部分内容。一般的网页都有导航栏，它一方面在帮助用户更方便地浏览网站，同时它也是用户和搜索引擎判断一个网站专业度的重要因素之一。

导航栏指的是引导用户访问网站的栏目、菜单、在线帮助、分类等布局结构的总称。网页设计时要使网站导航结构清晰，能够使访问者在最短时间内找到自己喜欢的内容。

导航的布局对搜索引擎和用户都有利，便于提升网站内的用户操作和浏览速度，也便于搜索引擎的目录索引和识别。

📷 5.4.1 网页导航分类

一个网站可以运用多种导航，则如主栏目导航、二级栏目导航、快速导航和相关链接等。

1. 网址导航

网址导航就是一个集合较多网址，并按照一定条件进行分类的一种网址站，如图5-39所示。

网址导航方便网友们快速找到自己需要的网站，这样不用去记住各类网站的网址，就可以直接进到所需的网站。现在的网址导航一般还自身提供常用查询工具，以及邮箱登录、搜索引擎入口，有的还有热点新闻等功能。网址导航从诞生的那一刻起，就凭借其简单的模式和便利的服务以及好的用户体验深得民心。

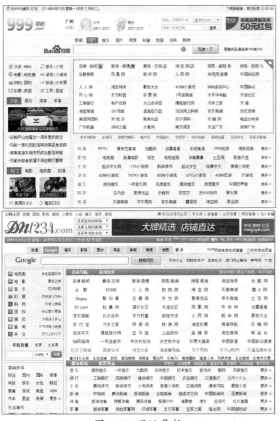

图5-39 网址导航

2. 导航条

导航条是网页设计中不可缺少的部分，它是指通过一定的技术手段，为网站的访问者提供一定的途径，使其可以方便地访问到所需的内容，是人们浏览网站时可以快速从一个页面转到另一个页面的快速通道。利用导航条，就可以快速找到想要浏览的页面。

导航条的目的是让网站的层次结构以一种有条理的方式清晰展示，并引导用户毫不费力地找到并管理信息，让用户在浏览网站过程中不至迷失。

为了让网站信息可以有效地传递给用户，导航一定要简洁、直观、明确。如百度搜索中的"新闻"、"网页"、"贴吧"、"知道"等链接就是导航条的组成部分，如图5-40所示。在企业网站上，导航条上常见的有"产品介绍"、"公司简介"、"最新产品"、"联系我们"等。

图5-40 导航条

3. 主导航栏

在主页面上，主导航栏是指位于页眉区域的、在页眉横幅图片上边或下边的一排导航按钮，它起着链接各个页面的作用。

（1）主栏目导航

在主页面上，全局导航是所有网页都具有的导航选项，一般是网页内容的分类，提供给访问者必要的选项，如图5-41所示。

图5-41 主栏目导航

（2）二级栏目导航

当浏览者正在浏览网站的一个特殊区域时，第二级导航就显示出这一级反映的特定内容。次级栏目导航是对主栏目相关栏目的细分，例如公司简介主栏目下有公司历史、公司荣誉、公司大事记、公司CEO等。当选择一个主栏目时，相关的次级栏目会显示出来或者打开对应页面时显示出来。如图5-42所示。

图5-42 二级栏目导航

4. 次导航

次导航是指网页底部的相关链接，用于提供相关栏目的信息，一般以图块的方式出现，如图5-43所示。

图5-43 次导航

📷 5.4.2 导航布局

1. 导航位置

为了分辨这些不同的导航，可以把导航信息以相同的形式固定在不同页面的相同位置，这些位置可以是页面的上部、下部、左侧、右侧或中部，页面中间一般放置主体内容。一个Web页实际上有4个基本区域最适合放置导航元素，即网页的顶部、左侧、右侧和中部；放在下部需要将网页控制在一屏以内。

（1）顶部

顶部导航是指网站导航位于顶部的网页结构。在注重速度的初创阶段，Web浏览器的属性一般都是从页面上部开始下载网页信息的，因此常常把重要的信息置于顶部区域。现在，尽管速度已经不再是敏感因素，但是顶部导航结构在使用性上还是有很多优点，因此网站导航位于顶部的网页布局也是最常用的，如图5-44所示。其中最有代表性的优点就是醒目的效果，而且顶部导航栏占用的区域非常少，留给内容更多、更自由的表现区域。

对于内容丰富的网站，顶部导航是非常有用的；相反，对于内容贫乏的网站而言，如果运用顶部导航的话，可能会给人一种单调、冷清的感觉。

（2）左侧

左侧导航是指网站导航位于页面左侧的网页布局结构，也是因特网发展初期使用起来最熟练、最方便的网页布局结构。

网站导航的形态及色彩的强弱不同，右侧

内容区域的网页布局形态也大不相同；网站导航的形态和色彩较强的话，即使不能相对地突出右侧内容区域也没有关系。左侧导航结构能够有效地弥补内容较少的网站的空洞感，如图5-45所示。

图5-44 顶部导航

图5-45 左侧导航

（3）右侧

右侧导航是指网站导航位于页面右侧的网页布局结构，它是使用频繁率最低的结构。这种结构的缺点是，人们阅读习惯上是从左侧或者顶部开始的，采用这种右侧导航结构，蕴含网站性质和信息的网站导航不易引起使用者的注意。相比其他结构而言，使用者容易感到别扭和不方便。

但是，采用右侧导航结构能让使用者有效地关注左侧内容区域信息。另外，在Web浏览器中能够显示整个页面的情况下，右侧的网站导航将页面划分成不同的区域，使网页布局看起来更加合理，如图5-46所示。

图5-46 右侧导航

（4）中间

当进入一个网页的首页时，将导航按钮放在页面的中心位置便于浏览者进行选择，进入页类似于书籍的封面，帮助浏览者决定到哪里，这样设计使导航看起来十分突出，如图5-47所示。

图5-47 中间导航

（5）底部

底部导航是指网站导航位于页面底部的网页布局结构，在适合标准显示器分辩率、无法调整网页布局上下宽的情况下，必须使用框架结构，

这是因为想要随时向使用者展现网站导航的话，就必须考虑到使用者在不使用滚动条的情况下也能利用网站导航。不过，即使使用框架，还存在一些必须解决的问题，比如打开速度、更新无法记忆等，还有很多人比较忌讳使用框架。因此旨在提供信息类型的网站几乎都不采用底部导航结构。

但是，底部导航结构对上面区域的限制因素比其他网页布局结构都要少，网页设计师可以按照自己的意图自由发挥，设计出多样化、有创意的网页，如图5-48所示。

图5-48 底部导航

2. 导航方向

导航的方向是指导航文字的排列方式，分为横排、竖排和倾斜3种。导航方向很大程度上影响了网页平面的空间分割与版式风格，运用恰当能起到事半功倍的效果。

（1）横排导航

横排导航占用面积小，常被信息量大的门户网站、资讯网站使用，如图5-49所示。

图5-49 横排导航

（2）竖排导航

竖排导航占用面积大，视野好，可以有效地填补网页空间，并弱化信息少所带来的视觉缺陷和心理疑惑，如图5-50所示。

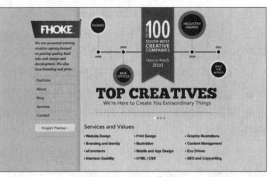

图5-50 竖向导航

（3）倾斜导航

倾斜导航打破了网页由于表格排版造成的横向与竖向导航的格局，拥有很强的视觉冲击力。但是由于它的个性特征太鲜明，不适用于信息量

丰富的网站，如图5-51所示。

图5-51 倾斜导航

美工与创意｜网页设计艺术 第二版

第6章 网页配色应用

色彩是我们接触事物的第一直观认知，当我们浏览一个新的网页时，第一认知的不是页面的具体结构和信息内容，而是页面色彩搭配的视觉效果。色彩在网页制作中起着非常关键的作用，合理的网页色彩设计能体现网站风格，突出主题，吸引浏览者视线，加深印象。

6.1 认识色彩

色彩作为视觉信息，无时无刻不在影响着人类的正常生活。美妙的自然色彩，刺激和感染着人的视觉和心理情感，提供给人们丰富的视觉空间。

6.1.1 色彩的相关概念

色彩是通过眼、脑和我们的生活经验所产生的一种对光的视觉效应。人类对颜色的感觉往往受到周围颜色的影响。有时人们也将物质产生不同颜色的物理特性直接称为颜色。

现实生活中的色彩可以分为彩色和非彩色。其中黑白灰属于非彩色系列，其他的色彩都属于彩色。任何一种彩色具有3个特征：色相、明度和纯度。其中非彩色只有明度属性。

下面讲解色彩的相关概念。

1. 色相

色相即指能够比较确切地表示某种颜色色别的名称。色相是色彩的首要特征，是区别各种不同色彩的最准确的标准，如图6-1所示为色相环。事实上任何黑白灰以外的颜色都有色相的属性，而色相也就是由原色、间色和复色来构成的。

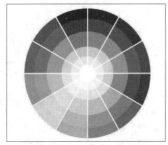

图6-1 色相环

色相，是色彩可呈现出来的质的面貌。自然界中各个不同的色相是无限丰富的，但是最基本

的有3种：红，黄，蓝。其他的色彩都可以由这3种色彩通过不同比例的调和而成。我们称这3种色彩为三原色，如图6-2所示。

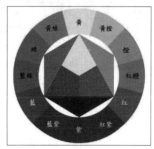

图6-2 三原色

2. 明度

明度也叫亮度，是指色彩的明亮程度，如图6-3所示。各种有色物体由于它们的反射光量的区别而产生颜色的明暗强弱。色彩的明度有两种情况：一是同一色相不同明度，如同一颜色在强光照射下显得明亮，弱光照射下显得较灰暗模糊；同一颜色加黑或加白掺和以后也能产生各种不同的明暗层次。二是各种颜色的不同明度。每一种纯色都有与其相应的明度。黄色明度最高，蓝紫色明度最低，红、绿色为中间明度。色彩的明度变化往往会影响到纯度，如红色加入黑色以后明度降低了，同时纯度也降低了；如果红色加白色则明度提高了，纯度却降低了，如图6-4所示。

图6-3 色彩明度

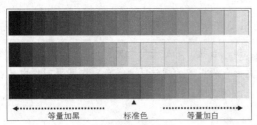
图6-4 明度变化

明度越大，色彩越亮。在购物类、食品类、儿童类网页设计，常用一些鲜亮的颜色，让人感觉绚丽多姿，生气勃勃，如图6-5所示。

图6-5 食品类网站

明度越低，颜色越暗。在游戏类网页中应用明度低的颜色，充满神秘感。或者部分个人网页运用一些暗色调来表达自身的个性，如图6-6所示。

图6-6 个性网站

3.纯度

纯度，指色彩的鲜艳程度。纯度高的色彩纯，鲜亮；纯度低的色彩暗淡，含灰色，如图6-7所示。

图6-7 纯度变化

4.邻近色

邻近色为色环中相邻的3种颜色，如图6-8所示。相近色的搭配给人的视觉效果很舒适，很自然。所以相近色在网站设计中极为常用。

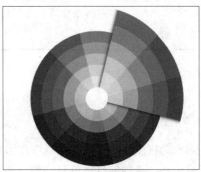
图6-8 邻近色

5.互补色

互补色，指色环中相对的两种色彩，比如红色和绿色，如图6-9所示。对互补色调整一下补色的亮度，有时候是一种很好的搭配。补色在网站设计中用得也极为普遍。

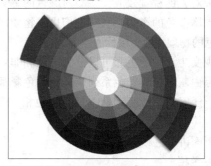
图6-9 互补色

6.冷暖色

色彩有冷暖色之分，如图6-10所示。冷色给人的感觉是安静、冰冷；而暖色给人的感觉是热烈、火热。冷暖色的巧妙运用可以让网站产生意想不到的效果，如图6-11所示。

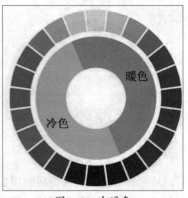
图6-10 冷暖色

图6-11 网页中的冷暖色应用

黄色、橙色、红色、紫色等都属于暖色系列。暖色跟黑色调和可以达到很好的效果。暖色一般应用于购物类网站、电子商务网站、儿童类网站，等等，用以体现商品的琳琅满目、儿童类网站的活泼温馨，如图6-12所示。

图6-12 暖色

绿色、蓝色、蓝紫色等都属于冷色系列。冷色一般跟白色调和可以达到一种很好的效果，应用于一些高科技、游戏类网站，主要表达严肃、稳重等效果，如图6-13所示。

图6-13 冷色

7. 色彩均衡

网站要让人看上去舒适、协调，除了文字、图片等内容的合理排版，色彩的均衡也是相当重要的一个部分，如图6-14所示。一个网站不可能单一地运用一种颜色，所以色彩的均衡问题是设计者必须要考虑的问题。

色彩的均衡，包括色彩的位置，每种色彩所占的比例、面积，等等。比如鲜艳明亮的色彩面积应小一点，让人感觉舒适，不刺眼，这就是一种均衡的色彩搭配。

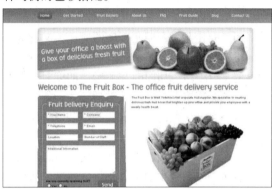

图6-14 色彩均衡

6.1.2 色彩的对比

在一定条件下，不同色彩之间的对比会有不同的效果。各种纯色的对比会产生鲜明的色彩效果，很容易给人带来视觉与心理的满足。红、黄、蓝3种颜色是最极端的色彩，它们之间对比，任何一种颜色也无法影响对方。

色彩对比范畴不局限于红绿、橙蓝、黄紫色的对比，而是包括各种色彩的界面构成中的面积、形状、位置以及色相、明度、纯度之间的差别对比，这些对比使网页色彩配合增添了许多变化、页面更加丰富多彩。

色彩对比包括色相、明度、纯度、冷暖、补色、面积的对比。

1. 色相对比

色相对比是指因色相之间的差别而形成的对比。在确定了主色相之后，考虑其他色彩与主色相之间的关系以及要表现的内容及效果，以此来增强色彩的表现力。

不同色相对比所取得的效果不同，如图6-15所示。当两种颜色相近时，对比效果就会越柔和。越接近的补色，对比效果越强烈。

图6-15 色相对比

2. 明度对比

明度对比是色彩明暗程度的对比，又称为色彩的黑白色对比，是页面形成恰当的黑、白、灰效果的主要手段，如图6-16所示。明度对比在视觉上对色彩层次和空间关系影响较大，例如柠檬黄明度高，蓝紫色的明度低，橙色和绿色属中明度，红色与蓝色属中低明度。

当两种不同明度的色彩并列使用时，就会使得暗色更暗、明色更明。如果将同明度的灰色放在黑底或白底上，就会让人觉得黑底上的灰色比白底上的灰色要亮。

图6-16 明度对比

3. 纯度对比

因不同色彩之间纯度的差别而形成的对比，称为纯度对比。色彩的纯度可分为高纯度、中纯度和低纯度三种。未经调和的原色纯度是最高的，中纯度则属于间色，复色其本身纯度偏低而属低纯度色彩范围。

一种颜色的鲜艳度取决于这一色相发射光的单一程度，不同的颜色放在一起，它们的对比是不一样的。人眼能辨别的有单色光特征的色，都具有一定的鲜艳度。不同的色相不仅明度不同，纯度也不相同。有了纯度的变化，才使世界上有如此丰富的色彩。同一色相即使纯度发生了细微

的变化，也会带来色彩性格的变化。

纯度弱对比的画面视觉效果比较弱，形象的清晰度较低，适合长时间及近距离观看。中纯度对比是最和谐的，画面效果含蓄丰富，主次分明。高纯度对比会出现鲜的更鲜、浊的更浊的现象，画面对比明朗、富有生气，色彩认知度也较高，如图6-17所示。

一个鲜艳的红色与一个含灰的红色并置在一起，能比较出它们在鲜浊上的差异，这种色彩性质的比较，称为纯度对比。纯度对比既可以体现在单一色相中不同纯度的对比中，也可以体现在不同色相的对比中：纯红和纯绿相比，红色的鲜艳度更高；纯黄和纯黄绿相比，黄色的鲜艳度更高。当其中一色混入灰色时，视觉也可以明显地看到它们之间的纯度差。黑色、白色与一种饱和色相对比，既包含明度对比，亦包含纯度对比，是一种很醒目的色彩搭配。

另外，还有一种最弱的无彩色对比，如白、黑、深灰、浅灰等，由于对比各色纯度均为零，给人大方、庄重、高雅、朴素的感觉。

图6-17 纯度对比

4. 冷暖对比

不同色彩之间的冷暖差别而形成的对比，就是冷暖对比。色彩分为冷、暖两类，暖色系有红、橙、黄，而冷色系有蓝、绿、紫，两者基本上互为补色关系。另外，色彩的冷暖对比还受明度与纯度的影响，白光反射高而感觉冷，黑色吸收率高而感觉暖。

冷暖对比的应用，通常在休闲娱乐网站、食品网站出现比较多。将这两个色系的色彩安排在同一画面时，其对比效果极为强烈，如图6-18所示。

图6-18 冷暖对比

5. 补色对比

将红与绿、黄与紫、蓝与橙等具有补色关系的色彩彼此并置，使色彩感觉更为鲜明，纯度增加，称为补色对比。

对比色的合理搭配，能拉开前景与背景的空间感，突出页面主体物，如图6-19所示。尤其是红色在主体物的运用，能迅速传递视觉的效果。

图6-19 补色对比

6. 面积对比

在观察、应用色彩的实践中，我们都有这样的体会：面对着一大片红色时的感觉，与观看一小块红色的感觉是绝对不一样的。看大片红色会感到很刺激，受不了，不舒服。而看一小块红色的时候，会觉得很舒服，很鲜艳，很美。如在大片红色上点缀些蓝、黄或灰绿色的色块，就会舒服多了。同样，当面对一大片白色、灰色或低纯度色时，就不会产生看一大片高纯度红色那样的感觉，但也会感觉单调。如果在大面积的白色、灰色或低纯度色上放几块小面积高纯度的色彩那就更好了。

面积对比是指两个或更多色块的对比，这是两个对立面之间的对比。面积对比可以是中高低明度差的面积变化或者中高低纯度差的面积变

化。同一种色彩，面积越小，明度、纯度越低；反之则越高。面积大的时候，亮的色彩显得更轻，暗的色彩显得更重，我们把这种现象称为色彩的面积效果。

如果两种色彩面积相同，那么它们之间的对比就会越强烈；如果色彩的面积不等，那么小的色彩就会成为陪衬，从而更加突出面积大的色彩。大面积之间的色彩和小面积陪衬颜色还可以拉开主次关系。

如果在一幅色彩构图中使用了与和谐比例不同的色彩面积，如万绿丛中一点红的配色方法，使一种色占统治与支配的地位，使另一种色为被统治被支配的地位，所取得的效果就会是富于表现性的。在一幅富于表现性的色彩构图中，究竟要选择什么样的面积比例，要依据主题、艺术感觉和个人的趣味而定。同样在画面中，小面积用高纯度的色彩，大面积用低纯度的色彩等，都能取得调和的色彩效果。

根据设计主题的需要，在画面的面积上以一方为主色，使其掌控画面的色调，其他的颜色在使用面积上拉开距离，使画面的主次关系更突出，在统一的同时富有变化。

大面积的颜色和小面积使用的颜色对比，如图6-20所示。

图6-20 面积对比

📷 6.1.3 色彩的调和

两种或两种以上的色彩合理搭配，产生统一谐调的效果，称为色彩调和。色彩调和是求得视觉统一，达到人们心理平衡的重要手段。

调和就是统一，下面介绍的4种方法能够达到调和页面色彩的目的。

1. 同种色的调和

相同色相、不同明度和纯度的色彩调和，使之产生秩序的渐进，在明度、纯度的变化上，弥

补同种色相的单调感。

同种色被称为最稳妥的色彩搭配方法，给人十分协调的感觉。它们通常在同一个色相里，通过明度的黑白灰或者纯度的不同来稍微加以区别，产生极其微妙的韵律美与节奏美。为了不至于让整个页面呈现过于单调平淡，有些页面则是加入极其小的其他颜色做点缀，如图6-21所示。

图6-21 同种色的调和

2. 类似色的调和

在色环中，色相越靠近越调和。类似色的调和主要靠类似色之间的共同色来产生作用，通过明度、纯度、面积上的不同实现变化和统一的，如图6-22所示。类似色相较于同类色，色彩之间的可搭配度要大些，颜色丰富、富于变化。不是每种主色调都是极其显眼的位置，它通常起到突出主体的辅助性作用。而重要角色往往在页面中用的份量极少，却又起到突出主体的作用。

图6-22 类似色的调和

3. 对比色的调和

通过提高或降低对比色的纯度，在对比色之间插入分割色（金、银、黑、白、灰等）。采用对比色双方面积大小不同的处理方法，或者在对比色之间加入相近的类似色，都是对比色调和常用的方法，如图6-23所示。

图6-23 对比色的调和

4. 渐变色的调和

渐变色也一种调和方法的运用，是颜色按层次逐渐变化的现象。色彩渐变就像两种颜色间的混色，可以有规律地在多种颜色中进行。暗色和亮色之间的渐变会产生远近感和三维的视觉效果。

使用了渐变的效果，增加了视觉空间感，统一了整个页面的设计语言，也是区别于其他网站页面的个性体现，达到让人印象深刻的目的。渐变色能够柔和视觉，增强空间感，体现节奏和韵律美感，统一整个页面，如图6-24所示。

图6-24 渐变色的调和

6.2 色彩的心理效应

色彩对于每个人、地域或国家都有不同的情感认知和联想意义，从某种程度看，大多数人对色彩认知和联想是一致的，不同的色彩产生不同的心理效应。利用色彩与人的心理感觉和情绪的关系，可以在设计网页时形成自己独特的色彩效果，给浏览者留下深刻的印象。

6.2.1 网页中的色彩心理效应

色彩总是对我们的心理产生影响，而这些影响又在不知不觉中发挥着作用，左右着我们的情绪和行动。网页设计色彩亦然，不同的颜色给人以不同的视觉冲击，而色彩的心理效应就存在于这不同层次的网页设计中。

在静态页面设计中，关于色彩的影响有些是属于直接刺激的；有些属于间接刺激，需要通过联想，或者更高层次的涉及到人的观念、信仰，等等。对于网页设计来说，无论哪一层次的心理效应，都是不能忽视的。一名网站设计师，做到有针对性地用色是相当重要的，因为网站往往是各种各样的，企业机构、政府组织、体育组织、交流平台、新闻、个人主页，等等，不同内容和不同性质的网页设计，用色时是有很大区别的，所以要合理地使用色彩来体现网站的特色，这才是高明的做法。

公司网站往往是为了提升企业形象，因此把表现企业主题的标准色应用到网站静态页面设计中去，一定会给浏览者留下深刻的印象。在抓住主色的同时配以不同的辅色，这样既突出了公司的统一形象，又能使页面看起来丰富多彩并且不单调。

因此，在进行静态网页设计时，一定要注意色彩的搭配与运用，要注意色彩所产生的心理作用，因为整个网页的视觉感受将会影响人们对于这个网站的关注度，关注度越高，传达出的信息也就越多，越会影响人们的情绪和行动。网页设计不单单是一种设计，更是一种对设计师的考验。

📷 6.2.2 黑白灰系列

黑白灰的色彩纯度和饱和度与有色系的颜色相比都是最低的。在混合运用中，黑白灰与其他颜色的对比能够使其他的颜色纯度在视觉上更高，突出其他颜色。

黑白灰是万能色，可以跟任意一种色彩搭配。当两种色彩的搭配不协调时，加入黑色或者灰色，往往会有意想不到的效果。

1. 黑色

虽然黑色不是色轮的一部分，但仍然可以被用来暗示感觉和意义。它往往是与权力、优雅、精致和深度联系在一起。黑色是一种没有纯度的色，但在心理上是一个很特殊的色彩，它本身无刺激性，但是与其他色彩配合能增加刺激。黑色是消极色，所以单独使用的情况用途不多，可是与其他色彩配色均能取得较好的效果。如果使用恰当，设计合理，可以产生很强烈的艺术效果。黑色还经常用来

做背景色，黑色背景的网站设计精美，抓人眼球，如图6-25所示，但缺点是不便于阅读。为此，可选用与其他纯度色彩搭配使用。

对一些明度较高的网站，配以黑色，可以适当地降低其明度。

图6-25 黑色

2. 白色

白色，象征纯洁和天真，还传达着干净和安全。白色是网站用的最普遍的一种颜色。很多网站甚至留出大块的白色空间，作为网站的一个组成部分。这就是留白艺术，很多设计性网站较多运用留白艺术。留白给人一个遐想的空间，让人感觉心情舒适，畅快。恰当的留白对于协调页面的均衡起到相当大的作用。

白色藏在一切美好事物的下面，是一切美好事物的基础。白色能让别的清淡明亮的颜色显示出它们的深度、强度和丰度。用白色和其他颜色混合，能使网站变得吸引人，如图6-26所示。

白色被广泛应用于博客、网上证券、电子商务和其他各种网站的网页设计中。白色可以被用在字体颜色、背景颜色、链接、图片，等等。

图6-26 白色

3. 灰色

灰色给人一种冷静、中立的感觉。灰色在网页中的应用能使页面版面和色彩搭配更加理性，使得版面更为和谐统一，在网页设计中应用非常广泛，如图6-27所示。

灰色的视认性、注目性都很低，使得灰色很顺从。同时灰色的心理特性在某些条件下显得很随意、顺服、中庸，多应用于背景和次要的位置。

在实际网页设计中，灰色起到调和黑、白和其他颜色冲突的作用，使得整体版面显得和谐统一。灰色与不同颜色搭配体现不同的心理效应。由于灰色的特殊心理感受，使得灰色常用于配色，用来烘托出其他颜色。与红绿蓝的搭配是在网页设计中经常用到的色彩搭配形式，灰色与彩色的对比应用可以体现出精密、时尚的感觉，这一点是黑白色所不能达到的。

图6-27 灰色

📷 6.2.3 六大色系

不同的色彩产生不同的心理效应，如红色，

联想到喜庆、热闹；紫色象征着女性化，高雅、浪漫；蓝色象征高科技，稳重、理智；橙色代表了欢快、甜美、收获；绿色代表了充满青春的活力，舒适、希望，等等。

1. 红色

红色是三原色之一，红色的纯度高、注目性高、刺激作用大，是视觉效果最强烈的色彩。

红色的色感温暖，性格刚烈而外向，是一种对人刺激性很强的颜色。红色容易引起人的注意，也容易使人兴奋、激动、紧张、冲动、还是一种容易造成人视觉疲劳的颜色。

在众多颜色里，红色是最鲜明生动、最热烈的颜色，因此红色也是代表热情的情感之色。鲜明红色极容易吸引人们的目光。红色在不同的明度、纯度的状态里，给人表达的情感是不一样的。过纯的红色容易使人疲劳，引起人的心理反感，因此一般只有在以节庆为主题的网站中会大面积使用纯红色，如图6-28所示。

图6-28 大面积使用纯红色

在网页颜色的应用几率中，根据网页主题内容的需求，纯粹使用红色为主色调的网站相对较少，在大量信息的页面里有大量面积的红色，不易于阅读。多用于辅助色、点睛色，达到陪衬、醒目的效果，通常都配以其他颜色调和。若搭配好的话，也可以起到振奋人心的作用。当然也有例外，如汽车类网站，如图6-29所示。

图6-29 使用红色

红色相对于其他颜色，视觉传递速度最快，因此人们喜欢用红色作为警示符号的颜色，如消防、惊叹号、错误提示，等等。

红黑搭配黑色，常用于较前卫时尚、娱乐休闲、电子商务等要求个性的网页设计配色里，也用于部分政治、新闻的页面，如图6-30所示。

图6-30 红色

玫红色、粉红色合多用于女性主题，如化妆品、服装等，容易营造出娇媚、诱惑、艳丽等气氛，如图6-31所示。

图6-31 玫红色与粉红色

2. 橙色

橙色具有轻快、欢欣、收获、温馨、时尚的效果，是快乐、喜悦、能量的色彩。

在整个色谱里，橙色具有兴奋度，是最耀眼的色彩，给人以华贵而温暖、兴奋而热烈的感觉，也是令人振奋的颜色。具有健康、富有活力、勇敢自由等象征意义，能给人庄严、尊贵、神秘等感觉。橙色在空气中的穿透力仅次于红色，也是容易造成视觉疲劳的颜色。橙色的刺激作用虽然没有红色大，但它的视认性和注目性也很高，既有红色的热情又有黄色的光明，以及活泼的特质，是人们普遍喜爱的色彩。橙色可以营造出朝气蓬勃和大自然的气氛，它没有红色那么激烈，适用范围广，所以网站里比较常见，如图6-32所示。

在网页颜色里，橙色属于注目、芳香的颜色，适用于视觉要求较高的时尚网站；是容易引起食欲的颜色，也常被用于味觉较高的食品网站。

图6-32 橙色

3. 黄色

黄色属于色彩三原色之一，是所有色彩中最明亮的色彩。作为暖色调的基准色彩之一，黄色给人一种快乐、轻快、通透、辉煌、充满希望与活力的色彩印象，给人一种庄重、高贵、明亮的心理感受。但也由于明度相当高，黄色很容易受到其他颜色的影响，色相稍微偏红、绿一点就会被觉得是橙色或绿色，明度降低时就容易被认为是土色，所以某方面而言，黄色是一个相当难以掌握的色彩。

黄色是在网页设计配色中使用极为广泛的颜色之一，它具有明朗愉快的感觉，在各类信息网站中都可以使用，如图6-33所示。一般而言，纯黄色很少大面积使用，同纯红色一样，过于强烈了；但小面积点缀用得颇多，比如用暗清色的黄与其他色彩的暗清色调和使用，页面就会多一些典雅和奇特的感觉。

图6-33 黄色

4. 绿色

绿色为植物的颜色,是一种非常舒缓的颜色,象征着生长、和谐、清新与希望,有一种治愈性的特质,给人很舒服的感觉。比起黄色、橙色、红色,绿色显得不够活跃,尽管如此,很多网站使用大量的绿色,向访客传递自然的感觉,如图6-34所示。另外绿色让人感到安全,医院类网站经常会使用到绿色。

图6-34 绿色

5. 蓝色

蓝色属于色彩三原色之一,它是最冷的色彩,非常纯净,给人一种美丽、宁静、清洁、理智、安详与广阔的感觉。

蓝色象征宽阔、智慧与信任,在生理上蓝色让人安静下来,但是同样可以减小食欲,所以推销食品一般不使用蓝色。

另外,蓝色是一个和平、平静的颜色,散发着稳定和专业性,被普遍运用于企业网站、技术网站等,因为它传达一种可靠的信息,给人信任、自信的感觉。

蓝色有沉稳的特性、具有理智、准确的意象,同时还表示希望。在商业设计中,强调科技、效率的商品或企业形象,大多选用蓝色当标准色、企业色,如科技、知识、计算机、企业、政府、银行和门户等。蓝色还代表了"可信"的心理感受,很多企业做网站时都选择了蓝色,如图6-35所示。

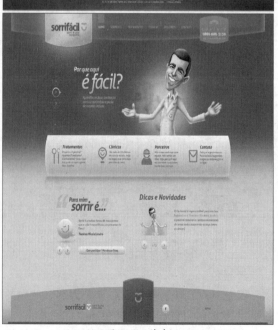

图6-35 蓝色

6. 紫色

紫色因与夜空、阴影相联系，所以富有神秘感。紫色也是皇室和有教养的颜色，代表着财富和奢侈品。它也赋予了灵性的感觉，并鼓舞创造力。如图6-36所示为紫色调网页。

图6-36 紫色

较浅的紫色可以散发出一种高贵、庄严的感觉。它能很好地提升创造力和表达女性特质，经常被用于女性类网站，如图6-37所示。

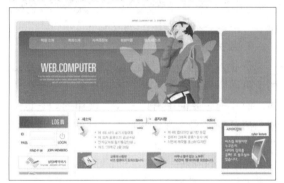

图6-37 淡紫色

6.3 确定网站的主题色

一个网站如果单一地运用一种颜色，会让人感觉单调、乏味；如果将所有的颜色都运用到网站中，会让人感觉轻浮、花俏。因此，一个网站必须有一种或两种主题色，不至于让客户迷失方向，感觉单调乏味。所以确定网站的主题色也是设计者必须考虑的问题之一。

📷 6.3.1 网站的主色调

一个网页中可以采用多种颜色，但是从色彩学规律及适应网民心理的角度，在一个网页中只有一个基色调，也叫主色调，如图6-38所示。主色调

是一个网页的中心，它就好比乐曲中的主旋律，对网页起着主导作用。无论是做单页面，还是做整个网站的色彩搭配，都要先确定主色调。缺乏了主色调，网页也就少了灵魂，无法使网页上的内容重点突出，给浏览者造成了阅读上的困难。

主色调是在网页中占比例较多的色彩。在一般的网页中，主色彩是根据这个网页的性质来决定所选用的颜色。网站可以以标志和标题的颜色为主色调，形成整体统一的色彩；以其他颜色为衬托色彩，丰富页面的层次和网页的表现。

图6-38 主色调

📷 6.3.2 辅助色

主色调与辅助色共同构成网页的标准色彩。辅助色的页面占用比例仅次于主色调，起到烘托主色调、支持主色调、融合主色调的作用。

辅助色在整体的画面中应该起到平衡主色的冲击效果和减轻其对观看者产生的视觉疲劳度，起到一定的视觉分散的效果，如图6-39所示。

图6-39 辅助色

6.3.3 点睛色

在网页设计中，辅助色与点睛色能够丰富页面，增强页面的层次感，使整个网页看起来显得活泼生动。确定主色调与辅助色后，通过在小范围内加上强烈的色彩，即点睛色来突出主题效果，能使页面更加鲜明生动，如图6-40所示。

图6-40 点睛色

📷 6.3.4 背景色

背景是衬托环抱整体的色调，起到协调、支配整体的作用。网页中的背景设计是相当重要的，好的背景不但能影响访问者对网页内容的接受程度，还能影响访问者对整个网站的印象。如果你经常注意别人的网站，应该会发现在不同的网站上，甚至同一个网站的不同页面上，都会有各式各样的不同的背景设计。

1. 颜色背景

颜色背景的设计是最为简单的，但同时也是最为常用和最为重要的，因为相对于图片背景来说，它有无与伦比的显示速度上的优势。

颜色背景虽然比较简单，但也有不少地方需要注意，如要根据不同的页面内容设计背景颜色的冷暖状态，要根据页面的编排设计背景颜色与页面内容的最佳视觉搭配，等等，如图6-41所示。

图6-41 颜色背景

2. 沙纹背景

沙纹背景其实属于图片背景的范畴，它的主要特点是整个页面的背景可以看做是局部背景的反复重排，在这类背景中以沙纹状的背景是为常见，所以将其统称为沙纹背景，如图6-42所示。

初学者都有这样的经历：当试图把自己的照片作为页面的背景时，却发现浏览器上显示出来的不仅仅是一个照片，而是同一照片在水平和竖直方向上的反复排列。这就是浏览器处理图片背景时的规律方法，利用这一规律，可以用一小块图片作为页面背景，让它自动在页面上重复排列，铺满整个页面，从而使网页的体积大大减小。

图6-42 沙纹背景

3. 条状背景

条状背景与沙纹背景是比较相似的，它适用于页面背景在水平或竖直方向上看是重复排列的，而在另一方向上看则是没有规律的。它也是利用浏览器对图片背景的自动重复排列，与沙纹背景所不同的是它只让图片在一个方向上重复排列，如图6-43所示。

图6-43 条状背景

4. 照片背景

使用照片作为网页背景可以提升网页的视觉效果，如图6-44所示。

图6-44 照片背景

5. 复合背景

当照片浮于颜色背景之上，二者能够同时正常地显示出来，这就是复合背景。更为吸引人的是，当设置的图片背景因为某种不可知的因素而不能正常显示的时候，浏览器能够自动用设置的颜色背景取而代之。

6. 局部背景

除了前面所说整个页面的背景外，也能在页面上为某个局部的内容设置属于它自己的背景，如图6-45所示。

图6-45 局部背景

6.4 网页色彩搭配方法

色彩对人的视觉效果非常明显，一个网站设计成功与否，在某种程度上取决于设计者对色彩的运用和搭配。因为网页设计属于一种平面效果设计，在排除立体图形、动画效果之外，在平面图上，色彩的冲击力是最强的，它很容易给用户留下深刻的印象。因此，在设计网页时，必须高度重视色彩的搭配。

6.4.1 网页配色准则

色彩搭配既是一项技术性工作，同时也是一项艺术性很强的工作。因此，设计者在设计网页时，除了考虑网站本身的特点外，还要遵循一定的艺术规律，从而设计出色彩鲜明、性格独特的网站。

1. 色彩鲜明

一般网页色彩要鲜艳明亮，能用有彩色的就不用无彩色的，这样容易引人注目。有关实验表明，有彩色的记忆效果是无彩色的3~5倍。也就是说，彩色网页比完全黑白网页更能吸引人，如所示图6-46。

图6-46 彩色网页与黑白网页

2. 独特风格

在网站云集的互联网上，一个网站的网页色彩只有与众不同、独一无二，才能给浏览者留下深刻的印象。尤其在同类网站中，色彩既要符合这类网站用色的特点，又要有自己的独特性，这样才能显得个性鲜明，给浏览者留下深刻的印象。

3. 主题相关

网页色彩要与网站的主题相关联，如图6-47所示。不同的色彩有不同的象征意义，不同的色彩对人的心理感应也不同。所以不同的网站在选择色彩时，要充分考虑色彩的象征意义和人们的心理感受。

图6-47 主题相关

4. 遵循艺术规律

网站设计也是一种艺术活动，因此它必须遵循艺术规律。在考虑到网站本身特点的同时，按照内容决定形式的原则，大胆进行艺术创新，设计出既符合网站要求，又有一定艺术特色的网站。

5. 搭配合理

网页设计虽然属于平面设计的范畴，但它又与其他平面设计不同，它在遵从艺术规律的同时，还考虑人的生理特点，色彩搭配一定要合理，给人一种和谐、愉快的感觉，避免采用纯度很高的单一色彩，这样容易造成视觉疲劳。

📷 6.4.2　网页配色技巧

网页中的配色能体现网站风格定位，表达情感和意图。下面介绍网页配色的技巧。

1. 避免使用单色

网站设计要避免采用单一色彩，以免产生单调的感觉。但通过调整色彩的饱和度和透明度，也可以产生变化，使网站避免单调。

2. 使用邻近色

所谓邻近色，就是在色带上相邻近的颜色，例如绿色和蓝色、红色和黄色就互为邻近色。采用邻近色设计网页，可以使网页避免色彩杂乱，易于达到页面的和谐统一。

3. 用对比色

对比色可以突出重点，产生强烈的视觉效果。通过合理使用对比色，能够使网站特色鲜明、重点突出。在设计时一般以一种颜色为主色调，用对比色作为点缀，可以起到画龙点睛的作用。

4. 黑色的使用

黑色是一种特殊的颜色，如果使用恰当，设计合理，往往产生很强烈的艺术效果。黑色一般用做背景色，与其他纯度色彩搭配使用。

5. 背景色的使用

背景色一般采用素淡清雅的色彩，避免采用花纹复杂的图片和纯度很高的色彩作为背景色，同时背景色要与文字的色彩对比强烈一些。

6. 色彩的数量

一般初学者在设计网页时往往使用多种颜色，使网页变得很"花"，缺乏统一和协调，表面上看起来很花哨，但缺乏内在的美感。事实上，网站用色并不是越多越好，一般控制在3种色彩以内，通过调整色彩的各种属性来产生变化。但也有个别情况，如时尚类、美食类、购物类、儿童类等网页颜色相对丰富，如图6-48所示。

图6-48 色彩的数量

6.4.3 网页元素色彩搭配

为了页面美观、舒适及易于阅读，必须合理、恰当地运用与搭配页面各要素间的色彩。

1. 背景与文字

如果一个网站用了背景颜色，必须要考虑到背景颜色的用色、与前景文字的搭配等问题。一般的网站侧重的是文字，所以背景可以选择纯度或者明度较低的色彩，文字用较为突出的亮色，让人一目了然，如图6-49所示。

图6-49 背景与文字

2. Logo和Banner

Logo和Banner是宣传网站最重要的部分之一，所以这两个部分一定要在页面上突出。怎样做到

这一点呢？可以将Logo和Banner做的鲜亮一些，也就是色彩方面跟网页的主题色分离开来。有时候为了更突出，也可以使用与主题色相反的颜色，如图6-50所示。

图6-50 Logo和Banner

3. 导航与小标题

导航和小标题是网站的指路灯，如图6-51所示。浏览者要在网页间跳转，要了解网站的结构、网站的内容，都必须通过导航或者页面中的一些小标题。所以可以使用稍微具有跳跃性的色彩，吸引浏览者的视线，让他们感觉网站清晰、明了、层次分明，想往哪里走都不会迷失方向。

图6-51 导航和小标题

4. 链接颜色设置

一个网站不可能只是单一的一页，所以文字与图片的链接是网站中不可缺少的一部分。这里特别指出文字的链接，因为链接区别于文字，所以链接的颜色不能跟文字的颜色一样。现代人的生活节奏相当快，不可能浪费太多的时间在寻找网站的链接上。设置了独特的链接颜色，让人感觉它的独特性，好奇心必然趋使人移动鼠标、点击鼠标。

图像是网页中必不可少的元素，图像处理是网页展示形象的核心部分，网页图像的好坏与用户体验度有着直接的关系。Photoshop因其图像处理的强大功能，在网页制作中也发挥着巨大的作用。正确使用Photoshop处理图像，可以增加网页的美观，加快网页的下载速度，提高网页的制作效率。

7.1 网站标志设计

网站中的标志包括Logo标志、图标、按钮等，它们是一个网站的特色及形象的体现。本节将介绍网站标志的设计。

7.1.1 Logo设计

网页中的Logo主要是各个网站用来与其他网站链接的图形标志，代表一个网站或网站的一个板块。

Logo作为一种识别和传达信息的视觉图形，以其简约、优美的造型语言，体现着品牌的特点和企业的形象。

1. 设计创意分析

Logo是一种视觉化的信息表达方式，是有一定含义并能够使人理解的视觉图形，具有简洁、明确、一目了然的视觉传递效果。在生活实践中经过提炼、抽象与加工，集中以图形的方式表现出来，并且表达一定的精神内涵，传递特定的信息，形成人们相互交流的视觉语言。

本节中设计的是IT培训中心的Logo，通过分析网站名称"启航"，设计出飞机飞出画面的Logo，展示出启航者的寓意。Logo中的标志采用橙色和蓝色两个互为对比的颜色，视觉效果强烈，增强了Logo的表现力。网站名称中则通过加长"航"字的最后一笔，与"者"字中的一撇相连，形成共用笔画的效果，使名称的整体性加强。"航"字使用橙色，与Logo相呼应，与"者"字互相影响，深化了视觉传达效果，如图7-1所示。

图7-1 IT培训中心的Logo

2. Logo制作

通过对Logo进行分析后，制作起来就简单多了，下面介绍使用Photoshop制作Logo的操作。

01 启动Photoshop CS6，执行"文件"|"新建"命令，弹出"新建"对话框，设置"名称"为Logo，"宽度"为1120像素，"高度"为505像素，"分辨率"为96，"颜色模式"为"RGB颜色"，"背景内容"为"白色"，如图7-2所示。

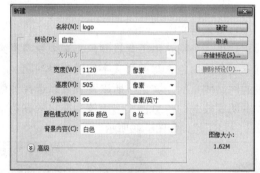

图7-2 新建

02 单击"确定"按钮，即新建了一个空白文档，如图7-3所示。

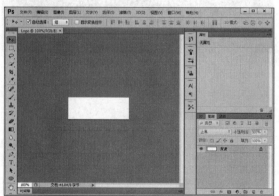

图7-3 新建空白文档

03 在工具箱中按住矩形工具，在弹出的工具组中选择"椭圆工具"，如图7-4所示。

图7-4 选择椭圆工具

04 在选项栏中设置填充颜色为蓝色，描边颜色为深蓝色，形状描边宽度参数为1，如图7-5所示。

图7-5 设置选项栏参数

05 在画布中单击并拖动鼠标，绘制椭圆，如图7-6所示。

图7-6 绘制椭圆

06 按Ctrl+T快捷键，对图形进行缩放及旋转，如图7-7所示。

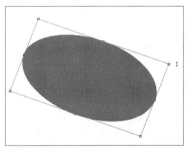

图7-7 缩放及旋转

07 按住Alt键，拖动椭圆，直接复制一个新的图形，如图7-8所示。

图7-8 复制新的图形

08 双击"图层"面板中"椭圆副本"的图层缩览图，如图7-9所示。

图7-9 双击图层缩览图

09 打开"拾色器"对话框，选择颜色为白色，如图7-10所示，单击"确定"按钮。

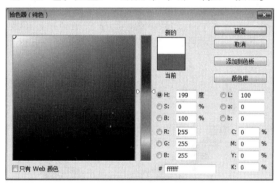

图7-10 选择颜色

10 按Ctrl+T快捷键，调整图形的大小及角度，如图7-11所示。

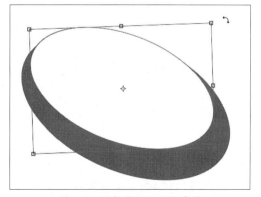

图7-11 调整图形大小及角度

11 单击工具箱中的椭圆工具，在选项栏中修改描边颜色为"无"，如图7-12所示。

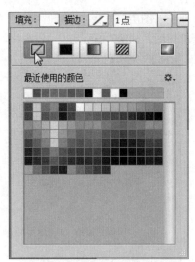

图7-12 修改描边颜色为"无"

12 在"图层"面板中按住Ctrl键，单击图层缩览图，将图层载入选区。

13 然后选择蓝色椭圆图层，单击鼠标右键，执行"栅格化图层"命令，再按Delete键将其删除。

14 选择钢笔工具，在画布中绘制路径，如图7-13所示。

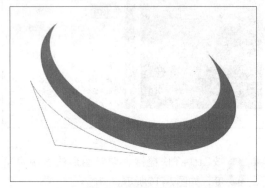

图7-13 绘制路径

15 在工具箱中按住钢笔工具，在弹出的工具组中选择"转换点工具"，如图7-14所示。

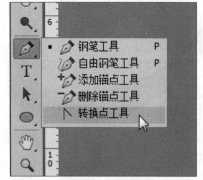

图7-14 选择"转换点工具"

16 对图形进行调整，如图7-15所示。

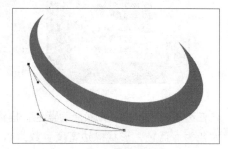

图7-15 调整图形

17 在"图层"面板中单击"创建新图层"按钮，新增图层，如图7-16所示。

图7-16 单击"创建新图层"按钮

18 双击"图层1"文字，修改图层名称，如图7-17所示。

图7-17 修改图层名称

19 按Ctrl+Enter快捷键将路径转换为选区，如图7-18所示。

20 设置前景色为蓝色，按Alt+Delete快捷键填充前景色，如图7-19所示。

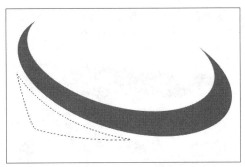

图7-18 转换路径为选区

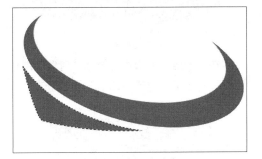

图7-19 填充前景色

21 单击鼠标右键，执行"描边"命令，如图7-20所示。

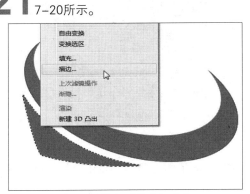

图7-20 执行"描边"命令

22 在弹出的对话框中设置"宽度"参数为1像素，单击"颜色"后的色块，如图7-21所示。

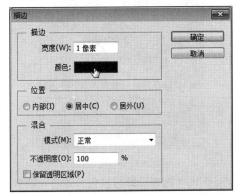

图7-21 单击色块

23 在弹出的"识色器"对话框中选择颜色为深蓝色，如图7-22所示。

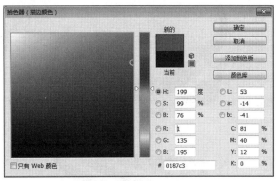

图7-22 选择颜色

24 单击"确定"按钮完成设置。回到"描边"对话框，单击"位置"选项组的"居外"单选按钮，如图7-23所示。

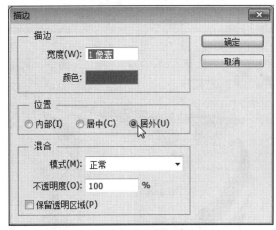

图7-23 单击"居中"单选按钮

25 按Ctrl+D快捷键取消选区。使用钢笔工具继续绘制图形，如图7-24所示。

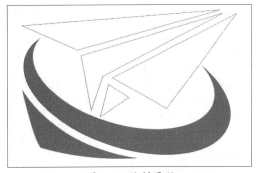

图7-24 绘制图形

26 新建"飞机"图层，按Ctrl+Enter快捷键将路径转换为选区，如图7-25所示。

27 设置前景色为橙色，按Alt+Delete快捷键填充前景色，如图7-26所示。

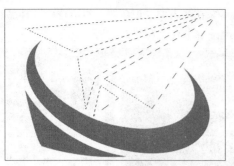

图7-25 转换为选区

图7-26 填充前景色

28 单击鼠标右键，执行"描边"命令，如图7-27所示。

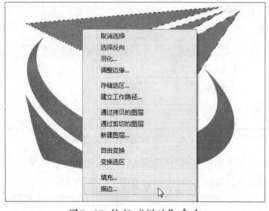

图7-27 执行"描边"命令

29 在弹出的对话框中修改"颜色"为深橙色，如图7-28所示。

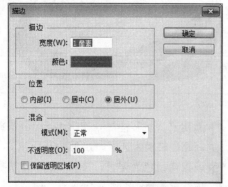

图7-28 修改颜色

30 单击"确定"按钮。然后按Ctrl+D快捷键取消选区，效果如图7-29所示。

图7-29 效果

31 在"图层"面板中选择除"背景"层外的所有图层，单击"图层"面板下方的"链接"按钮，如图7-30所示。

图7-30 单击"链接"按钮

32 链接了的图层后面显示链接图标，如图7-31所示。

图7-31 链接图标

33 在工具箱中设置前景色为蓝色，选择文字工具，如图7-32所示。

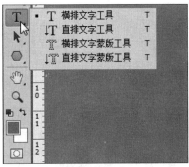

图7-32 选择文字工具

34 在画布中输入文字"启航者",如图7-33所示。

图7-33 输入文字

35 在选项栏中修改字体为"时尚中黑简体",如图7-34所示。

图7-34 修改字体

36 下面进行启字的制作。先使用文字工具输入"护"字,如图7-35所示。

启航者
护

图7-35 输入文字

提示:特殊字体库并不能识别所有文字,这时就可以使用其他文字拼接来解决。

37 在图层中选择"护"字图层,单击鼠标右键,执行"栅格化文字"命令,如图7-36所示。

38 在工具箱中选择矩形选框工具,将"护"字的偏旁选中并按Delete键删除,如图7-37所示。

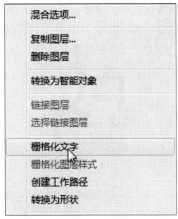

图7-36 执行"栅格化文字"命令

启航者
户

图7-37 删除偏旁

39 再次选择文字工具,在画布中输入"玫"字,如图7-38所示。

启航者
户玫

图7-38 输入文字

40 栅格化文字后将"玫"字的偏旁删除,并移动位置,如图7-39所示。

启航者
攺

图7-39 移动位置

41 使用文字工具,输入"哲"字,如图7-40所示。

启航者
攺哲

图7-40 输入文字

42 栅格化文字，并将上部结构删除，仅保留"口"字。按Ctrl+R快捷键打开标尺，拖出参考线，将"口"字调整位置，如图7-41所示。

图7-41 调整位置

提示：按Ctrl++快捷键可以放大画布，按Ctrl+-快捷键可以缩小画布。

43 在"图层"面板中选择"护"、"玫"、"哲"3个图层，单击鼠标右键，执行"合并图层"命令，如图7-42所示，并修改图层名称为"启"。

图7-42 执行"合并图层"命令

44 选择"启航者"图层，将"航"字修改颜色为橙色，如图7-43所示。

图7-43 修改"航"字颜色

45 在图层上单击鼠标右键，执行"栅格化文字"命令。

46 在画布中将"启"字删除，并将制作好的"启"字移动到该位置，如图7-44所示。

47 使用钢笔工具绘制路径，并按Ctrl+Enter快捷键将路径载入选区，如图7-45所示。

图7-44 移动位置

图7-45 载入选区

48 新建图层，将背景色设置为白色，按Ctrl+Delete快捷键填充背景色，如图7-46所示。

图7-46 填充背景色

49 在工具箱中选择矩形选框工具，在画布中移动选区，如图7-47所示。

图7-47 移动选区

50 新建图层，将前景色设置为橙色，按Alt+Delete快捷键填充前景色，按Ctrl+D快捷键取消选区，如图7-48所示。

图7-48 取消选区

51 在工具箱中按住套索工具，在弹出的工具组中选择"多边形套索工具"，如图7-49所示。

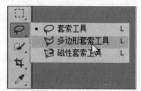

图7-49 选择"多边形套索工具"

52 选择"启航者"图层,将多余的图像选中并删除,如图7-50所示。

图7-50 将多余的图像删除

53 选择文字工具,继续输入文字,并调整合适的大小及位置,如图7-51所示。将所有图层链接。

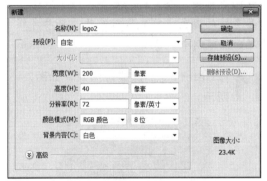

图7-51 调整大小及位置

54 执行"文件"|"存储"命令,将文档以PSD格式存储,方便下次直接调用。

55 按Ctrl+N快捷键,弹出"新建"对话框,设置"宽度"为200,"高度"为40,"分辨率"为72,如图7-52所示。

图7-52 新建

56 单击"确定"按钮。将文档1的图形选中并拖动到文档2中,按Ctrl+T快捷键缩小图像,如图7-53所示。

图7-53 缩小图像

提示: 前面为方便设计,将文档的尺寸设置的较大,这里新建的文档尺寸为网页中实际应用到的Logo尺寸。

57 保存文档后即完成了Logo的设计制作。

📷 7.1.2　图标设计

就一个网站来说,图标即是网站的名片。而对于一个追求精美的网站,图标更是它的灵魂所在,即所谓的"点睛"之处。

1.设计创意分析

本节将设计培训中心网页中的图标,如图7-54所示。为呼应Logo,这里设计的图标颜色也采用蓝色和橙色。统一的颜色搭配不仅能使网页整体性加强,也能体现网站的特色。图标设计添加了向下的阴影效果,加强了图标的立体感。

图7-54 图标设计

2.图标设计制作

下面介绍图标的设计操作。

01 进入Photoshop CS6,按Ctrl+N快捷键新建一个空白文档。

02 在工具箱中按住矩形工具,在弹出的工具组中选择"圆角矩形工具",如图7-55所示。

图7-55 选择"圆角矩形工具"

03 在选项栏中设置填充颜色为"无",描边颜色为蓝色,描边颜色为"无","半径"参数为20,如图7-56所示。

图7-56 设置选项栏

04 在画布中单击并拖动鼠标,绘制一个圆角矩形,如图7-57所示。

图7-57 绘制圆角矩形

05 在"图层"面板中选择图层,单击鼠标右键,执行"栅格化图层"命令。按住Ctrl键,单击图层缩览图,将图层载入选区。

06 在工具箱中选择矩形选框工具,在选项栏中单击"从选区减去"按钮,如图7-58所示。

图7-58 单击"从选区减去"按钮

07 框选图形的下半部分,如图7-59所示。

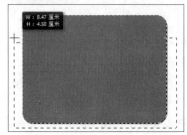

图7-59 框选

08 设置背景色为橙色,按Ctrl+Delete快捷键填充背景色,如图7-60所示。

图7-60 填充背景色

09 按Ctrl+D快捷键结束选区。按Ctrl+R快捷键打开标尺,拖出参考线,如图7-61所示。

10 使用矩形选框工具,在图形上绘制矩形选区,如图7-62所示。

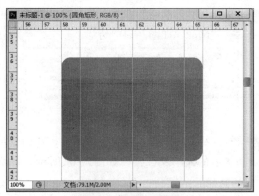

图7-61 拖出参考线

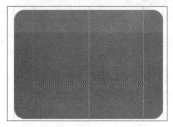

图7-62 绘制矩形选区

提示: 将鼠标放置在左侧或顶端的标尺上,向右或向下可拖出参考线。在参考线上双击,可对参考线的颜色及样式进行修改。将参考线拖出界面,可删除参考线。

11 按Delete键删除选区图像,如图7-63所示。

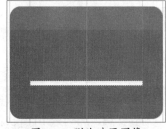

图7-63 删除选区图像

12 按键盘上的方向键移动选区,删除选区的图像。删除3次后结束选区,效果如图7-64所示。

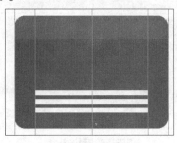

图7-64 效果

美工与创意 | 网页设计艺术 第二版

13 移动参考线，选择矩形选框工具，按住Shift键绘制正方形选区，并删除选区的图像，如图7-65所示。

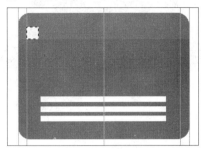

图7-65 删除选区图像

14 向右移动选区，删除图像，如图7-66所示。

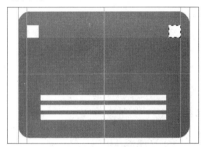

图7-66 删除图像

15 按Ctrl+D快捷键结束选区。使用钢笔工具绘制路径，如图7-67所示。

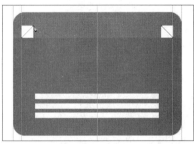

图7-67 绘制路径

16 按Ctrl+Enter快捷键将路径载入选取，按Delete键删除选区图像，如图7-68所示。按Ctrl+D快捷键结束选区。

图7-68 删除选区图像

17 按Ctrl+J快捷键快速复制图形。在"图层"面板中选择副本图层，拖动移至下一层，如图7-69所示。

图7-69 移动图层

18 按住Ctrl键，单击图层缩览图，将图层载入选区，填充灰色。

19 结束选区。使用键盘上的方向键向下移动图形，按Ctrl+;快捷键隐藏参考线，最终效果如图7-70所示。

图7-70 最终效果

20 将两个图形图层链接。在工具箱中选择圆角矩形工具，绘制矩形，如图7-71所示。

图7-71 绘制矩形

21 在选择图形的情况下，使用钢笔工具绘制路径，如图7-72所示。

图7-72 绘制路径

22 在"图层"面板中拖动图层到"创建新图层"按钮上，复制图层，如图7-73所示。

图7-73 复制图层

23 按Ctrl+T快捷键将复制的图形调小，并单击鼠标右键，执行"水平翻转"命令，如图7-74所示。

图7-74 执行"水平翻转"命令

24 将图形调整至合适的位置，如图7-75所示。

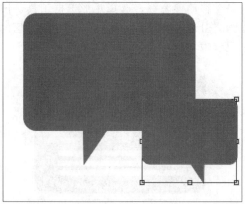

图7-75 调整位置

25 按Enter键确定变形。双击图层缩览图，在打开的"拾色器"对话框中选择橙色，如图7-76所示。

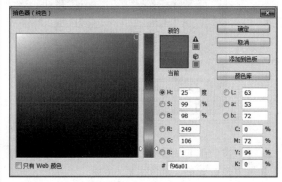

图7-76 选择橙色

26 单击"确定"按钮完成设置，图形效果如图7-77所示。

图7-77 图形效果

27 在"图层"面板中分别将两个形状图层栅格化。选择蓝色圆角矩形图层，按住Ctrl键单击图层缩览图，将图层载入选区。

28 选择工具箱中的矩形选框工具，使用键盘上的方向键将选区向右下方移动几个像素，如图7-78所示。

图7-78 移动

29 选择橙色矩形所在的图层，按Delete键删除选区图像，如图7-79所示。

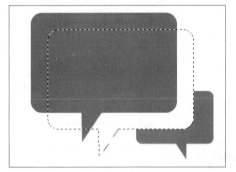

图7-79 删除选区图像

30 取消选区。选择圆角矩形工具，在选项栏中设置填充颜色为白色，单击"形状"列表框，在弹出的列表中选择"像素"选项，如图7-80所示。

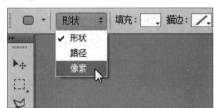

图7-80 选择"像素"选项

31 新建图层，绘制图形，并调整位置，如图7-81所示。

图7-81 绘制图形

32 按住Ctrl键，将该图层载入选区。选择蓝色圆角图层，按Delete键删除选区图像。用前面所述方法，将选区移动并删除图像，最终效果如图7-82所示。最后将图层1删除。

图7-82 最终效果

33 在"图层"面板中将两个图层链接，并按Ctrl+J快捷键快速复制图形。

34 用前面所述方法，为副本图形填充灰色，并向下轻移图形，最终效果如图7-83所示。

图7-83 最终效果

📷 7.1.3 按钮设计

在任何网站里，按钮是都网页设计中的重要元素之一。好的按钮设计，其风格和网页整体设计风格相符，且方便用户查找和操作,是提升用户体验的重要元素。

1. 设计创意分析

如图7-84所示为本小节设计的按钮，仍然使用蓝橙对比色；为按钮填充渐变色和投影效果，使得按钮有立体感；设置文字为白色，与背景颜色区别开来。

图7-84 按钮设计效果

2. 按钮设计制作

01 新建一个空白文档，使用圆角矩形选框工具绘制选区并填充橙色，如图7-85所示。

图7-85 绘制并填色矩形

02 在"图层"面板中单击"添加图层样式"按钮，在弹出的列表中选择"投影"选项，如图7-86所示。

图7-86 选择"投影"选项

03 弹出对话框，设置投影参数，如图7-87所示。

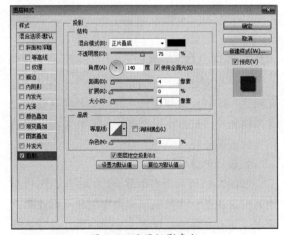

图7-87 设置投影参数

04 在左侧样式中选择"内发光"复选框，设置颜色为橙色，如图7-88所示。

05 选中"渐变叠加"复选框，单击"渐变后"的颜色条，如图7-89所示。

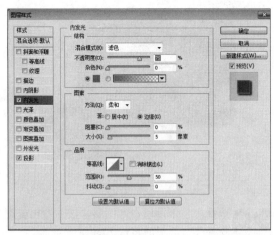

图7-88 设置"内发光"参数

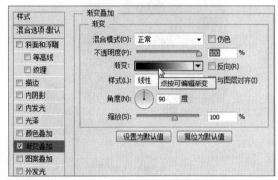

图7-89 单击渐变后的颜色条

06 弹出对话框，对渐变色进行设置，如图7-90所示。单击"确定"按钮。

图7-90 对渐变色进行设置

07 选中"描边"复选框，并设置参数，如图7-91所示。

08 单击"确定"按钮，设置完成，此时的按钮效果如图7-92所示。

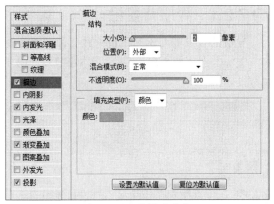

图7-91 设置描边参数

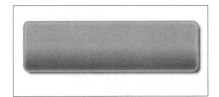

图7-92 按钮效果

09 栅格化图层，按住Ctrl键单击图层缩览图，将图层载入选区。选择矩形选框工具，在选项栏中单击"从选区减去"按钮，如图7-93所示。

图7-93 单击"从选区减去"按钮

10 将选区的右边框选减去该部分选区，仅保留左端部分选区，如图7-94所示。

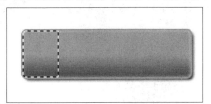

图7-94 减去部分选区

11 新建图层，填充蓝色，如图7-95所示。

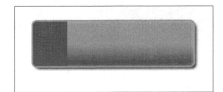

图7-95 新建图层并填色

12 在该图层中双击鼠标，打开"图层样式"对话框，选中"内发光"复选框，并设置参数，如图7-96所示。

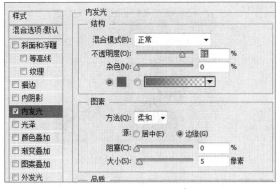

图7-96 设置内发光参数

13 选中"渐变叠加"复选框，并单击"渐变"后的色块，如图7-97所示。

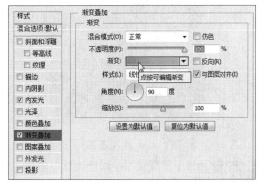

图7-97 单击渐变后的色块

14 在弹出的对话框中对渐变色进行修改，如图7-98所示。单击"确定"按钮关闭对话框。

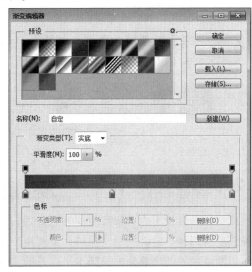

图7-98 修改渐变色

15 新建图层，按Ctrl++快捷键放大画布视图，使用矩形选框工具绘制选区并填充颜色，如图7-99所示。

图7-99 绘制选区并填充颜色

16 按Ctrl+J快捷键复制图形。在"图层"面板中选择下一层，按住Ctrl键单击图层缩览图将其载入选区，填充浅蓝色，如图7-100所示。

图7-100 载入选区

17 按Ctrl+ -快捷键缩小视图，预览效果，如图7-101所示。

图7-101 预览效果

18 使用文字工具输入文字，如图7-102所示。

图7-102 输入文字

7.2 网页导航设计

网页的导航让用户了解目前所处的位置，同时提供了返回各个层级的快速入口，方便用户的操作。网页常见的导航分为顶部水平设置的主导航及侧边垂直分布的次导航两种。

7.2.1 导航背景设计

导航的背景需与网站用色一致，但要保证背景与文字区别，如图7-103所示为本小节设计的导航背景。

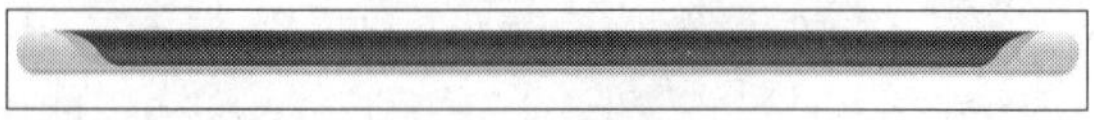

图7-103 导航背景

01 启动Photoshop CS6，按Ctrl+N快捷键新建一个空白文档。

02 在工具箱中按住矩形工具，在弹出的选项组中选择"圆角矩形工具"，如图7-104所示。

图7-104 选择"圆角矩形工

03 在选项栏中设置填充颜色为"无"，描边颜色为蓝色，描边宽度参数为1，如图7-105所示。

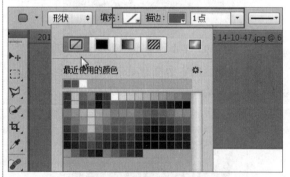

图7-105 设置选项栏参数

04 继续在选项栏中设置圆角的半径为15，如图7-106所示。

图7-106 设置圆角半径

05 设置完成后，在画布中单击并拖动鼠标，绘制一个矩形框，如图7-107所示。

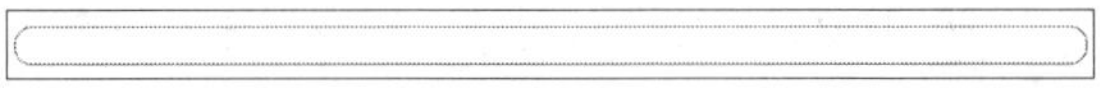

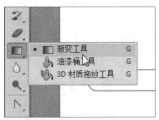

图7-107 绘制一个矩形框

06 在工具箱中选择"渐变工具",如图7-108所示。

图7-108 选择"渐变工具"

07 在选项栏中单击渐变色条,如图7-109所示。

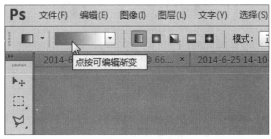

图7-109 单击渐变色条

08 弹出"渐变编辑器"对话框,双击左边的色标,如图7-110所示。

图7-110 双击左边的色标

09 弹出"拾色器"对话框,选择颜色为蓝色,单击"确定"按钮,如图7-111所示。

10 在渐变色条中单击鼠标添加色标,如图7-112所示。

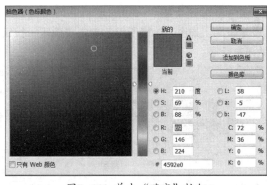

图7-111 单击"确定"按钮

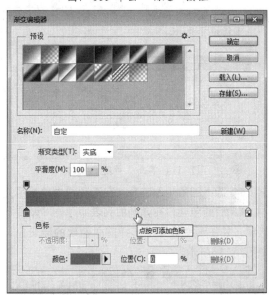

图7-112 添加色标

11 双击色标,设置颜色。使用相同的方法,新建其他色标并设置颜色,如图7-113所示。

图7-113 设置颜色

12 单击"新建"按钮创建新的渐变预设效果，如图7-114所示。单击"确定"按钮关闭对话框。

图7-114 单击"新建"按钮

13 选择圆角矩形工具，在选项栏中单击填充后的色块，在弹出的列表中单击"渐变"选项，并在渐变效果中选择前面新建的渐变色，如图7-115所示。

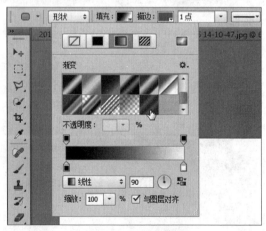

图7-115 选择渐变色

14 根据画布中图形的填充效果，在选项栏中修改渐变效果，如图7-116所示。

图7-116 修改渐变效果

15 调整到合适的效果后，矩形的填充效果如图7-117所示。

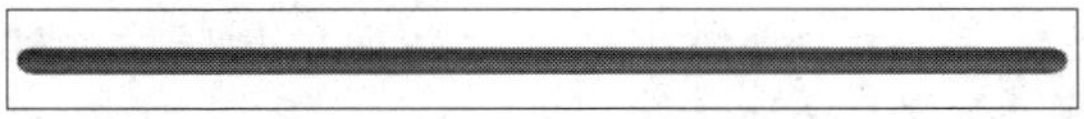

图7-117 填充效果

16 按Ctrl+J快捷键快速复制图形。在"图层"面板中选择下面一层，在选项栏中修改渐变色，如图7-118所示。

图7-118 修改渐变色

17 使用键盘上的方向键将图形向下移动几个像素，如图7-119所示。

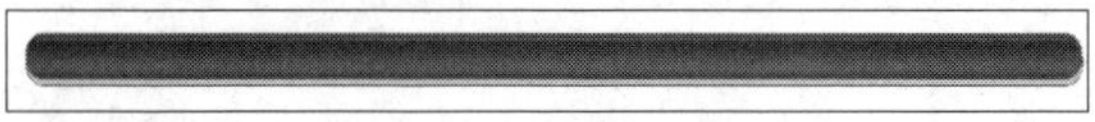

图7-119 向下移动

18 选择图层，单击"图层"面板下方的"添加图层样式"按钮，在弹出的列表中选择"投影"选项，如图7-120所示。

图7-120 选择"投影"选项

19 打开"图层样式"对话框，设置投影的参数，如图7-121所示。

20 单击"确定"按钮后的图形效果如图7-122所示。

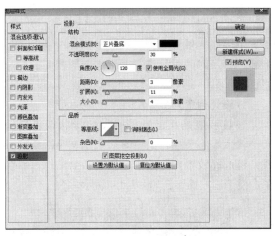

图7-121 设置投影的参数

图7-122 图形效果

21 选择上一图层，按Ctrl+T快捷键将图形的高度调整到与图层副本的高度一致。

22 在图层上单击鼠标右键，执行"栅格化图层"命令，如图7-123所示。

图7-123 执行"栅格化图层"命令

23 选择钢笔工具，在图形上绘制路径，如图7-124所示。

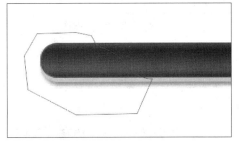

图7-124 绘制路径

24 将路径转换为选区，按Delete键删除选区内的图像，如图7-125所示。

图7-125 删除选区内的图像

25 继续使用钢笔工具，绘制路径，如图7-126所示。

图7-126 绘制路径

26 新建图层，将图层调整到下一层，填充浅蓝色，如图7-127所示。

图7-127 填充浅蓝色

27 将背景图层隐藏，按Ctrl+Alt+Shift+E快捷键盖印可见图层。

28 选择矩形选框工具，选取左端部分图形，按Ctrl+J快捷键快速复制。然后单击鼠标右键，执行"水平翻转"命令，如图7-128所示。

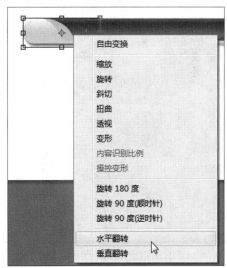

图7-128 执行"水平翻转"命令

29 将翻转后的图形移动到右侧。在"图层"面板中选择下一图层，使用矩形选框工具将重叠的部分删除，如图7-129所示。

图7-129 将重叠的部分删除

第7章　Photoshop网页效果图设计

091

7.2.2 导航文字设计

白色文字能在背景中突出显示。

01 使用文字工具，在画布中双击鼠标，输入文字，如图7-130所示。

图7-130 输入文字

02 在"图层"面板中选择文字图层，单击"添加图层样式"按钮，在弹出的列表中选择"投影"选项，如图7-131所示。

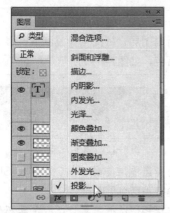

图7-131 选择"投影"选项

03 在弹出的对话框中设置投影参数，包括投影颜色、距离、大小等，如图7-132所示。

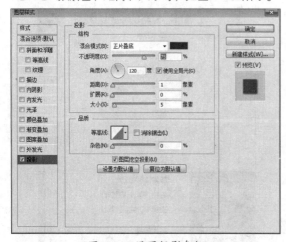

图7-132 设置投影参数

04 设置完成后单击"确定"按钮，最终的导航效果如图7-133所示。

05 执行"文件"|"存储为"命令，将导航文件保存即可完成导航的制作。

图7-133 最终的导航效果

7.2.3 个性主导航设计

主导航一般位于网页页眉顶部，或者Banner下部，第一时间引导浏览者指向他所需要的信息栏目。

1. 设计创意分析

导航一般是文字链接、按钮形状或者选项卡形状。本小节制作的主导航采用文字链接的方式，将Logo放置到导航中，使网站的结构清晰明了，便于用户操作，如图7-134所示。

图7-134 主导航

2. 设计制作

下面对设计的导航进行制作。

01 按Ctrl+N快捷键新建一个空白文档，如图7-135所示。

图7-135 新建一个空白文档

02 单击工具箱中的前景色，在弹出的"拾色器"对话框中选择新的颜色，如图7-136所示。

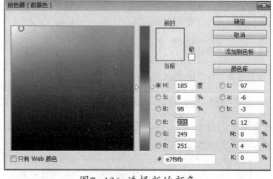

图7-136 选择新的颜色

03 单击"确定"按钮，按Alt+Delete快捷键填充前景色。

04 新建图层，选择矩形选框工具，绘制矩形选区，并填充蓝色，如图7-137所示。

图7-137 绘制选区并填色

提示： 这里的背景颜色设置应与网页的背景色一致，或者直接使用背景色，导航不再单独设置背景。这里为了方便效果的展示，将背景色设置为浅蓝色。

05 新建图层，使用矩形选框工具，绘制选区并填充白色，如图7-138所示。

图7-138 绘制选区并填充白色

06 使用矩形选框工具将图形中的部分区域选中并按Delete键删除，如图7-139所示。

图7-139 删除部分区域

07 按Ctrl+J快捷键快速复制图形。在"图层"面板中选择下面的图层，按住Ctrl键单击图层缩览图，将图层载入选区，并填充深蓝色。

08 使用键盘上的向下箭头向下移动图形，如图7-140所示。

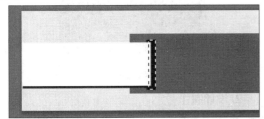

图7-140 向下移动图形

09 新建图层，并将该图层向下移动两层。使用矩形选框工具在导航的左边绘制选区，并填充深蓝色，如图7-141所示。

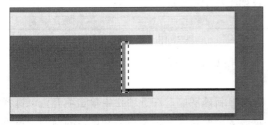

图7-141 绘制选区并填色

10 用同样的方法，在导航的右边绘制选区，并填充浅蓝色，如图7-142所示。

图7-142 绘制选区并填色

11 选择蓝色矩形图层，按住Ctrl键单击图层缩览图，将其载入选区，如图7-143所示。

图7-143 载入选区

12 在工具箱中按住套索工具，在弹出的工具组中选择"多边形套索工具"，如图7-144所示。

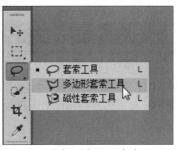

图7-144 选择"多边形套索工具"

13 在选项栏中单击"从选区减去"按钮，如图7-145所示。

图7-145 单击"从选区减去"按钮

14 在图形上绘制选区，如图7-146所示。

图7-146 绘制选区

15 新建图层，修改前景色，为新建的选区填充颜色，如图7-147所示。

图7-147 填充选区

16 按Ctrl+D快捷键取消选区，继续使用多边形套索工具绘制选区，如图7-148所示。

17 为闭合的选区填充颜色，如图7-149所示。

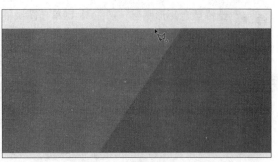

图7-148 绘制选区

图7-149 填充颜色

18 按Ctrl+O快捷键打开Logo图形，使用选择工具移动到本文档中的合适位置，如图7-150所示。

图7-150 移动位置

提示：通常在制作Logo时要与导航的颜色协调统一，由于这里的Logo是放置在导航中，因此前面设计的Logo不再适用，所以需要设计新的Logo方案，或者直接将原有的Logo颜色稍做改变。

19 在工具箱中选择文字工具，在画布中输入文字，如图7-151所示。

图7-151 输入文字

20 将"首页"两字选中，修改颜色为橙色，如图7-152所示。

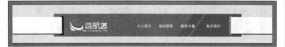

图7-152 修改颜色

21 使用圆角矩形工具，在选项栏中设置填充颜色为白色，描边颜色为无，绘制矩形，如图7-153所示。

图7-153 绘制矩形

22 按Ctrl+J快捷键复制图形，将下面一层的图形颜色修改为深蓝色，并使用方向键向下微移图形，最终效果如图7-154所示。

图7-154 最终效果

7.2.4 侧边导航设计

位于网站两侧的导航一般为次导航。当用户需要浏览网页时候，想去别的栏目看看，可以通过侧边导航进入其他栏目。

1. 设计创意分析

侧边导航是当前最通用的模式之一，随处可见，几乎存在于各类网站上。本小节设计的侧边导航以文字链接为主，添加图标，使导航一目了然，如图7-155所示。

图7-155 侧边导航

2. 设计制作

01 新建一个空白文档，选择圆角矩形工具，在选项栏中设置填充颜色为蓝色，描边颜色为浅蓝色，描边宽度参数为2，圆角半径参数为3，如图7-156所示。

图7-156 设置选项参数

02 在画布中绘制圆角矩形，如图7-157所示。

03 新建图层，在选项栏中单击填充色，选择渐变色，并设置白色到蓝色的渐变，设置描边为"无",如图7-158所示。

图7-157 绘制圆角矩形

图7-158 设置渐变色

04 在画布中绘制矩形,如图7-159所示。

图7-159 绘制矩形

05 使用矩形选框工具,绘制矩形框,如图7-160所示。

图7-160 绘制矩形框

06 在工具箱中选择渐变工具,单击选项栏中的渐变色,如图7-161所示。

图7-161 单击渐变色

07 在弹出的对话框中设置渐变色,添加两个色标,并设置为相同的位置,如图7-162所示。

图7-162 修改渐变色

08 按住Shift键，使用渐变工具在选区内拉出渐变，如图7-163所示。

图7-163 拉出渐变

09 在工具箱中设置前景色为深蓝色，单击矩形工具，在弹出的工具组中选择"直线工具"，如图7-164所示。

图7-164 选择"直线工具"

10 按住Shift键，在矩形上方绘制直线，如图7-165所示。

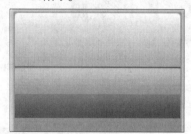

图7-165 绘制直线

11 选择直线，按住Alt键拖动直线，复制到新的位置，如图7-166所示。

12 用同样的方法，选择矩形和直线，按住Alt键进行复制，多次复制后效果如图7-167所示。

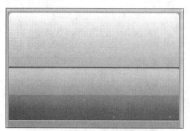

图7-166 复制到新的位置

图7-167 多次复制后效果

13 使用文字工具，在画布中输入文字，如图7-168所示。

图7-168 输入文字

14 修改前景色为白色，在画布中输入文字，如图7-169所示。

15 在"图层"面板中双击文字图层，在弹出的对话框中选中"投影"复选框，并设置投影参数，如图7-170所示。

图7-169 输入文字

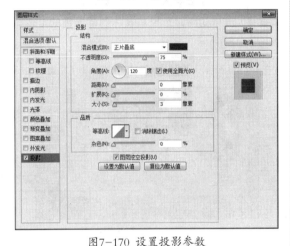

图7-170 设置投影参数

16 按住Alt键复制文字，并分别选中文字图层，双击以修改文字内容，如图7-171所示。

图7-171 修改文字内容

17 按Ctrl+O快捷键打开素材图片，将其拖动到文档1中，按Ctrl+T快捷键缩小图像，如图7-172所示。

图7-172 缩小图像

18 按Enter键确定变形。使用魔棒工具，在白色背景区域单击鼠标，将背景选中，如图7-173所示。

图7-173 将背景选中

19 在选项栏中单击"调整边缘"按钮，如图7-174所示。

图7-174 单击"调整边缘"按钮

20 在弹出的对话框中设置"平滑"参数为2，如图7-175所示。

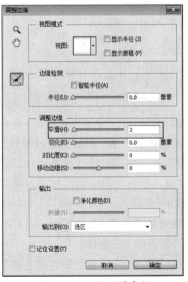

图7-175 设置平滑参数

21 按Delete键将选区背景删除，如图7-176
所示。

图7-176 将选区背景删除

22 在"图层"面板中双击该图层，选中"投影"
复选框，设置投影参数，如图7-177所示。

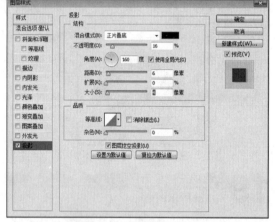

图7-177 设置投影参数

23 选择图层，单击鼠标右键，执行"拷贝图
层样式"命令，如图7-178所示。

图7-178 执行"拷贝图层样式"命令

24 用同样的方法，将其他素材图形添加到文
档1中。在"图层"面板中选择图层，单
击鼠标右键，执行"粘贴图层样式"命令，效果
如图7-179所示。

25 将背景图层隐藏，按Ctrl+Alt+Shift+E快
捷键盖印可见图层。

26 按快捷键D将前景色和背景色恢复到默认
颜色。

图7-179 效果

27 在工具箱中选择渐变工具，在选项栏中单
击渐变色，选择前景色到背景色的渐变，
如图7-180所示。

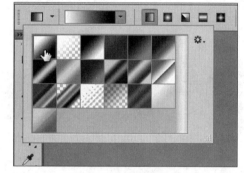

图7-180 选择渐变色

28 在"图层"面板中单击"添加图层蒙版"
按钮，添加图层蒙版，并修改不透明度参
数，如图7-181所示。

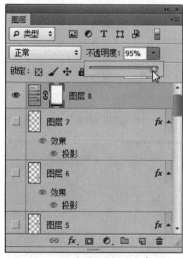

图7-181 修改不透明度参数

美工与创意 网页设计艺术 第二版

29 按住Shift键拉出渐变，最终效果如图7-182所示。

图7-182 最终效果

7.3 网页主界面设计

网页的主界面包括很多部分，如Banner、主图、Gif动画、主页栏目，等等。下面对这些内容进行介绍。

7.3.1 Banner设计

Banner即网站页面的横幅广告，Banner的作用是吸引用户关注，然后被点击。主旨就是主题明确，突出关键内容，抓住用户眼球。

1. Banner分析

一个Banner是由背景、主视觉元素和标题文字3部分组成。

➤ 背景：背景就好比大环境，主要是起到衬托、烘托气氛的作用。

➤ 主视觉元素：Banner中的主视觉要清楚，符合主题，元素不可太多，否则给人感觉很乱。页面适当的"留白"也是提升画面品质的一个好方法，如图7-183所示。

图7-183 主视觉元素

➤ 标题文字：文字非常重要，体现了整个Banner的主题，重点文字一定要在背景中

突出，比如使用颜色对比、放大、变形设计及立体效果，等等，如图7-184所示。

图7-184 标题文字

2. 创意分析

本节设计的网页Banner使用蓝色、橙色及白色搭配，画面整体统一，主次对比分明，页面安排合理。页面元素文字以组为单位，Banner中的"火热报名中"文字吸引力极强，能刺激用户在最短的时间内有点击的欲望，如图7-185所示。

图7-185 网页Banner

3. 设计制作

下面使用Photoshop CS6制作网页Banner。

01 启动Photoshop CS6，按Ctrl+O快捷键打开素材图片，如图7-186所示。

图7-186 打开素材图片

02 在工具箱中选择"裁剪工具"，如图7-187所示。

图7-187 选择"裁剪工具"

03 将图像裁剪，并向左扩展画布，如图7-188所示。

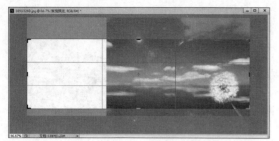

图7-188 向左扩展画布

04 使用矩形选框工具，将左侧的区域选中，如图7-189所示。

图7-189 选中左侧区域

05 按Delete键，弹出"填充"对话框，如图7-190所示，按Enter键确认。

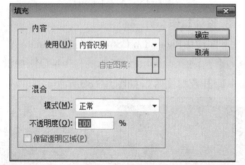

图7-190 弹出"填充"对话框

06 填充后的图像效果如图7-191所示。

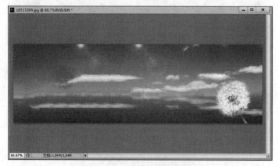

图7-191 填充后的图像效果

07 在工具箱中按住污点修复画笔工具，在弹出的工具组中选择"修补工具"，如图7-192所示。

图7-192 选择"修补工具"

08 在画布中绘制需要修补的区域，如图7-193所示。

图7-193 绘制需要修补的区域

09 选择区域后，将选区向下方拖动，选择目标图像，如图7-194所示。

图7-194 选择目标图像

10 释放鼠标，即可完成图像的修补。

11 在工具箱中按住修补工具，在弹出的工具组中选择"内容感知移动工具"，如图7-195所示。

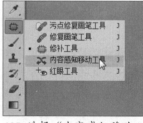

图7-195 选择"内容感知移动工具"

12 在图像中选择需要移动的图像区域，如图7-196所示。

图7-196 选择需要移动的图像区域

13 将选区移动到合适的位置，如图7-197所示。

图7-197 移动选区

14 释放鼠标即可移动选区，最终图像效果如图7-198所示。

图7-198 最终图像效果

15 选择渐变工具，在选项栏中单击渐变色，在弹出的对话框中设置不透明度为80%的白色到0%的渐变，如图7-199所示。

图7-199 设置渐变色

16 在图像右侧拖动渐变，效果如图7-200所示。

图7-200 拖动渐变

17 使用文字工具，在图像上输入文字，并修改"火"字为橙色，如图7-201所示。

图7-201 输入文字

18 在"图层"面板中双击该图层，在弹出的对话框中选中"描边"复选框，设置描边参数，如图7-202所示。

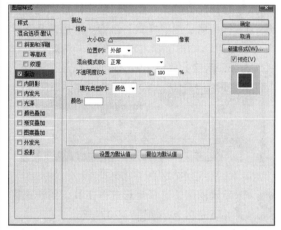

图7-202 设置描边参数

19 选择"投影"复选框，设置投影参数，如图7-203所示。

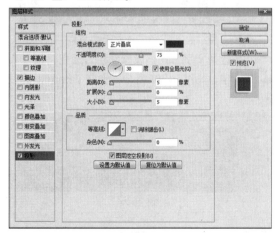

图7-203 设置投影参数

20 使用直线工具，在选项栏中设置填充颜色为白色，高度参数为3。按住Shift键绘制直线，如图7-204所示。

21 继续使用文字工具输入文字，如图7-205所示。

图7-204 绘制直线

图7-205 输入文字

22 选择前面的文字图层，单击鼠标右键，执行"拷贝图层样式"命令。然后选择下一个文字图层，单击鼠标右键，执行"粘贴图层样式"命令，图像效果如图7-206所示。

图7-206 图像效果

23 新建图层，选择矩形选框工具，绘制选区并填充白色，如图7-207所示。

图7-207 绘制选区并填充白色

24 选择文字工具，设置颜色为蓝色，输入文字，如图7-208所示即完成了Banner的设计制作。

图7-208 输入文字

7.3.2 主页主图设计

网页主图一般与网页的主题紧密关联，好的主图设计不仅能体现网页特色，还能使浏览者直观地了解到网站的信息

1. 设计创意分析

如图7-209所示为本小节设计的网页主图，

体现了IT培训中心的特色。以蓝天为背景，白云为衬托，将培训的内容一目了然地表现出来。对"IT培训第一品牌，成就你我的未来"文字做描边处理，将文字从背景中突出显示，将"第一"两个字设置为橙色，能第一时间吸引眼球，突出品牌的影响力。

图7-209 网页主图

2. 设计制作

01 按Ctrl+N快捷键新建空白文档，按Ctrl+O快捷键打开素材，并将其拖动到文档1中，如图7-210所示。

图7-210 添加素材

02 在"图层"面板下方单击"添加图层蒙版"按钮，如图7-211所示。

图7-211 单击"添加图层蒙版"按钮

03 按D键将前景色和背景色恢复到默认颜色。在工具箱中选择"渐变工具"，如图7-212所示。

图7-212 选择渐变工具

04 在选项栏中选择渐变色为前景色到背景色的渐变，如图7-213所示。

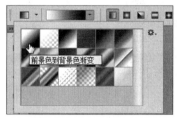

图7-213 选择渐变色

05 选择图层1，单击蒙版，如图7-214所示。

图7-214 单击蒙版

06 按住Shift键，拖出渐变，如图7-215所示。

图7-215 拖出渐变

07 此时的图层蒙版即发生改变，如图7-216所示。

图7-216 图层蒙版发生改变

08 设置图层的"不透明度"参数为55%，如图7-217所示。

图7-217 设置图层的不透明度

09 改变不透明度后的图像效果，如图7-218所示。

图7-218 图像效果

10 将前面制作好的导航、Logo等素材添加进来，并放置在合适的位置，如图7-219所示。

图7-219 添加导航、Logo等素材

11 按Ctrl+O快捷键打开素材，如图7-220所示。

图7-220 打开素材

12 使用选择工具将打开的素材拖动到文档1中，并按Ctrl+T快捷键缩小素材，如图7-221所示。

图7-221 缩小素材

13 单击鼠标右键，执行"水平翻转"命令，如图7-222所示。

14 在"图层"面板下方单击"添加图层蒙版"按钮，如图7-223所示。

15 在工具箱中选择"画笔工具"，如图7-224所示。

16 调整画笔大小，单击鼠标右键，对画笔的样式进行选择，如图7-225所示。

图7-222 执行"水平翻转"命令

图7-223 单击"添加图层蒙版"按钮

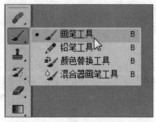

图7-224 选择"画笔工具"

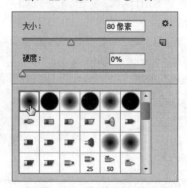

图7-225 选择画笔样式

17 将人物素材周围的背景进行擦除，如图7-226所示。

图7-226 擦除背景

提示：将前景色设置为白色，在蒙版中可以将擦错的部分重新擦回来。

18 使用文字工具输入文字，并选择"第一"两个字，设置颜色为橙色，如图7-227所示。

图7-227 设置颜色

19 在"图层"面板中双击文字图层，打开"图层样式"对话框，选中"描边"复选框，并设置参数，如图7-228所示。

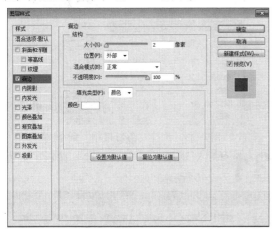

图7-228 设置描边参数

20 此时的图像效果如图7-229所示。

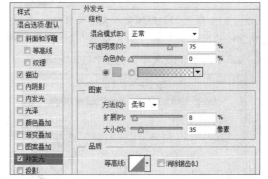

图7-229 描边效果

21 选中"外发光"复选框，设置外发光的颜色为蓝色，如图7-230所示。

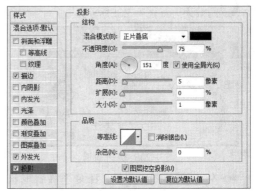

图7-230 设置外发光颜色

22 选中"投影"复选框，设置投影参数，如图7-231所示。

图7-231 设置投影参数

23 单击"确定"按钮，文字的效果如图7-232所示。

图7-232 文字的效果

24 使用文字工具继续输入文字，并用同样的方法为文字添加"描边"样式，效果如图7-233所示。

图7-233 继续输入文字效果

25 使用文字工具，输入文字，并分别调整文字的颜色及大小，如图7-234所示。

图7-234 调整文字的颜色及大小

26 使用椭圆工具，绘制多个椭圆，形成云朵的效果，如图7-235所示。

图7-235 绘制椭圆

27 在"图层"面板中选择多个椭圆形状图层，单击鼠标右键，执行"合并形状"命令，如图7-236所示。

图7-236 执行"合并形状"命令

28 用同样的方法，绘制多个云朵效果，如图7-237所示。

图7-237 绘制多个云朵效果

29 使用椭圆工具，绘制椭圆，如图7-238所示。

图7-238 绘制椭圆

30 执行"滤镜"|"模糊"|"高斯模糊"命令，如图7-239所示。

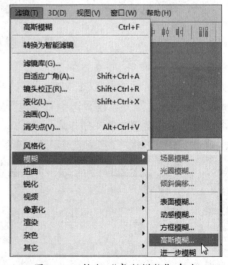

图7-239 执行"高斯模糊"命令

31 弹出对话框，单击"确定"按钮，如图7-240所示。

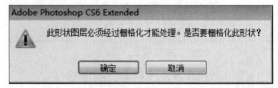

图7-240 单击"确定"按钮

32 打开"高斯模糊"对话框,设置半径值,单击"确定"按钮,如图7-241所示。

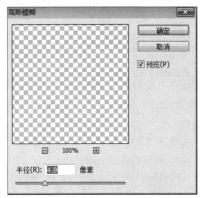

图7-241 单击"确定"按钮

33 将文字图层与椭圆图层链接。设置椭圆图层的"不透明度"参数为65%,如图7-242所示。

图7-242 设置不透明度参数

34 用同样的方法,绘制另外一个椭圆,并对椭圆进行模糊处理。调整图层的不透明度,最终完成效果如图7-243所示。

图7-243 最终完成效果

📷 7.3.3 Gif动画设计

网页中的Gif动画一般有简单的广告、宣传等。

1. 设计创意分析

如图7-244所示,本小节设计的网页Gif动画为侧边广告动画。简单的图片和文字效果,能使用户在极短的时间了解信息内容。通过对文字的颜色改变,形成文字闪烁的效果,能快速吸引浏览者眼球,起到广告宣传的作用。

图7-244 侧边广告动画

2. 设计制作

01 进入Photoshop CS6,按Ctrl+O快捷键打开一张图片,如图7-245所示。

图7-245 打开一张图片

02 在工具箱中选择"裁剪工具",如图7-246所示。

03 将定界框向上拖动,扩展画布,如图7-247所示。

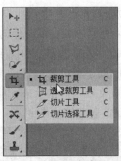

图7-246 选择"裁剪工具"

图7-247 扩展画布

04 在工具箱中选择矩形套索工具，在图像上框出选区，如图7-248所示。

图7-248 框出选区

05 按Delete键删除选区，弹出对话框，单击"确定"按钮，如图7-249所示。

图7-249 单击"确定"按钮

06 执行操作后，程序自动识别并填充图像，如图7-250所示。

图7-250 自动识别并填充图像

07 按Ctrl+D快捷键结束选区。使用矩形选框工具创建选区，按Delete键删除，如图7-251所示。

图7-251 删除选区图像

08 在工具箱中按住污点修复画笔工具，在弹出的工具组中选择"内容感知移动工具"，如图7-252所示。

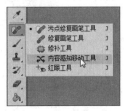

图7-252 选择"内容感知移动工具"

09 在图像上将部分图像选中，如图7-253所示。

图7-253 将部分图像选中

10 将选区图像向上拖动，如图7-254所示。释放鼠标即可移动选区内的图像。

图7-254 向上拖动

11 选择文字工具，输入文字，如图7-255所示。

图7-255 输入文字

12 选择矩形工具，在画布中绘制矩形。在"图层"面板中按Ctrl+[快捷键，将矩形图层移动至文字图层的下方，如图7-256所示。

图7-256 移动图层

13 图像效果如图7-257所示。

14 选择红色文字图层，按Ctrl+J快捷键快速复制图形，并修改文字颜色为蓝色，如图7-258所示

15 执行"窗口"|"时间轴"命令，如图7-259所示。

16 打开"时间轴"面板，如图7-260所示。

图7-257 图像效果

图7-258 修改文字颜色为蓝色

图7-260 打开"时间轴"面板

17 在"时间轴"面板中单击"创建视频时间轴"三角按钮,在弹出的列表中选择"创建帧动画"选项,如图7-261所示。

图7-261 选择"创建帧动画"选项

18 单击"创建帧动画"按钮,新建帧,如图7-262所示。

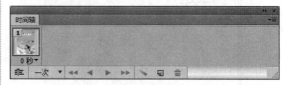

图7-262 单击"创建帧动画"按钮

19 在"图层"面板中单击蓝色文字所在图层前面的眼睛图标,隐藏图层,如图7-263所示。

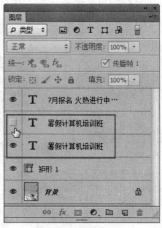

图7-263 隐藏图层

20 在"时间轴"面板中单击帧图像下方的三角按钮,在弹出的列表中选择"0.1秒",如图7-264所示。

图7-259 执行"窗口"|"时间轴"命令

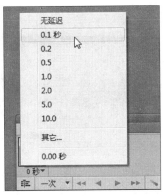

图7-264 选择"0.1秒"

21 单击"复制所选帧"按钮,如图7-265
所示。

图7-265 单击"复制所选帧"按钮

22 即可新增复制的帧动画,如图7-266
所示。

图7-266 新增动画

23 在"图层"面板中将红色文字所在的图层
隐藏,将蓝色文字所在的图层显示,如图
7-267所示。

图7-267 隐藏及显示图层

24 单击"一次"三角按钮,在弹出的列表中
选择"永远"选项,如图7-268所示。

图7-268 选择"永远"选项

25 单击"播放动画"按钮预览Gif广告动画
的效果,如图7-269所示。

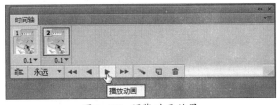

图7-269 预览动画效果

26 执行"文件"|"存储为Web所用格式"
命令,如图7-270所示。

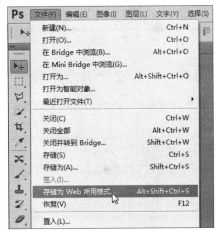

图7-270 执行命令

27 弹出对话框,在右侧选择存储的格式为
GIF,如图7-271所示。

图7-271 选择存储格式

28 单击"存储"按钮，在弹出的对话框中设置存储的位置及名称，如图7-272所示。单击"保存"按钮即可。

图7-272 设置存储的位置及名称

📷 7.3.4 栏目设计

下面介绍主页栏目设计，如图7-273所示为最终效果。

图7-273 最终效果

01 新建空白文档，将前面制作的主图添加到文档1中，如图7-274所示。

图7-274 添加主图

02 新建图层，选择矩形选框工具，绘制选区，填充灰色，如图7-275所示。

图7-275 绘制选区并填色

03 新建图层，使用矩形选框工具，绘制矩形选区，如图7-276所示。

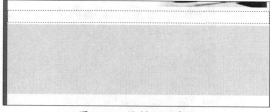

图7-276 绘制矩形选区

04 在工具箱中选择渐变工具，单击选项栏中的渐变色，在弹出的对话框中设置渐变颜色，如图7-277所示。

05 按住Shift键，在选区内拖动鼠标，填充渐变色，如图7-278所示。

06 选择图层，双击鼠标打开"图层样式"对话框，选择"投影"复选框，设置投影参数，如图7-279所示。

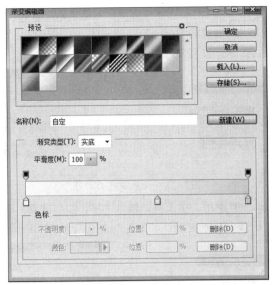

图7-277 设置渐变颜色

图7-278 填充渐变色

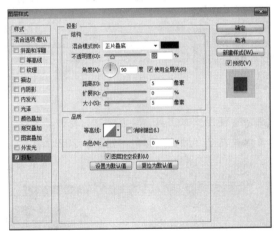

图7-279 设置投影参数

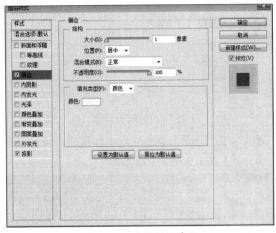

图7-280 设置描边参数

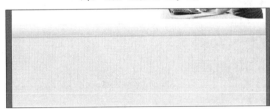

图7-281 图像效果

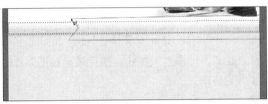

图7-282 绘制减去的选区

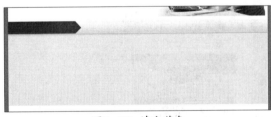

图7-283 填充蓝色

11 使用文字工具，在画布中输入文字，如图7-284所示。

图7-284 输入文字

07 选择"描边"复选框，设置描边参数，如图7-280所示。

08 单击"确定"按钮，此时的图像效果如图7-281所示。

09 按住Ctrl键，单击图层缩览图，选择多边形套索工具，按住Alt键，绘制减去的选区，如图7-282所示。

10 得到选区后，为选区填充蓝色，如图7-283所示。

12 按Ctrl+O快捷键打开素材图片，将其拖动到文档1中。按Ctrl+T快捷键缩小图像，如图7-285所示。

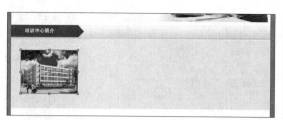

图7-285 缩小图像

13 在"图层"面板中双击该图层，设置描边参数，如图7-286所示。

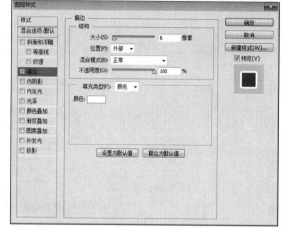

图7-286 设置描边参数

14 单击"确定"按钮，图片效果如图7-287所示。

图7-287 图片效果

15 使用直线工具，设置前景色为灰色，按住Shift键绘制直线，如图7-288所示。

图7-288 绘制直线

16 按Ctrl+J快捷键直接复制直线，按Ctrl+[快捷键将图层向下移动一层，并设置颜色为白色，如图7-289所示。

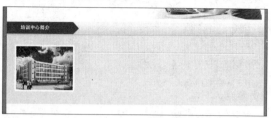

图7-289 设置颜色为白色

17 使用文字工具，输入文字，按小键盘上的Enter键确认，如图7-290所示。

图7-290 确认

18 继续使用文字工具，输入文字，如图7-291所示。

图7-291 输入文字

19 使用文本工具，输入文字，修改"详情"两个字颜色为橙色，如图7-292所示。

图7-292 修改颜色

20 使用圆角矩形工具，设置填充颜色为白色，描边颜色为灰色，绘制圆角矩形，如图7-293所示。

图7-293 绘制圆角矩形

21 使用圆角矩形工具，绘制填充颜色为黑色的圆角矩形，如图7-294所示。

图7-294 绘制圆角矩形

22 按Ctrl+O快捷键打开图片，添加到文档1中，按Ctrl+T快捷键调整图片大小，如图7-295所示。

图7-295 调整图片大小

23 按住Alt键，将鼠标放置在两个图层之间，如图7-296所示。单击鼠标，创建剪贴蒙版，如图7-297所示。

图7-296 放置在两个图层之间

图7-297 创建剪贴蒙版

24 调整图片的位置，效果如图7-298所示。

图7-298 调整图片位置

25 新建图层，并向下调整图层。选择画笔工具，设置柔边画笔，绘制阴影，如图7-299所示。

图7-299 绘制阴影

26 使用文字工具输入文字，如图7-300所示。

图7-300 输入文字

27 在"图层"面板中单击"创建新组"按钮，如图7-301所示。

图7-301 单击"创建新组"按钮

28 将多个图层链接并移动到组1中，如图7-302所示。

图7-302 链接图像并移动到组中

29 选择组，按住Alt键拖动，快速复制多个，如图7-303所示。

图7-303 快速复制多个

30 对图片、文字等信息进行修改，即完成了本实例栏目的制作，最终效果如图7-304所示。

图7-304 最终效果

美工与创意 | 网页设计艺术 第二版

7.4 网页图像切片

利用Photoshop做好布局效果图后，关键的一步就是切片。切片就是对图像按照需要进行切割、编辑并保存，以备在网页上使用。只有正确地切片，Dreamweaver才能对效果图进行有效的整合。

7.4.1 网页图像切片的作用

切片是网页制作过程中非常重要的一个步骤，往往切片的正确与否会影响着网页的后期制作。一般使用Photoshop或者Fireworks对网页的效果图或者大幅的图片进行切割。正确的切片会给网站带来一些非常正面的影响，如减少网页加载时间、制作动态效果、优化图像、链接等。

1. 减少网页加载时间

有时候网页上可能需要大的Banner图片或者背景图片，那么浏览器下载这个图片就要花费很长的时间，这是很不利于用户体验的。而网页切片的出现就很好地解决了这个问题。切片的使用使整个大的图片分为了不同的很多小图片，浏览器也会对这些小图片进行分开下载，这样下载图片的时间就大大地缩短了，节约了很多的时间。在现在互联网加载速度受到限制的情况下，网页切片无疑是解决网页下载图片慢的很好方法。

2. 优化图像

一般来说一个完整的图像只能是一种格式，jpg、gif、png、psd、bdf或者其他，一种格式只能采取一种优化方式。而网页切片可以把图像分割成很多小图片，并且可以保存成其他格式，可以分别对其优化。这样就能保证图片质量高的情况下减少图片的内存，也能提高网页的加载速度。

7.4.2 Photoshop图像切片

使用Photoshop切片工具将一个完整的网页切割许多小片，以便上传；然后再用Dreamweaver对网页进行细致的处理。

01 打开栏目设计图，如图7-305所示。

02 按Ctrl+R快捷键打开标尺，拖出参考线，如图7-306所示。

图7-305 打开栏目设计图

图7-306 拖出参考线

03 在工具箱中按住裁剪工具，在工具组中选择"切片工具"，如图7-307所示。

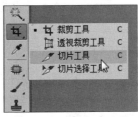

图7-307 选择切片工具

04 在图像上拖动创建切片，首先对图像进行整体切片，如图7-308所示。

图7-308 对图像进行整体切片

05 对导航进行切片，将鼠标放置在切片边缘，可调整切片大小，如图7-309所示。

图7-309 调整切片大小

06 对导航进行切片后效果如图7-310所示。

图7-310 切片后效果

07 继续对底部进行切片，将图像切出来，如图7-311所示。

图7-311 将图像切出来

08 按Ctrl+;快捷键隐藏参考线，如图7-312所示。

图7-312 隐藏参考线

09 选择切片，单击鼠标右键，执行"编辑切片选项"命令，如图7-313所示。

图7-313 执行"编辑切片选项"命令

10 弹出"切片选项"对话框，修改名称，如图7-314所示。

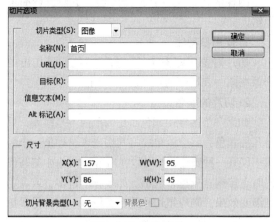

图7-314 修改名称

11 执行"文件"|"存储为Web所用格式"命令，如图7-315所示。

图7-315 执行命令

12 弹出"存储为Web所用格式"对话框，如图7-316所示。

13 选择颜色丰富的图像切片，设置优化的文件格式为JPEG，"品质"为75，如图7-317所示。

14 用同样的方法设置其他切片品质，单击"存储"按钮。

15 弹出对话框，设置格式为"HTML和图像"选项，如图7-318所示。

图7-316 "存储为Web所用格式"对话框

图7-317 设置优化

图7-318 设置格式

16 单击"保存"按钮。打开存储的路径，文件夹中包含了网页文件和图像文件夹，如

图7-319所示。

图7-319 存储路径

17 打开图片文件夹，包含了所有的切片，如图7-320所示。

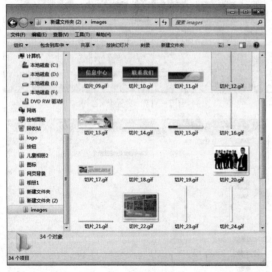

图7-320 图片文件夹

图像的切片也有其技巧可寻，下面进行简单介绍。

1. 使用参考线

切片时要用好参考线，参考线能保证切出的图像在同一表格中的尺寸统一协调。

2. 切片的颜色范围

如果一个区域中颜色对比的范围不是很大，只有几种颜色，就应该单独将其切出来。如果一个区域中仅有一种颜色，则可以在Dreamweaver中编写代码时直接用背景色来表示。如果颜色过多，或者用到渐变效果，则应把切片数量切得多一些，尽量把单个切片控制在一个颜色范围的轮廓内。

3. 切片大小

把网页的切片切得越小越好，这是有道理的。切片越小，网页下载图片的速度越快。同时，让多个图片下载而不是只下载一个大图片，所以切片大小要根据需要来切。标志Logo等主要部分尽量切在一个切片内，防止显示遇到特殊情况时显示一部分。圆角表格部分要根据显示区域的大小来切，控制好边缘和边。

4. 切片区域完整性

保证完整的一部分在一个切片内，例如某区域的标题文字，便于日后修改。

5. 导出类型

颜色单一、过渡少的图片，应该导出为GIF；颜色过渡比较多、颜色丰富的图片，应该导出为JPEG；有动画的部分，应该导出为GIF动画。

6. 保留源文件

既使页面做好了，也要保留带切片层的源文件，便于日后的修改，省时省力。

Dreamweaver是一款专业的网页编辑软件，是业界领先的网页开发工具。它是集网页制作和管理网站于一身的所见即所得网页编辑器，是第一套针对专业网页设计师特别设计的视觉化网页开发工具，利用它可以轻而易举地制作出跨越平台限制和跨越浏览器限制的充满动感的网页。

8.1 建立网站

要制作一个能够被公众浏览的网站，首先需要在本地磁盘中制作这个网站，然后把这个网站上传到因特网的Web服务器上。放置在本地磁盘上的网站被称为本地站点，处于因特网Web服务器里的网站被称为远程站点。

📷 8.1.1 建立站点

站点是管理网页文档的工具，通过站点可以实现将文件上传到网络服务器、自动跟踪和维护、管理文件及共享文件等功能。在开始制作网页之前，最好先定义一个新站点。这是为了更好地利用站点对文件进行管理，也可以尽可能减少路径出错、链接出错等问题。在Dreamweaver中创建站点的方法非常简单，具体操作步骤如下。

01 启动Dreamweaver CS6，执行"站点"|"新建站点"命令，如图8-1所示。

图8-1 执行"新建站点"命令

02 弹出"站点设置对象"对话框，设置站点名称，并单击"本地站点文件夹"后的"浏览文件夹"按钮，如图8-2所示。

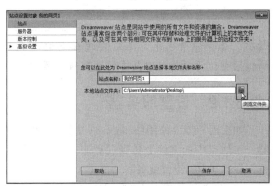

图8-2 单击"浏览文件夹"按钮

提示： 在"站点设置对象"对话框的"高级设置"选项卡中可以对站点的其他信息进行设置。

03 在弹出的对话框中选择存储的位置，单击"打开"按钮，如图8-3所示，然后单击"选择"按钮。

图8-3 单击"选择文件夹"按钮

04 单击"保存"按钮即可新建一个本地站点，在"文件"面板中即可看到新建的站点，如图8-4所示。

图8-4 "文件"面板

提示：在多数情况下，通常都是在本地站点中编辑网页，再通过FTP上传到远程服务器。

📷 8.1.2 设置服务器

如果用户需要使用Dreamweaver连接远程服务器，将站点中的文件上传到远程服务器中，则需要在创建站点时设置服务器。

01 在"站点设置对象"对话框中打开"服务器"选项卡，切换至"服务器"选项设置，如图8-5所示。

图8-5 "服务器"选项设置

02 单击"添加新服务器"按钮➕，弹出"服务器设置"对话框，如图8-6所示。

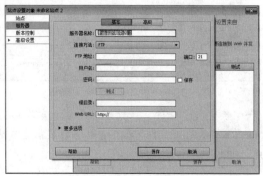

图8-6 弹出"服务器设置"对话框

> 服务器名称：用于指定服务器的名称，该名称可以是用户任意定义的名称。

> 连接方法：选择连接到远程服务器的方法。

> FTP地址：输入要上传的FTP服务器地址。

> 用户名和密码：输入用于链接到FTP服务器的用户名和密码。选中"保存"复选框，可以保存所输入的用户名和密码。

> 测试：完成FTP地址、用户名和密码选项的设置后，单击"测试"按钮可以测试与FTP服务器的连接。

> 根目录：输入远程服务器用于存储站点文件的目录。

> Web URL：输入Web站点的URL地址。

> 单击"高级"按钮，切换至"高级"选项卡，如图8-7所示。

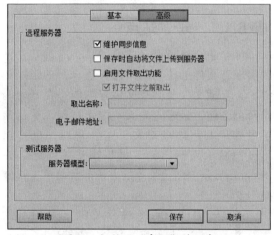

图8-7 切换至"高级"选项卡

> 维护同步信息：选中该复选框后，将自动同步本地站点和远程服务器上的文件。

> 保存时自动将文件上传到服务器：选中该复选框后，在本地保存文件时，将自动将文件上传到远程服务器站点中。

> 启用文件取出功能：选中该复选框，可以启用"存回/取出"功能。

> 服务器模型：在下拉列表中包含了8种服务器可供选择。

📷 8.1.3 管理站点

建立站点后，可以对本地站点进行多方面的管理，包括打开站点、编辑站点、删除站点及复制站点等。

1. 打开站点

运行Dreamweaver后，系统默认打开上次退出时正在编辑的站点。若需要打开其他已经创建好的站点，只需在"文件"面板中单击左侧的下拉列表，在其中选择需要打开的站点即可打开已经定义的站点，如图8-8所示。

图8-8 打开站点

2. 编辑站点

创建或打开站点后，还可以对其进行编辑。执行"站点"|"管理站点"命令，打开"管理站点"对话框，在对话框中单击"编辑当前选定的站点"按钮，如图8-9所示。弹出"站点设置对象"对话框，如图8-10所示，即可再次对本地站点进行编辑。

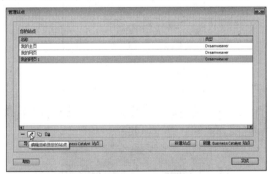

图8-9 单击"编辑当前选定的站点"按钮

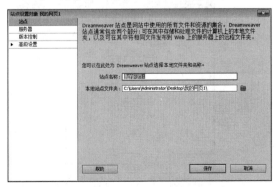

图8-10 "站点设置对象"对话框

3. 删除站点

如果不再需要使用Dreamweaver进行操作，可以在站点列表中将站点删除。在"管理站点"对话框中选择需要删除的站点，单击"删除当前选定的站点"按钮，如图8-11所示，弹出提示对话框，如图8-12所示，单击"是"按钮即可将其删除。

删除后的站点只是不再出现在站点列表中，但本地站点的内容，包括文件夹和文档等，都仍然会保存在计算机相应的位置，通过重新创建指向其位置的站点，可重新对其进行编辑。

图8-11 单击"删除当前选定的站点"按钮

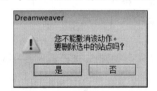

图8-12 提示对话框

4. 复制站点

若需要创建多个结构相同或类似的站点，可利用站点的可复制性实现。在"管理站点"对话框中选择站点，并单击"复制当前选定的站点"按钮，如图8-13所示，即可复制出一个站点副本，如图8-14所示，对其进行重命名即可。

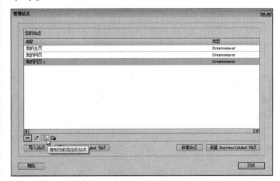

图8-13 单击"复制当前选定的站点"按钮

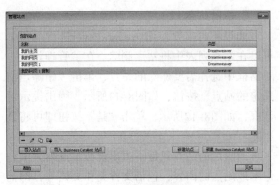

图8-14 复制的站点

📷 8.1.4 创建文件夹与文件

　　网站每个栏目中的所有文件被统一存放在单独的文件夹内，根据包含文件的多少，又可以细分到子文件夹里。文件夹创建好以后，就可以在文件夹里创建相应的文件。创建文件和文件夹的方法有以下两种。

1. 鼠标右键创建

　　在"文件"面板中单击鼠标右键即可快速创建文件与文件夹，具体操作方法如下。

01 打开Dreamweaver，在右侧的"文件"面板中选择站点，单击鼠标右键，执行"新建文件夹"命令，如图8-15所示。

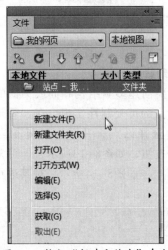

图8-15 执行"新建文件夹"命令

02 此时新建的文件夹名称处于可编辑状态，如图8-16所示，可对文件夹进行重命名。

提示：Dreamweaver的界面中"文件"面板处于默认打开状态，执行"窗口"|"文件"命令，也可打开"文件"面板。

图8-16 可编辑名称

03 在"文件"面板中选择需要新建文件的文件夹，单击鼠标右键，执行"新建文件"命令，如图8-17所示。

图8-17 执行"新建文件"命令

04 此时新建的文件名称处于可编辑状态，重命名文件即可，如图8-18所示。

图8-18 可编辑名称

2. 菜单列表创建

除了使用鼠标右键创建文件及文件夹外，还可使用菜单列表创建文件或文件夹。

01 在"文件"面板中单击 ▤ 按钮，如图8-19所示。

图8-19 单击按钮

02 在弹出的菜单列表中选择"文件"｜"新建文件夹"命令，如图8-20所示，即可创建新的文件夹。

03 同样的操作，选择"文件"｜"新建文件"命令，即可创建新的文件。

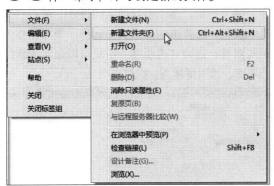

图8-20 选择"新建文件夹"命令

📷 8.1.5 页面设置

在Dreamweaver中创建的每一个网页，可以在"页面属性"对话框中设置其属性参数，包括默认字体、字体大小、背景颜色、边距、链接样式等。

1. 设置外观

在"属性"面板中单击"页面属性"按钮，如图8-21所示，即可快速打开"页面属性"对话框。

图8-21 单击"页面属性"按钮

或者执行"修改"｜"页面属性"命令，如图8-22所示，也可打开"页面属性"对话框，如图8-23所示。

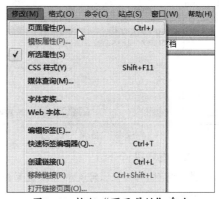

图8-22 执行"页面属性"命令

图8-23 "页面属性"对话框

打开对话框，左侧默认分类为"外观（CSS）"，从中可对整个网页文档的信息参数进行设置。

➤ 页面字体：在下拉列表中可对字体、字体样式、字体粗细进行设置。

➤ 大小：在下拉列表中可对网页中的文本字号进行设置，字号的单位可以进行选择。

➤ 文本颜色：在文本框中可以设置文本的颜色

➤ 背景颜色：在文本框中可以设置背景的颜色。

➤ 背景图像：单击"浏览"按钮可以选择本地图片作为网页的背景。

➤ 重复：在下拉列表中可选择背景图像在网页中的排列方式，包括不重复、重复、横向重复和纵向重复4个选项。

➢ 左边距、上边距、右边距、下边距：用来设置页面四周的边距大小。

2. 设置链接

在左侧的分类下选择"链接（CSS）"选项，可对链接的参数进行设置，如图8-24所示。

图8-24 选择"链接"选项

下面对各参数进行介绍。

➢ 链接字体：在下拉列表中可以设置链接文本的字体。

➢ 大小：在下拉列表中可以设置链接文本的字体大小。

➢ 链接颜色：在文本框中可以设置链接的颜色。

➢ 变换图像链接：在文本框中可以设置鼠标位于链接上时的颜色。

➢ 已访问链接：在文本框中设置网页中已经访问过的链接颜色。

➢ 活动链接：在文本框中设置单击链接时文字的颜色。

➢ 下划线样式：在下拉列表中选择采用下划线的样式。

3. 设置标题

在左侧的分类下选择"标题（CSS）"选项，可对标题的属性参数进行设置，如图8-25所示。

图8-25 选择"标题"选项

下面对"标题（CSS）"各参数进行介绍。

➢ 标题字体：在下拉列表中可以设置标题所采用的字体。

➢ 标题1~标题6：在下拉列表中可对标题1~标题6的字体大小及颜色进行设置。

4. 设置标题/编码

在左侧的分类下选择"标题/编码"选项，参数如图8-26所示，在"标题"文本框中可设置网页的标题；在"编码"下拉列表中可以设置网页的文字编码。

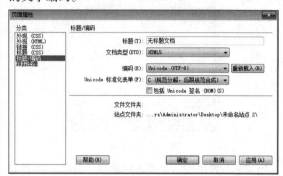

图8-26 选择"标题/编码"选项

5. 设置跟踪图像

在左侧的分类下选择"跟踪图像"选项，参数如图8-27所示。跟踪图像一般在设计网页时作为网页背景，用于引导网页的设计。单击"浏览"按钮，在弹出的对话框中选择一个图像作为跟踪图像；拖动"透明度"滑块可以指定图像的透明度，透明度越高，图像越明显。

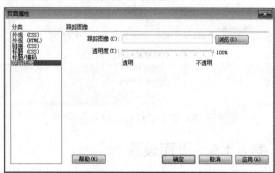

图8-27 选择"跟踪图像"选项

8.1.6 HTML源代码

HTML是英文Hypertext Markup Language的缩写，它是一种超文本标记语言。超文本就是指页面内可以包含图片、链接，甚至音乐、程序等非文字元素。

超文本标记语言的结构包括"头（Head）"部分、"主体（Body）"部分，其中"头"部提供关于网页的信息，"主体"部分提供网页的具体内容。

一个网页对应一个HTML文件，超文本标记语言文件以.htm或.html为扩展名。可以使用任何能够生成TXT类型源文件的文本编辑器来生成超文本标记语言文件，只用修改文件后缀即可。

1. 整体结构

标准的超文本标记语言文件都具有一个基本的整体结构，标记一般都是成对出现（部分标记除外，如
），即超文本标记语言文件的开头与结尾标志和超文本标记语言的头部与实体两大部分。有3个双标记符用于页面整体结构的确认。

（1）头部内容

➢ 标记符<html>：说明该文件是用超文本标记语言来描述的，它是文件的开头，而</html>则表示该文件的结尾，它们是超文本标记语言文件的开始标记和结尾标记。

➢ <head></head>：这2个标记符分别表示头部信息的开始和结尾。头部中包含的标记是页面的标题、序言、说明等内容，它本身不作为内容来显示，但影响网页显示的效果。头部中最常用的标记符是标题标记符和meta标记符，其中标题标记符用于定义网页的标题，它的内容显示在网页窗口的标题栏中，网页标题可被浏览器用做书签和收藏清单。

（2）主体内容

➢ <body></body>：网页中显示的实际内容均包含在这2个正文标记符之间。正文标记符又称为实体标记。

2. 语言书写

一个HTML文件由一系列的元素和标签组成，元素的写法不区分大小写，用标签来规定元素的属性及它在文件中的位置。

（1）单独标签

单独标签也称为空标签，顾名思义就是单独在文件中出现。这些标签也可以根据需要添加一些属性来实现一些特殊的功能。空标签与正常成对出现的标签一样，以"/"即</X>结尾。

例如：

```
<br class="clear">
```

（2）一般标签

一般标签就是平常在网页源文件中看到的成对出现的标签，这些标签都是由一个起始标签和一个结束标签所组成。其语法形式为：<起始标签>控制文字</结束标签>。

例如：

```
<i>文字内容以斜体显示</i>
```

HTML中常用的标签主要包括结构、标题、段落、换行、链接、列表、图片、表格、表单等标签。

➢ 结构

结构标签常用来表示文件的结构，主要内容如下。

◆ <html>…</html>：表示HTML文件的开始和结束。

◆ <head>…</head>：表示HTML文件的标题区。

◆ <body>…</body>：表示HTML文件的主体区，网页当中所显示的内容都在主体区域进行定义。

➢ 标题

标题标签有6个级别，<h1>~<h6>，<h1>为最小的标题。通过设定不同等级的标题，可以完成多层次结构的设置。

打开Dreamweaver，在代码视图中输入如下的HTML代码。

```
1    <html>
2    <head>
3    <title>标题</title>
4    </head>
5    <body>
6    以下为标题测试代码<p>
7    <H1>一级标题</H1>
8    <H2>二级标题</H2>
9    <H3>三级标题</H3>
10   <H4>四级标题</H4>
11   <H5>五级标题</H5>
12   <H6>六级标题</H6>
13   </body>
14   </html>
```

输入代码完成后，在设计视图中即可看到每

一个标题的字体为黑体，如图8-28所示。

图8-28 输入代码

> 段落

段落标签<p>是处理文字时经常用到的标签。段落内也可以包含其他标签，如图片标签<img>、换行标签
。

> 换行

换行标签
是一个空标签，也就是说，它只有起始标签和属性值，而没有结束标签。当需要结束一行并且不想开始新段落时，就可以使用
标签。
标签不管放在什么地方，都能够强制换行。

> 链接

链接是非常重要的标签。链接可分为超级链接和锚点，这两种链接都是使用锚标签<a>来建立的。一个锚点可指向任意一个网络上的资源，如一个HTML页面、一张图片、一段声音等。

超链接标签语法为：<a href="url">显示带链接的文字</a>。

超链接一般是设置在文字或图像上的，通过单击设置超链接的文字或图像，可以跳转到所链接的页面，超链接标签<a>和</a>包括以下主要属性。

属性	描述
herf	该属性为超链接指定目标页面的地址，如果不想链接到任何位置，则设置为空链接，即herf="#"
target	该属性用于设置链接的方法，包括4个可选值，分别是_blank、_parent、_self和_top
name	用于创建锚记链接

> 图片

图片是由<img>标签定义的，定义图片的语法为：<img src="url">。

<img>标签除了src属性以外，还包含其他的一些属性。

属性	描述
alt	该属性用于设置该图像的表示性文字。
align	该属性用于设置图像与它周围文本的对齐方式，共4个属性值，分别为top、right、bottom和left。
border	该属性用于设置图像边框的宽度，该属性的取值为大于或等于0的整数，以像素为单位。
width	该属性用于设置图像的宽度。
height	该属性用于设置图像的高度。

8.2 利用表格排版

表格是网页不可缺少的重要元素。无论用于排列数据还是在页面上对文本进行排版，表格都表现出强大的功能。它以简洁明了和高效快捷的方式，将数据、文本、图像和表单等元素有序地显示在页面上，从而呈现出版式漂亮的网页。表格最基本的作用就是让复杂的数据变得更有条理，让人一目了然。

8.2.1 表格的基本操作

表格由行、列和单元格3部分组成。一张表格横向称为行，纵向称为列。行列交汇部分就称为单元格，单元格是输入信息的地方。下面介绍表格的基本操作。

01 启动Dreamweaver，执行"文件" | "打开"命令，弹出"打开"对话框，选择PS切片后的html素材，如图8-29所示。

图8-29 选择素材

02 单击"打开"按钮，打开素材，如图
8-30所示。

图8-30 打开素材

03 将光标置于插入表格的位置，按Delete键
删除，如图8-31所示。

图8-31 删除

04 在"属性"面板中设置"水平"为"左
对齐"，"垂直"为"顶端"，如图
8-32所示。

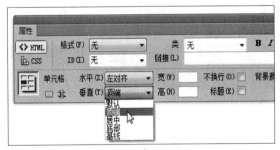

图8-32 设置方向

05 此时的光标位置发生改变，如图8-33
所示。

06 执行"插入"|"表格"命令，如图8-34
所示。

07 弹出"表格"对话框，设置"行数"为
5，"列"为3，如图8-35所示。

08 单击"确定"按钮，即可在光标处插入表
格，如图8-36所示。

图8-33 光标位置发生改变

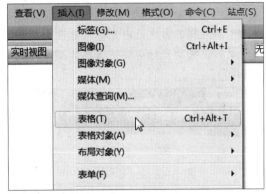

图8-34 执行"插入"|"表格"命令

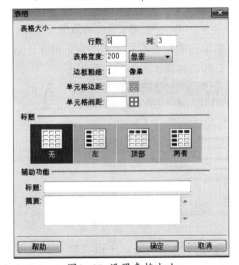

图8-35 设置表格大小

图8-36 插入表格

09 将光标置于表格右侧，当光标变成双向箭头时拖动鼠标，可调整表格的宽度，如图8-37所示。

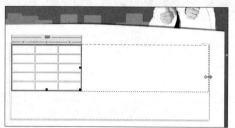

图8-37 调整表格的宽度

10 用同样的方法，将光标放置在表格的下方，拖动光标可调整表格的高度，如图8-38所示。

图8-38 调整表格的高度

11 单击表格的每列上方的向下箭头，可执行相应的操作，如图8-39所示。

图8-39 单击向下箭头

12 选择整个表格，单击表格上方中间的箭头，在弹出的菜单中可执行相应的操作，如图8-40所示。

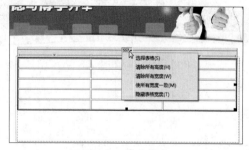

图8-40 单击箭头

13 将光标放置在表格列与列之间的分隔线上，按住鼠标左键，可向左或向移动调整列宽，如图8-41所示。

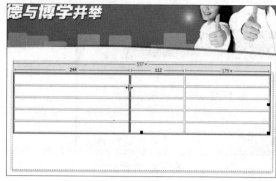

图8-41 调整列宽

14 将光标放置在第1行的左侧，此时光标变成箭头形状，单击鼠标可选择该行单元格，如图8-42所示。

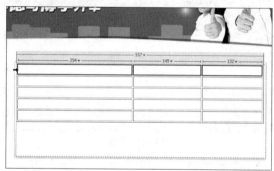

图8-42 选择该行单元格

15 同样，将光标放置在行的上端，变成箭头形状时，单击鼠标，可选择该行单元格，如图8-43所示。

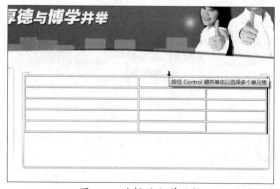

图8-43 选择该行单元格

16 按住Ctrl键单击，可将多个单元格选中，如图8-44所示。

17 单击并拖动鼠标，选择多个单元格。

美工与创意 | 网页设计艺术 第二版

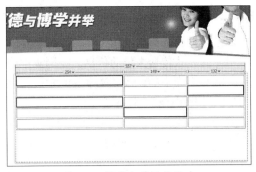

图8-44 将多个单元格选中

18 单击鼠标右键，执行"表格"|"合并单元格"命令，如图8-45所示。选择的单元格即合并为一个单元格，如图8-46所示。

图8-45 执行"表格"|"合并单元格"命令

图8-46 合并单元格

19 选择其他单元格，单击鼠标右键，执行"列表"|"项目列表"命令，如图8-47所示。

图8-47 执行"列表"|"项目列表"命令

20 此时选中的单元格即添加了项目列表符号，如图8-48所示。

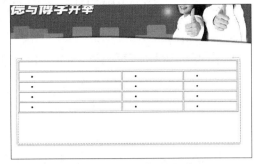

图8-48 添加了项目列表符号

21 在第1行输入文本，并按住Ctrl键选中第1行，如图8-49所示。

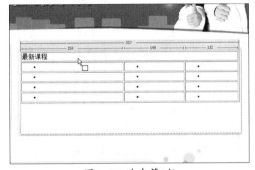

图8-49 选中第1行

22 在"属性"面板中设置"水平"为"居中对齐"，如图8-50所示。

图8-50 选择"居中对齐"选项

23 在其他单元格中输入文本，如图8-51所示。

图8-51 输入其他文本

8.2.2 表格的HTML代码

进行表格视图与HTML5代码对比，对于调整表格很有必要，下面来看一下。如图8-52所示为一个3行4列的表格。

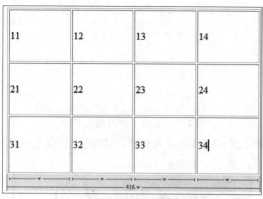

11	12	13	14
21	22	23	24
31	32	33	34

图8-52 3行4列的表格

设计视图在每个单元格中填上对应的数字，在代码中编写如下。

1	`<table width="416" height="266" border="1">`	Table是表格的起始标志，width是表格的宽度，height是表格的高度，border是表格线宽度
2	`  <tr>`	`<tr>`是行的起始标志
3	`    <td>11</td>`	`<td>`是单元格的起始标志，`</td>`是单元格的结束标志，中间11是单元格的内容
4	`    <td>12</td>`	第1行第2列
5	`    <td>13</td>`	第1行第3列
6	`    <td>14</td>`	第1行第4列
7	`  </tr>`	`</tr>`是行的结束标志
8	`  <tr>`	`<tr>`第2行的起始标志
9	`    <td>21</td>`	第2行第1列
10	`    <td>22</td>`	
11	`    <td>23</td>`	
12	`    <td>24</td>`	
13	`  </tr>`	第2行的结束标志
14	`  <tr>`	第3行的起始标志
15	`    <td>31</td>`	
16	`    <td>32</td>`	
17	`    <td>33</td>`	
18	`    <td>34</td>`	
19	`  </tr>`	第3行的结束标志
20	`</table>`	`</table>`是表格的结束标志

8.2.3 表格排版实例

表格是网页排版的常用工具，以易于理解、简单明了的方式传递大量的信息。在网页中使用表格，能对页面中的图像、文本等元素进行准确定位，使得页面直观、有条理。

01 新建文档，在弹出的对话框中单击"附加CSS文件"后的"附加样式表"按钮，在弹出的列表框中选择CSS样式表，如图8-53所示。

图8-53 附加样式表

02 单击"创建"按钮，此时的页面如图8-54所示。

图8-54 页面效果

03 执行"插入"|"表格"命令，在弹出的对话框中设置表格大小参数，如图8-55所示。

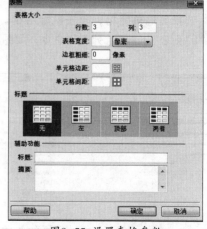

图8-55 设置表格参数

04 在"属性"面板中设置表格"对齐"为"居中对齐","类"为table-corners，如图8-56所示。

图8-56 设置属性

05 选择第1行第1列的单元格，在"属性"面板中设置"类"为corner1，页面代码如图8-57所示。

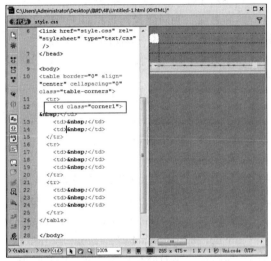

图8-57 设置第1行第1列

06 选择第1行第2列的单元格，在"属性"面板中设置"类"为bg-white，页面代码如图8-58所示。

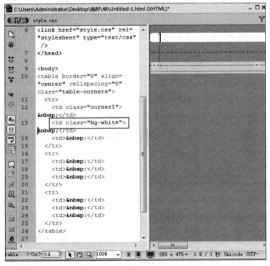

图8-58 设置第1行第2列

07 用同样的方法，对第2行的第1列和第2列单元格设置类，代码如图8-59所示。

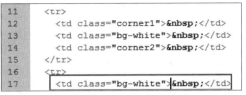

```
11      <tr>
12        <td class="corner1"> </td>
13        <td class="bg-white"> </td>
14        <td class="corner2"> </td>
15      </tr>
16      <tr>
17        <td class="bg-white"> </td>
```

图8-59 设置第2行的第1列和第2列

08 选择第2行第2列的单元格，执行"插入"|"表格"命令，弹出对话框，设置参数，如图8-60所示。

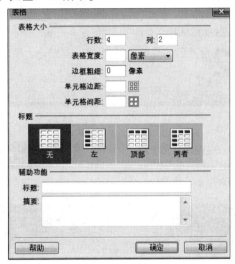

图8-60 插入表格

09 选择单元格，在"属性"面板中设置参数，如图8-61所示。

图8-61 设置属性

10 选择第1个单元格，设置"类"为top-img，此时的页面效果如图8-62所示。

图8-62 页面效果

11 选择两个单元格，单击鼠标右键，执行"表格"|"合并单元格"命令，如图8-63所示。

选择表格(S)		表格(B)	▶
合并单元格(M)	Ctrl+Alt+M	段落格式(P)	▶
拆分单元格(P)...	Ctrl+Alt+S	列表(L)	▶
插入行(N)	Ctrl+M	对齐(G)	▶
插入列(C)	Ctrl+Shift+A	字体(N)	▶
插入行或列(I)...		样式(S)	▶
删除行(D)	Ctrl+Shift+M	CSS 样式(C)	▶
删除列(E)	Ctrl+Shift+-	模板(T)	▶
增加行宽(R)		InContext Editing(I)	▶
增加列宽(A)	Ctrl+Shift+]	元素视图(W)	▶
减少行宽(W)		代码浏览器(C)...	
减少列宽(U)	Ctrl+Shift+[	编辑标签(E) <table>...	Shift+F5
✓ 表格宽度(T)		快速标签编辑器(Q)...	
扩展表格模式(X)		创建链接(L)	

图8-63 执行"表格"|"合并单元格"命令

12 合并后的页面效果如图8-64所示。

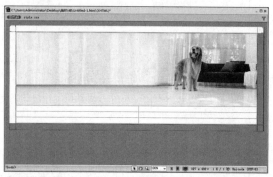

图8-64 页面效果

13 用同样的方法，制作其他效果，如图8-65所示。

图8-65 制作其他效果

8.3 建立超链接

超链接是一个网页指向一个目标的连接关系，这个目标可以是另一个网页，也可以是相同网页上的不同位置，还可以是一个图片、一个电子邮件地址、一个文件，或者一个应用程序等。

而在网页中用来超链接的对象，可以是一段文字或者一个图片。当浏览者单击已经链接的文字或图片后，链接目标将显示在浏览器上，并根据目标的类型打开或运行。

8.3.1 绝对路径与相对路径

在网页设计中，通过路径可以表示链接、插入图像、Flash、CSS文件的位置。表示文件路径的方式有两种：相对路径和绝对路径。

1. 相对路径

顾名思义，相对路径就是相对于当前文件的路径。网页中表示路径一般使用这个方法。

以下为建立路径所使用的几个特殊符号，及其所代表的意义。

➢ "./"：代表目前所在的目录。

➢ "../"：代表上一层目录。

➢ 以"/"开头：代表根目录。

2. 绝对路径

在网络中，以http开头的链接都是绝对路径，绝对路径就是主页上的文件或目录在硬盘上真正的路径。比如， Perl程序是存放在c:/apache/cgi-bin下的，那么c:/apache/cgi-bin就是cgi-bin目录的绝对路径。绝对路径在制作网页中实际很少用到。

提示：相对路径和绝对路径在系统文件中与在网络中类似，文件的路径符号是斜线"/"，而网络路径却是和它相反的反斜线"\"。

8.3.2 内部链接与外部链接

1. 内部链接

内部链接是指同一网站域名下的内容页面之间互相链接，如频道、栏目、终极内容页之间的链接，乃至站内关键词之间的Tag链接都可以归类为内部链接，因此内部链接也可以称之为站内链接。

内部链接可以提高用户体验度，提升访问量。

01 启动Dreamweaver，打开文档，选择图片，单击"属性"面板"链接"右侧的"浏览文件"图标，如图8-66所示。

02 弹出对话框，选择文件，如图8-67所示。

图8-66 单击"浏览文件"图标

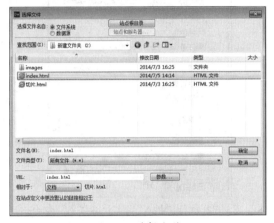

图8-67 选择文件

03 单击"确定"按钮即可将该图片链接到选择的网页上。

04 或者直接单击链接右侧的"指向文件"按钮，如图8-68所示。

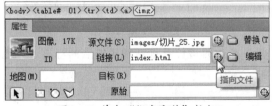

图8-68 单击"指向文件"按钮

在"目标"右侧单击三角按钮，在弹出的列表中可选择不同的选项，如图8-69所示。

图8-69 选择目标

不同的选项含义不同，设置选项后可链接的网页打开方式不同，具体的含义如下。

> _blank：在新窗口中打开。
> new：始终在同一新窗口中打开。
> _parent：在上一层窗口打开，一般用于框架网页。
> _self：在自身窗口大小。
> _top：消除框架，打开窗口。

切换至代码视图，可以看到超级链接的代码，如图8-70所示。

图8-70 查看超级链接代码

代码片段	解释
`<a href="index.html" target="new">`	表示链接开始标志和链接的文件地址及目标
`<img src="images/&#x5207;&#x7247;_25.jpg" width="215" height="170" alt="">`	表示图形对象、地址、高度、宽度、图片说明
`</a>`	表示链接结束标志

2. 外部链接

外部链接，又常被称为反向链接或导入链接，是指通过其他网站链接到你的网站的链接。

外部链接指的是针对搜索引擎，与其他站点所做的友情链接。高质量的外部链接指：和你的网站建立链接的网站知名度高，访问量大，同时相对的外部链接较少，有助于快速提升你的网站知名度和排名的其他网站的友情链接。

8.3.3 文本链接

在浏览网页时，鼠标指针经过某些文本时，指针形状发生变化，同时文本也会发生变化，如出现下划线、文本的颜色发生改变、字体发生改变等，都表示带链接的文本。此时单击鼠标，就会打开所链接的网页，这就是文本超链接。

在网页中，一般文字上的超链接都是蓝色（当然，用户也可以自己设置成其他颜色），文字下面有一条下划线。当移动鼠标指针到该超链接上时，鼠标指针就会变成一只手的形状，这时候用鼠标左键单击，就可以直接跳到与这个超链接相连接的网页或WWW网站上去。如果用户已经浏览过某个超链接，这个超链接的文本颜色就会发生改变（默认为紫色）。只有图像的超链接访问后颜色不会发生变化。

🎦 8.3.4　锚点链接

锚点，也称为书签或锚记，用来标记文档中的特定位置，使其可以跳转到当前文档或其他文档中的标记位置，免去浏览者翻阅网页寻找信息的麻烦。

锚点链接是指可以链接到网页中某个特定位置的链接。

命名锚点时，有以下规定。

➢ 只能使用字母和数字，锚点命名不支持中文。虽然在"命名锚点"对话框中能输入中文，但在"属性"面板上显示的则是一堆乱码，且在为锚点添加链接的时候也无法工作。

➢ 锚点名称的第1个字符最好是英文字母，一般不要以数字作为锚点名称的开头。

➢ 锚点名称区别英文字幕的大小写。

➢ 锚点名称间不能含有空格，也不能含有特殊字符。

链接锚点时注意事项如下。

➢ 在#和锚点名之间不要留有空格，否则链接会失败。

➢ 在不同文件夹中为锚点创建链接时，其文件名后缀必定是".htm"，而不能写成".html"，否则链接也会失败。

➢ 符号#必须是半角符号，而不能为全角符号。

1. 抛锚

01 打开"素材与源文件\第8章\8.3.4\8.3.4.html"文件，在页面顶部单击，将插入点移动到需要的位置，如图8-71所示。

02 执行"插入"|"命名锚点"命令，如图8-72所示。

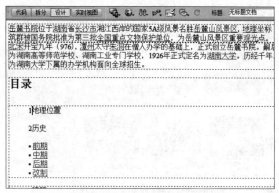

图8-71　移动到需要的位置

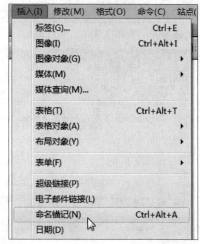

图8-72　执行"插入"|"命名锚点"命令

03 弹出"命名锚点"对话框，在文本框中输入名称，如图8-73所示。

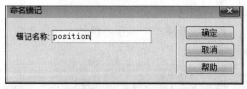

图8-73　输入名称

04 此时该位置则新增了锚点的标志，如图8-74所示。

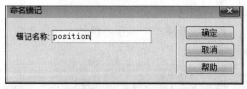

图8-74　新增锚点标志

2. 找锚

移动页面到合适的位置，选择文字或图像，在"属性"面板的"链接"文本框中输入"#position"，如图8-75所示。

图8-75 输入链接

按F12键预览效果，单击文字或图片超级链接时，可以发现页面定位到插入锚点的位置。

8.3.5 热点链接

有时候制作的网页是用图片组成的，那么怎么在图片上添加超链接呢？这时可以使用Dreamweaver中的图像热点链接。

对图像的特定部位进行链接就会用到热点链接，当用户单击某个热点时，会链接到相应的网页。热点区域主要有矩形、椭圆形和不规则多边形3种类型，其中矩形主要针对图像轮廓较规则且呈方形的图像；椭圆形主要针对圆形的规则轮廓；不规则多边形针对复制的轮廓外形。

01 启动Dreamweaver，执行"文件"|"打开"命令，打开文档，如图8-76所示。

图8-76 打开文档

02 在"属性"面板中单击"矩形热点工具"按钮，如图8-77所示。

03 在图像上绘制矩形热点范围，如图8-78所示。

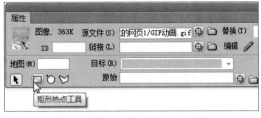

图8-77 单击"矩形热点工具"

图8-78 绘制矩形热点范围

04 绘制完成后在"属性"面板中输入链接，如图8-79所示。

05 测试后将光标放置在热点区域，单击鼠标即可调整到链接的网页。

图8-79 输入链接

下面对"属性"面板中的参数进行解释。

➢ 链接：输入相应的链接地址。

➢ 替换：填写说明文字，当光标移到热点就会显示相应的说明文字。

➢ 目标：不选择时则默认在浏览器窗口打开。

8.3.6 电子邮件链接

电子邮件链接是指打开一个已经指定发送地址的电子邮件窗口，然后输入要发送的电子邮件内容，即可直接将该邮件发送给指定的邮件接收者。

选择文字或图像，在"属性"面板的"链接"文本框中直接输入"mailto：邮件地址"，如"mailto：lushanbook@gmail.com"，如图8-80所示。

图8-80 输入链接

或者执行"插入"|"电子邮件链接"命令，如图8-81所示。弹出"电子邮件链接"对话框，

输入链接文字与邮件地址即可，如图8-82所示。

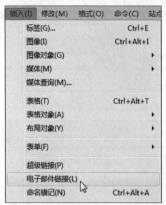

图8-81 执行"插入"|"电子邮件链接"命令

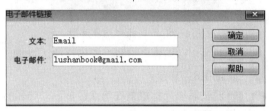

图8-82 输入链接文字与邮件地址

8.3.7 自动更新链接

超链接是网页中必不可少的元素之一，通过超链接可以将各个网页链接在一起。一个网站内包含了许多网页，每个网页之间由超链接相互作用，下面介绍如何管理网页中的超链接。

执行"编辑"|"首选参数"命令，如图8-83所示。弹出"首选参数"对话框，可对编辑选项进行设置，如图8-84所示。

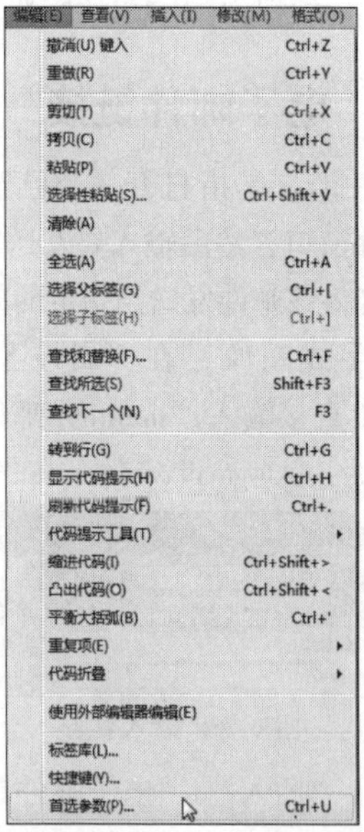

图8-83 执行"编辑"|"首选参数"命令

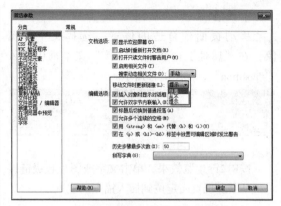

图8-84 对编辑选项进行设置

在"移动文件时更新链接"后单击三角按钮，提供了3个选项，下面对选项进行介绍。

➤ 总是：当移动或重命名文档时，Dreamweaver将自动更新其指向该文档的所有链接。

➤ 从不：不更新链接。

➤ 提示：在移动文档时，将弹出提示对话框。单击"更新"按钮，将更新这些文件中的链接。

8.4 Div和CSS网页布局

CSS+DIV是实现网页结构化的完美结合：DIV将整个网页划分为若干模块，CSS则根据页面设计将以DIV为单位的各分块在页面上定位。

8.4.1 如何编写CSS

CSS是一种制作网页的新技术，是网页设计必不可少的工具之一。在当今的网页制作中，几乎所有漂亮的网页都使用CSS。借助CSS强大功能，网页可以千变万化。

CSS是英文Casscading Style Sheets的简称，也叫层叠样式表或级联样式表。

1. 层叠次序

当同一个HTML元素被不止一个样式定义时，会使用哪个样式呢？

一般而言，所有的样式会根据下面的规则层叠于一个新的虚拟样式表中，其中数字4拥有最高的优先权。

➤ 浏览器默认设置。

➤ 外部样式表。

➤ 内部样式表（位于 <head> 标签内部）。

➤ 内联样式（在 HTML 元素内部）。

因此，内联样式（在 HTML 元素内部）拥有最高的优先权，这意味着它将优先于以下的样式声明：<head> 标签中的样式声明，外部样式表中的样式声明，或者浏览器中的样式声明（默认值）。

2. CSS语法

CSS 规则由两个主要的部分构成：选择器，以及一条或多条声明。

```
selector {declaration1; declaration2;
... declarationN }
```

- ➤ 选择器通常是需要改变样式的 HTML 元素。
- ➤ 每条声明由一个属性和一个值组成。属性（property）是希望设置的样式属性（style attribute）。每个属性有一个值。属性和值被冒号分开。

```
selector {property: value}
```

下面这行代码的作用是将 h1 元素内的文字颜色定义为红色，同时将字体大小设置为14像素。其中h1是选择器，color和font-size是属性，red和14px是值。

```
h1 {color:red; font-size:14px; }
```

如图8-85所示的示意图展示了上面这段代码的结构。

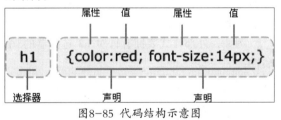

图8-85 代码结构示意图

- -

提示：请使用花括号来包围声明。

- -

3. 值的不同写法和单位

除了英文单词red，还可以使用十六进制的颜色值#ff0000，如：

```
p { color: #ff0000; }
```

为了节约字节，可以使用CSS的缩写形式，如：

```
p { color: #f00; }
```

还可以通过两种方法使用RGB值：

```
p { color: rgb(255,0,0); }
p { color: rgb(100%,0%,0%); }
```

需要注意的是，当使用RGB百分比时，即使当值为0时也要写百分比符号。但是在其他的情况下就不需要这么做了。比如说，当尺寸为0像素时，0之后不需要使用px像素单位，因为0就是0，无论单位是什么。

如果值为若干单词，则要给值加引号。

```
p {font-family: "sans serif";}
```

当数值为0时，无论什么形式的单位都可以省略，如width:0px可以写成width:0。

4. 多重声明

如果要定义不止一个声明，则需要用分号将每个声明分开。下面的例子展示出如何定义一个红色文字的居中段落。最后一条规则是不需要加分号的，因为分号在英语中是一个分隔符号，不是结束符号。然而，大多数有经验的设计师会在每条声明的末尾都加上分号，这么做的好处是：当从现有的规则中增减声明时，会尽可能地减少出错的可能性。

```
p {text-align:center; color:red;}
```

一般而言，应该在每行只描述一个属性，这样可以增强样式定义的可读性，就像这样：

```
p {
    text-align: center;
    color: black;
    font-family: arial;
}
```

5. 空格和大小写

大多数样式表包含不止一条规则，而大多数规则包含不止一个声明。多重声明和空格的使用使得样式表更容易被编辑：

```
body {
    color: #000;
    background: #fff;
    margin: 0;
    padding: 0;
    font-family: Georgia, Palatino, serif;
}
```

是否包含空格不会影响CSS在浏览器的工作效果，同样，与XHTML不同，CSS对大小写不敏感。不过存在一个例外：如果涉及与HTML文档一起工作的话，class和id名称对大小写是敏感的。

6. 选择器的分组

可以对选择器进行分组，这样，被分组的选择器就可以分享相同的声明。方法是用逗号将需要分组的选择器分开。在下面的例子中对所有的标题元素进行了分组，所有的标题元素都是绿色的。

```
h1,h2,h3,h4,h5,h6 {
    color: green;
    }
```

7. CSS创建

当读到一个样式表时，浏览器会根据它来格式化HTML文档。插入样式表的方法如下。

（1）外部样式表

当样式需要应用于很多页面时，外部样式表将是理想的选择。在使用外部样式表的情况下，可以通过改变一个文件来改变整个站点的外观。每个页面使用 <link> 标签链接到样式表。<link> 标签在（文档的）头部：

```
<head>
<link rel="stylesheet" type="text/css"
href="mystyle.css" />
</head>
```

浏览器会从文件 mystyle.css 中读到样式声明，并根据它来格式化文档。

外部样式表可以在任何文本编辑器中进行编辑。文件不能包含任何的HTML标签。样式表应该以.css扩展名进行保存。下面是一个样式表文件的例子：

```
hr {color: sienna;}
p {margin-left: 20px;}
body {background-image: url("images/
back40.gif");}
```

不要在属性值与单位之间留有空格。假如使用 "margin–left: 20 px" 而不是 "margin–left: 20px"，它仅在 IE 6 中有效，但是在 Mozilla/Firefox 或 Netscape 中却无法正常工作。

（2）内部样式表

当单个文档需要特殊的样式时，就应该使用内部样式表。可以使用 <style> 标签在文档头部定义内部样式表，就像这样：

```
<head>
<style type="text/css">
    hr {color: sienna;}
    p {margin-left: 20px;}
    body {background-image: url("images/
    back40.gif");}
</style>
</head>
```

（3）内联样式

由于要将表现和内容混杂在一起，内联样式会损失掉样式表的许多优势。请慎用这种方法，例如当样式仅需要在一个元素上应用一次时。

要使用内联样式，需要在相关的标签内使用style属性。style属性可以包含任何CSS属性。本例展示如何改变段落的颜色和左外边距：

```
<p style="color: sienna; margin-left:
20px">
This is a paragraph
</p>
```

（4）多重样式

如果某些属性在不同的样式表中被同样的选择器定义，那么属性值将从更具体的样式表中被继承过来。

例如，外部样式表拥有针对 h3 选择器的3个属性：

```
h3 {
    color: red;
    text-align: left;
    font-size: 8pt;
    }
```

而内部样式表拥有针对 h3 选择器的两个属性：

```
h3 {
    text-align: right;
    font-size: 20pt;
    }
```

假如拥有内部样式表的这个页面同时与外部样式表链接，那么h3得到的样式是：

```
color: red;
text-align: right;
font-size: 20pt;
```

即颜色属性将被继承于外部样式表，而文字排列（text-align）和字体尺寸（font-size）会被内部样式表中的规则取代。

8. CSS背景

CSS 允许应用纯色作为背景，也允许使用背景图像创建复杂的效果。

（1）背景色

可以使用background-color 属性为元素设置背景色。这个属性接受任何合法的颜色值。

下面这条规则把元素的背景设置为灰色：

```
p {background-color: gray;}
```

如果希望背景色从元素中的文本向外少有延伸，只需增加一些内边距：

```
p {background-color: gray; padding: 20px;}
```

可以为所有元素设置背景色，这包括body一直到em和a等行内元素。

background-color不能继承，其默认值是transparent。transparent有"透明"之意。也就是说，如果一个元素没有指定背景色，那么背景就是透明的，这样其组件元素的背景才能可见。

（2）背景图像

要把图像放入背景，需要使用background-image属性。background-image 属性的默认值是none，表示背景上没有放置任何图像。

如果需要设置一个背景图像，必须为这个属性设置一个 URL 值：

```
body {background-image: url(/i/eg_
bg_04.gif);}
```

大多数背景都应用到 body元素，不过并不仅限于此。

下面例子为一个段落应用了一个背景，而不会对文档的其他部分应用背景：

```
p.flower {background-image: url(/i/eg_
bg_03.gif);}
```

甚至可以为行内元素设置背景图像，下面的例子为一个链接设置了背景图像：

```
a.radio {background-image: url(/i/eg_
bg_07.gif);}
```

理论上讲，甚至可以向 textareas 和 select 等替换元素的背景应用图像，不过并不是所有用户代理都能很好地处理这种情况。

另外，background-image也不能继承。事实上，所有背景属性都不能继承。

（3）背景重复

如果需要在页面上对背景图像进行平铺，可以使用background-repeat属性。

属性值repeat导致图像在水平垂直方向上都平铺，就像以往背景图像的通常做法一样。repeat-x和repeat-y分别导致图像只在水平或垂直方向上重复，no-repeat则不允许图像在任何方向上平铺。

默认地，背景图像将从一个元素的左上角开始。请看下面的例子：

```
body
  {
  background-image: url(/i/eg_bg_03.
  gif);
  background-repeat: repeat-y;
  }
```

（4）背景定位

可以利用background-position属性改变图像在背景中的位置。

下面的例子在 body 元素中将一个背景图像居中放置：

```
body
  {
    background-image:url('/i/eg_bg_03.
    gif');
    background-repeat:no-repeat;
    background-position:center;
  }
```

为 background-position 属性提供值有很多方法。首先，可以使用一些关键字，如top、bottom、left、right 和 center。通常，这些关键字会成对出现，不过也不总是这样。还可以使用长度值，如 100px 或 5cm，最后也可以使用百分数值。不同类型的值对于背景图像的放置稍有差异。

（5）关键字

图像放置关键字最容易理解，其作用如其名称所表明的，如top right 使图像放置在元素内边距区的右上角。

根据规范，位置关键字可以按任何顺序出现，只要保证不超过两个关键字：一个对应水平方向，另一个对应垂直方向。如果只出现一个关键字，则认为另一个关键字是 center。

所以，如果希望每个段落的中部上方出现一个图像，只需声明如下：

```
p
  {
    background-image:url('bgimg.gif');
    background-repeat:no-repeat;
    background-position:top;
  }
```

下面是等价的位置关键字。

单一关键字	等价的关键字
center	center center
top	top center 或 center top
bottom	bottom center 或 center bottom
right	right center 或 center right
left	left center 或 center left

（6）百分数值

百分数值的表现方式更为复杂。假设希望用百分数值将图像在其元素中居中，这很容易：

```
body
  {
    background-image:url('/i/eg_bg_03.
    gif');
    background-repeat:no-repeat;
    background-position:50% 50%;
  }
```

这会导致图像适当放置，其中心与其元素的中心对齐。换句话说，百分数值同时应用于元素和图像。也就是说，图像中描述为"50% 50%"的点（中心点）与元素中描述为"50% 50%"的点（中心点）对齐。

如果图像位于"0% 0%"，其左上角将放在元素内边距区的左上角。如果图像位置是"100%

100%"，会使图像的右下角放在右边距的右下角。

因此，如果想把一个图像放在水平方向 2/3、垂直方向 1/3 处，可以这样声明：

```
body
  {
    background-image:url('/i/eg_bg_03.
    gif');
    background-repeat:no-repeat;
    background-position:66% 33%;
  }
```

如果只提供一个百分数值，所提供的这个值将用做水平值，垂直值将假设为 50%。这一点与关键字类似。

background-position 的默认值是"0% 0%"，在功能上相当于 top left。这就解释了背景图像为什么总是从元素内边距区的左上角开始平铺，除非设置了不同的位置值。

（7）长度值

长度值解释的是元素内边距区左上角的偏移。偏移点是图像的左上角。

比如，如果设置值为"50px 100px"，图像的左上角将在元素内边距区左上角向右 50 像素、向下 100 像素的位置上：

```
body
  {
    background-image:url('/i/eg_bg_03.
    gif');
    background-repeat:no-repeat;
    background-position:50px 100px;
  }
```

注意，这一点与百分数值不同，因为偏移只是从一个左上角到另一个左上角。也就是说，图像的左上角与 background-position 声明中的指定的点对齐。

（8）背景关联

如果文档比较长，那么当文档向下滚动时，背景图像也会随之滚动。当文档滚动到超过图像的位置时，图像就会消失。

可以通过 background-attachment 属性防止这种滚动。通过这个属性，可以声明图像相对于可视区是固定的（fixed），因此不会受到滚动的影响：

```
body
  {
  background-image:url(/i/eg_bg_02.gif);
  background-repeat:no-repeat;
  background-attachment:fixed
  }
```

background-attachment 属性的默认值是 scroll，也就是说，在默认的情况下，背景会随文档滚动。

（9）CSS 背景属性

属性	描述
background	简写属性，作用是将背景属性设置在一个声明中
background-attachment	背景图像是否固定或者随着页面的其余部分滚动
background-color	设置元素的背景颜色
background-image	把图像设置为背景
background-position	设置背景图像的起始位置
background-repeat	设置背景图像是否及如何重复

9. CSS文本

CSS 文本属性可定义文本的外观。通过文本属性，可以改变文本的颜色、字符间距，对齐文本，装饰文本，对文本进行缩进，等等。

（1）缩进文本

把 Web 页面上的段落的第一行进行缩进，这是一种最常用的文本格式化效果。

CSS 提供了 text-indent 属性，该属性可以方便地实现文本缩进。

通过使用 text-indent 属性，所有元素的第一行都可以缩进一个给定的长度，甚至该长度可以是负值。

这个属性最常见的用途是将段落的首行缩进，下面的规则会使所有段落的首行缩进 5em：

```
p {text-indent: 5em;}
```

一般来说，可以为所有块级元素应用 text-indent属性，但无法将该属性应用于行内元素，图像之类的替换元素上也无法应用 text-indent 属性。不过，如果一个块级元素（比如段落）的首行中有一个图像，它会随该行的其余文本移动。

提示：如果想把一个行内元素的第一行"缩进"，可以用左内边距或外边距创造这种效果。

（2）使用负值

text-indent 还可以设置为负值。利用这种技术，可以实现很多有趣的效果，比如"悬挂缩进"，即第一行悬挂在元素中余下部分的左边：

```
p {text-indent: -5em;}
```

需要注意的是，如果对一个段落设置了负值，那么首行的某些文本可能会超出浏览器窗口的左边界。为了避免出现这种显示问题，建议针对负缩进再设置一个外边距或一些内边距：

```
p {text-indent: -5em; padding-left:
5em;}
```

（3）使用百分比值

text-indent可以使用所有长度单位，包括百分比值。

百分数要相对于缩进元素父元素的宽度。换句话说，如果将缩进值设置为 20%，所影响元素的第一行会缩进其父元素宽度的 20%。

在下例中，缩进值是父元素的 20%，即 100个像素：

```
div {width: 500px;}
p {text-indent: 20%;}

<div>
<p>this is a paragragh</p>
</div>
```

（4）继承

text-indent 属性可以继承，请考虑如下标记：

```
div#outer {width: 500px;}
div#inner {text-indent: 10%;}
p {width: 200px;}
<div id="outer">
<div id="inner">some text. some text.
some text.
<p>this is a paragragh.</p>
</div>
</div>
```

以上标记中的段落也会缩进 50 像素，这是因为这个段落继承了 id 为 inner 的 div 元素的缩进值。

（5）水平对齐

text-align是一个基本的属性，它会影响一个元素中的文本行之间的对齐方式。

值 left、right和center会导致元素中的文本分别左对齐、右对齐和居中。

西方语言都是从左向右读，所以 text-align 的默认值是 left。文本在左边界对齐，右边界呈锯齿状（称为"从左到右"文本）。对于希伯来语和阿拉伯语之类的的语言，text-align 则默认为 right，因为这些语言从右向左读。当然，center 会使每个文本行在元素中居中。

提示：要将块级元素或表元素居中，通过在这些元素上适当地设置左、右外边距来实现。

10. 字间隔

word-spacing属性可以改变字（单词）之间的标准间隔，其默认值normal与设置值为0是一样的。

word-spacing属性接受一个正长度值或负长度值。如果提供一个正长度值，那么字之间的间隔就会增加。为word-spacing设置一个负值，会把间隔拉近：

```
p.spread {word-spacing: 30px;}
p.tight {word-spacing: -0.5em;}

<p class="spread">
This is a paragraph. The spaces between
words will be increased.
</p>
<p class="tight">
This is a paragraph. The spaces between
words will be decreased.
</p>
```

（1）字母间隔

letter-spacing属性与 word-spacing的区别在于，字母间隔修改的是字符或字母之间的间隔。

与 word-spacing属性一样，letter-spacing 属性的可取值包括所有长度。默认关键字是 normal（这与 letter-spacing:0 相同）。输入的长度值会使字母之间的间隔增加或减少指定的量：

```
h1 {letter-spacing: -0.5em}
h4 {letter-spacing: 20px}
<h1>This is header 1</h1>
<h4>This is header 4</h4>
```

（2）字符转换

text-transform 属性处理文本的大小写。这个属性有4个值：none、uppercase、lowercase、capitalize。

➢ 默认值 none 对文本不做任何改动，将使用源文档中的原有大小写。

➢ uppercase 和 lowercase 将文本转换为全大写和全小写字符。

➢ capitalize 只对每个单词的首字母大写。

作为一个属性，text-transform 可能无关紧要，不过如果需要把所有 h1 元素变为大写，这个属性就很有用。不必单独地修改所有 h1 元素的内容，只需使用 text-transform 就可以完成这个修改：

```
h1 {text-transform: uppercase}
```

使用 text-transform 有两方面的好处。首先，只需写一个简单的规则来完成这个修改，而无需修改h1元素本身。其次，如果日后决定将所有大小写再切换为原来的大小写，可以更容易地完成修改。

（3）文本装饰

text-decoration 属性提供了很多非常有趣的行为。

text-decoration有5个值：none、underline、overline、line-through、blink。

➢ underline 会对元素加下划线，就像 HTML 中的 U 元素一样。

➢ overline 的作用恰好相反，会在文本的顶端画一个上划线。

➢ line-through 则在文本中间画一个贯穿线，等价于 HTML 中的 S 和 strike 元素。

➢ blink 会让文本闪烁，类似于 Netscape 支持的blink 标记。

➢ none 值会关闭原本应用到一个元素上的所有装饰。

通常，无装饰的文本是默认外观，但也不总是这样。例如，链接默认会有下划线。如果希望去掉超链接的下划线，可以使用以下 CSS 来做到这一点：

```
a {text-decoration: none;}
```

如果显式地用这样一个规则去掉链接的下划

线，那么锚与正常文本之间在视觉上的唯一差别就是颜色（至少默认是这样的，不过也不能完全保证其颜色肯定有区别）。

还可以在一个规则中结合多种装饰。如果希望所有超链接既有下划线，又有上划线，则规则如下：

```
a:link a:visited {text-decoration:
underline overline;}
```

不过要注意的是，如果两个不同的装饰都与同一元素匹配，胜出规则的值会完全取代另一个值。参见以下的规则：

```
h2.stricken {text-decoration: line-
through;}
h2 {text-decoration: underline
overline;}
```

对于给定的规则，所有 class 为 stricken 的 h2 元素都只有一个贯穿线装饰，而没有下划线和上划线，因为 text-decoration 值会替换而不是累积。

（4）处理空白符

white-space 属性会影响到用户代理对源文档中的空格、换行和Tab字符的处理。

通过使用该属性，可以影响浏览器处理字之间和文本行之间的空白符的方式。从某种程度上讲，默认的 XHTML 处理已经完成了空白符处理：它会把所有空白符合并为一个空格。所以给定以下标记，它在 Web 浏览器中显示时，各个字之间只会显示一个空格，同时忽略元素中的换行：

```
<p>This     paragraph has    many
   spaces            in it.</p>
```

可以用以下声明显式地设置这种默认行为：

```
p {white-space: normal;}
```

上面的规则告诉浏览器按照平常的做法去处理：丢掉多余的空白符。如果给定这个值，换行字符（回车）会转换为空格，一行中多个空格的序列也会转换为一个空格。

不过，如果将 white-space 设置为 pre，受这个属性影响的元素中，空白符的处理就有所不同，其行为就像 XHTML 的 pre 元素一样，空白符不会被忽略。

如果 white-space 属性的值为 pre，浏览器将会注意额外的空格，甚至回车。在这个方面，而且仅在这个方面，任何元素都可以相当于一个 pre 元素。

与之相对的值是 nowrap，它会防止元素中的文本换行，除非使用了一个 br 元素。在 CSS 中使用 nowrap类似于 HTML 4 中用 <td nowrap> 将一个表单元格设置为不能换行，不过 white-space 值可以应用到任何元素。

下面总结了 white-space 属性的行为。

值	空白符	换行符	自动换行
pre-line	合并	保留	允许
normal	合并	忽略	允许
nowrap	合并	忽略	不允许
pre	保留	保留	不允许
pre-wrap	保留	保留	允许

（5）文本方向

CSS2 引入了一个属性来描述其方向性。

direction 属性影响块级元素中文本的书写方向、表中列布局的方向、内容水平填充其元素框的方向，以及两端对齐元素中最后一行的位置。

对于行内元素，只有当 unicode-bidi 属性设置为 embed 或 bidi-override 时才会应用 direction 属性。

direction 属性有两个值：ltr 和 rtl。大多数情况下，默认值是 ltr，显示从左到右的文本。如果显示从右到左的文本，应使用值 rtl。

11. CSS链接

我们能够以不同的方法为链接设置样式。

（1）设置链接的样式

能够设置链接样式的 CSS 属性有很多种（如 color, font-family, background等）。

链接的特殊性在于能够根据它们所处的状态来设置它们的样式。

链接的4种状态如下。

➤ a:link：普通的、未被访问的链接。

➤ a:visited：用户已访问的链接。

➤ a:hover：鼠标指针位于链接的上方。

➤ a:active：链接被点击的时刻。

实例如下。

```
a:link {color:#FF0000;}      /* 未被访问
的链接 */
a:visited {color:#00FF00;}   /* 已被访问
的链接 */
a:hover {color:#FF00FF;}      /* 鼠标指针
移动到链接上 */
a:active {color:#0000FF;}     /* 正在被点
击的链接 */
```

当为链接的不同状态设置样式时，按照以下次序规则：

> a:hover 必须位于 a:link 和 a:visited 之后。
> a:active 必须位于 a:hover 之后。

（2）常见的链接样式

在上面的例子中，链接根据其状态改变颜色。下面看看其他几种常见的设置链接样式的方法。

> 文本修饰：text-decoration 属性大多用于去掉链接中的下划线。实例如下。

```
a:link {text-decoration:none;}
a:visited {text-decoration:none;}
a:hover {text-decoration:underline;}
a:active {text-decoration:underline;}
```

> 背景色：background-color 属性规定链接的背景色。实例如下。

```
a:link {background-color:#B2FF99;}
a:visited {background-color:#FFFF85;}
a:hover {background-color:#FF704D;}
a:active {background-color:#FF704D;}
```

12. CSS列表

CSS 列表属性允许放置、改变列表项标志，或者将图像作为列表项标志。

（1）CSS 列表

从某种意义上讲，不是描述性的文本的任何内容都可以认为是列表。人口普查、太阳系、家谱、饭店菜单，甚至你的所有朋友都可以表示为一个列表或者是列表的列表。

由于列表如此多样，这使得列表相当重要，所以说，CSS 中列表样式不太丰富确实是一大憾事。

（2）列表类型

要影响列表的样式，最简单（同时支持最充

分）的办法就是改变其标志类型。

例如，在一个无序列表中，列表项的标志(marker) 是出现在各列表项旁边的圆点。在有序列表中，标志可能是字母、数字或另外某种计数体系中的一个符号。

要修改用于列表项的标志类型，可以使用属性 list-style-type：

```
ul {list-style-type : square}
```

上面的声明把无序列表中的列表项标志设置为方块。

（3）列表项图像

有时，常规的标志是不够的。可能想对各标志使用一个图像，这可以利用 list-style-image 属性：

```
ul li {list-style-image : url(xxx.gif)}
```

只需要简单地使用一个 url() 值，就可以使用图像作为标志。

（4）列表标志位置

CSS 可以确定标志出现在列表项内容之外还是内容内部，这是利用 list-style-position 完成的。

（5）简写列表样式

为简单起见，可以将以上 3 个列表样式属性合并为一个方便的属性：list-style，就像这样：

```
li {list-style : url(example.gif)
square inside}
```

list-style 的值可以按任何顺序列出，而且这些值都可以忽略。只要提供了一个值，其他的属性就会填入其默认值。

（6）CSS 列表属性（list）

属性	描述
list-style	简写属性。用于把所有用于列表的属性设置于一个声明中
list-style-image	将图像设置为列表项标志
list-style-position	设置列表中列表项标志的位置
list-style-type	设置列表项标志的类型
marker-offset	设置水平间距

13. CSS表格

CSS 表格属性可以极大地改善表格的外观。

（1）表格边框

如需在 CSS 中设置表格边框，可使用 border 属性。

下面的例子为 table、th 以及 td 设置了蓝色边框：

```
table, th, td
  {
  border: 1px solid blue;
  }
```

请注意，上例中的表格具有双线条边框，这是由于 table、th 以及 td 元素都有独立的边框。

如果需要把表格显示为单线条边框，可使用 border-collapse 属性。

（2）折叠边框

border-collapse 属性设置是否将表格边框折叠为单线条边框：

```
table
  {
  border-collapse:collapse;
  }

table,th, td
  {
  border: 1px solid black;
  }
```

（3）表格宽度和高度

通过 width 和 height 属性可定义表格的宽度和高度。

下面的例子将表格宽度设置为 100%，同时将 th 元素的高度设置为 50px：

```
table
  {
  width:100%;
  }

th
  {
  height:50px;
  }
```

（4）表格文本对齐

text-align 和 vertical-align 属性设置表格中文本的对齐方式。

text-align 属性设置水平对齐方式，比如左对齐、右对齐或者居中：

```
td
  {
  text-align:right;
  }
```

vertical-align 属性设置垂直对齐方式，比如顶部对齐、底部对齐或居中对齐：

```
td
  {
  height:50px;
  vertical-align:bottom;
  }
```

（5）表格内边距

如需控制表格中内容与边框的距离，可为 td 和 th 元素设置 padding 属性：

```
td
  {
  padding:15px;
  }
```

（6）表格颜色

下面的例子设置边框的颜色，以及 th 元素的文本和背景颜色：

```
table, td, th
  {
  border:1px solid green;
  }

th
  {
  background-color:green;
  color:white;
  }
```

（7）CSS Table 属性

属性	描述
border-collapse	设置是否把表格边框合并为单线条的边框
border-spacing	设置分隔单元格边框的距离
caption-side	设置表格标题的位置
empty-cells	设置是否显示表格中的空单元格
table-layout	设置显示单元、行和列的算法

14. CSS轮廓

轮廓（outline）是绘制于元素周围的一条线，

位于边框边缘的外围，可起到突出元素的作用。

CSS outline 属性规定元素轮廓的样式、颜色和宽度。

属性	描述
outline	在一个声明中设置所有的轮廓属性
outline–color	设置轮廓的颜色
outline–style	设置轮廓的样式
outline–width	设置轮廓的宽度

📷 8.4.2　定义CSS样式

CSS样式即级联样式表。它是一种用来表现HTML（标准通用标记语言的一个应用）或XML（标准通用标记语言的一个子集）等文件样式的计算机语言。

01 执行"窗口"|"CSS样式"命令，如图8-86所示。

图8-86　执行"窗口"|"CSS样式"命令

02 打开"CSS样式"面板，单击右下角的"新建CSS规则"图标，如图8-87所示。

图8-87　单击"新建CSS规则"图标

03 弹出"新建CSS规则"对话框，如图8-88所示。

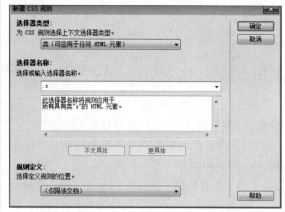

图8-88　弹出"新建CSS规则"对话框

04 单击"确定"按钮即可，如图8-89所示。

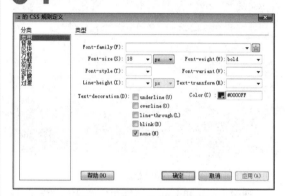

图8-89　单击"确定"按钮

提示：设置选择器的名称时应以点开头。

05 选择网页中的内容，在"属性"面板的"目标规则"下拉列表中即可选择应用的CSS样式，如图8-90所示。

图8-90　选择目标规则

📷 8.4.3　修改CSS样式

在"CSS样式"面板选择样式后，双击鼠标，或者单击右下角的"编辑样式"按钮，如图8-91所示。弹出"CSS规则定义"对话框，可对样式进行修改，如图8-92所示。

图8-91 单击"编辑样式"按钮

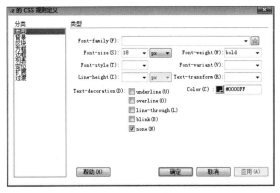

图8-92 修改样式

📷 8.4.4 变化的超链接

在多数网页中，特别是导航类网页中，很多文字设有超链接，将鼠标移至文字上时，颜色会发生改变，如图8-93所示。这种效果的实现就是使用了CSS样式。

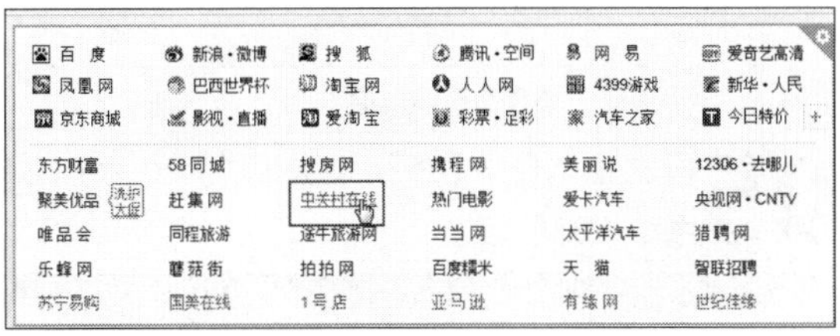

图8-93 文字颜色发生改变

📷 8.4.5 使用外部CSS

新建CSS样式后，可以将其存储在独立的文件中，也可将定义好的CSS样式移动到新样式表文件。

01 在"CSS样式"面板中选择样式，单击鼠标右键，执行"移动CSS规则"命令，如图8-94所示。

图8-94 执行"移动CSS规则"命令

02 弹出"移至外部样式表"对话框，如图8-95所示，选择样式表后单击"确定"按钮即可。

图8-95 弹出"移至外部样式表"对话框

03 或者将外部CSS文件附加到网页中。在"CSS样式"面板下方单击"附加样式表"按钮，如图8-96所示。

图8-96 单击"附加样式表"按钮

04 弹出"链接外部样式表"对话框，选择"文件/URL"，如图8-97所示，单击"确定"按钮即可。

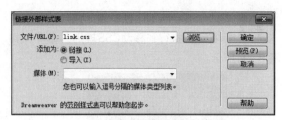

图8-97 选择"文件/URL"

📷 8.4.6 创建Div标签

Div全称为division，即为"划分"。Div标签的使用方法和其他标签相同。另外，Div可以包含任何HTML内容元素，如标题、段落、图片、表格、列表等。

下面具体介绍创建Div的方法。

01 启动Dreamweaver，执行"插入"|"布局对象"|"Div标签"命令，如图8-98所示。

图8-98 执行"插入"|"布局对象"|"Div标签"命令

02 弹出对话框，设置"插入"、"类"及ID值，如图8-99所示。

03 单击"确定"按钮，即可插入Div标签。

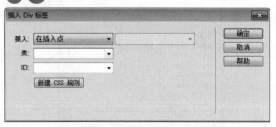

图8-99 即可插入AP Div

📷 8.4.7 使用Div+CSS布局网页

所谓布局，就是将网页中各个板块放置在合适的位置，CSS+Div是最常用的布局方法之一，Div将页面整体划分为若干模块，CSS则根据页面

设计将以Div为单位的各分块在页面上定位，最后在各个板块中添加相应的内容。

本节将介绍使用Div+CSS布局网页的操作方法。

01 新建文档，并附加外部CSS样式表。

02 单击"插入"面板中的"插入Div标签"按钮，如图8-100所示。

图8-100 单击"插入Div标签"按钮

03 在弹出的对话框中选择ID为bg，如图8-101所示。

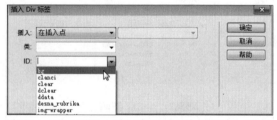

图8-101 选择ID为bg

04 将标签内的文字删除，如图8-102所示。

图8-102 删除文字

05 再次插入Div标签，设置ID为sadrzaj，如图8-103所示。

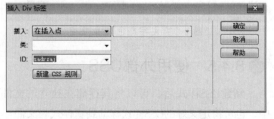

图8-103 选择ID为sadrzaj

06 将标签内的文字删除，再次插入Div标签，设置ID为toplinks，如图8-104所示。

图8-104 设置ID为toplinks

07 在页面中将文字删除，并输入"首页"，如图8-105所示。

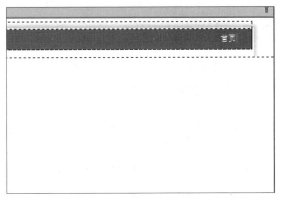

图8-105 输入"首页"

08 选中"首页"文字，在"属性"面板中设置"链接"为#，如图8-106所示。

图8-106 设置链接为#

09 用同样的方法，输入其他文字，如图8-107所示。

图8-107 输入其他文字

10 用同样的方法，插入Div标签并输入文字，代码及页面如图8-108所示。

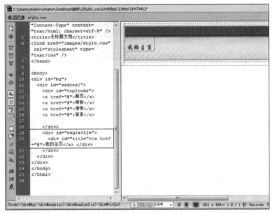

图8-108 代码及页面

11 插入Div标签，并设置ID为navigacija。

12 执行"插入"|"HTML"|"文本对象"|"项目列表"命令，如图8-109所示。

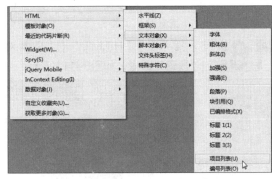

图8-109 执行"项目列表"命令

13 在页面中输入文字，并设置"链接"为#，如图8-110所示。

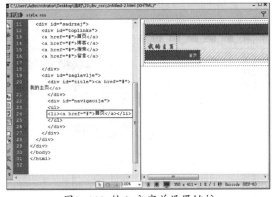

图8-110 输入文字并设置链接

14 用同样的方法，插入其他项目列表，并输入文字，如图8-111所示。

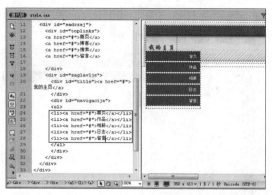

图8-111 插入其他项目列表

15 插入Div标签，设置"类"为lijevo，如图8-112所示。将标签内的文字删除。

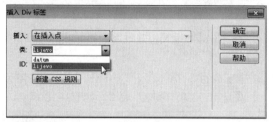

图8-112 设置类

16 执行"插入"|"HTML"|"文本对象"|"段落"命令，如图8-113所示。

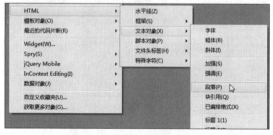

图8-113 执行"段落"命令

17 输入文字。根据前面所述方法插入项目列表，如图8-114所示。

图8-114 插入项目列表

18 用同样的方法，可制作页面其他内容，最终效果如图8-115所示。

图8-115 最终效果

8.5 模板的应用

在一个网站中，通常需要制作多个风格相同、内容并列的网页。这些网页具有统一的外观格式，如果逐页制作，费事费力而且效率不高。这时，就应该使用Dreamweaver的模板功能，将一个模板应用于多个页面后，可通过编辑模板来达到修改所有页面的效果，可以大大提供工作效率。

📷 8.5.1 创建模板

创建模板的方法有两种，一种是从现有文档创建模板，另一种是从空白文档创建模板。

1. 从现有文档创建

01 打开要创建为模板的网页文档，执行"文件"|"另存为模板"命令，如图8-116所示。

图8-116 执行"文件"|"另存为模板"命令

02 弹出"另存模板"对话框，在"站点"下拉列表中选择站点，在"另存为"文本框中输入名称，如图8-117所示。

图8-117 输入名称

03 单击"保存"按钮，弹出Dreamweaver
提示对话框，如图8-118所示。

04 单击"是"按钮，即可生成并保存为模板。

图8-118 提示对话框

2. 从空白文档创建

01 执行"文件"|"新建"命令，如图8-119
所示，

图8-119 执行"文件"|"新建"命令

02 弹出"新建文档"对话框，选择左侧的
"空模板"选项，在"模板类型"下选择
"HTML模板"，在"布局"下选择"无"，如图
8-120所示。

03 单击"创建"按钮，即可创建一个空白模
板网页，如图8-121所示。

图8-120 选择文档类型

图8-121 创建空白模板网页

04 单击"创建"按钮，即可创建一个空白模
板网页，如图8-122所示。

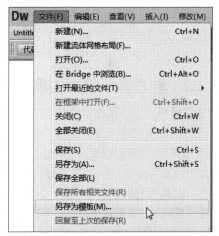

图8-122 执行"文件"|"另存为模板"命令

05 弹出提示对话框，单击"确定"按钮，如
图8-123所示。

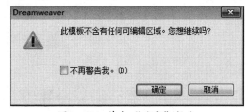

图8-123 单击"确定"按钮

06 弹出"另存模板"对话框，输入文件名，单击"保存"按钮，如图8-124所示。

图8-124 单击"保存"按钮

07 即可创建一个模板，如图8-125所示。

图8-125 创建模板

提示： 模板一般保存在本地站点根文件夹中的一个特殊文件夹Templates中。如果Templates文件夹在站点中不存在，则在创建新模板时会自动创建该文件夹。

8.5.2 创建基于模板的网页

创建了模板后，可以将该模板作为新网页的基础，在此基础上新建网页。执行"文件"|"新建"命令，打开"新建文档"对话框，在左侧选择"模板中的页"选项，然后在"站点"列表框中选择站点。在模板列表中选择模板，如图8-126所示。单击"创建"按钮即可创建基于模板的网页。

图8-126 选择模板

8.5.3 应用模板到页

若需要在现有的文档中应用模板，则可以打开要应用模板的文档，然后执行"修改"|"模板"|"应用模板到页"命令，如图8-127所示。弹出"选择模板"对话框，选择一个模板，如图8-128所示，单击"选定"按钮，即可将模板应用到页。

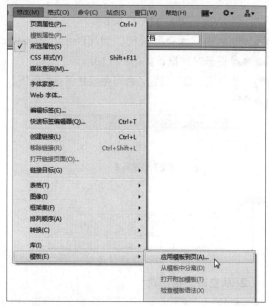

图8-127 执行"修改"|"模板"|"应用模板到页"命令

图8-128 选择一个模板

8.6 建立框架网页

框架是网页中常使用的效果。使用框架，可以在同一浏览窗口中显示多个不同的文件。

8.6.1 创建框架网页

最常见的框架网页是将窗口的左侧或上侧的区域设置为目录区，用于显示文件的目录或导航条。而将右边一块面积较大的区域设置为页面的主体区域。然后在文件目录和文件内容之间建立的超链接，用户单击目录区中的文件目录，文件内容将在主体区域内显示，用这种方法便于用户继续浏览其他的网页文件。

1. 创建框架集

01 新建空白文档，执行"插入"|"HTML"|"框架"|"上方及左侧嵌套"命令，如图8-129所示。

图8-129 执行"上方及左侧嵌套"命令

02 弹出对话框，可以设置标题，单击"确定"按钮，如图8-130所示。

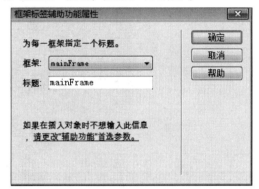

图8-130 单击"确定"按钮

03 执行操作后即新建了一个框架集，如图8-131所示。

图8-131 新建的框架集

04 将光标置于框架的边缘，当光标变成双向箭头时拖动鼠标，可调整框架，如图8-132所示。

05 执行"修改"|"框架"|"拆分右框架"命令，如图8-133所示。

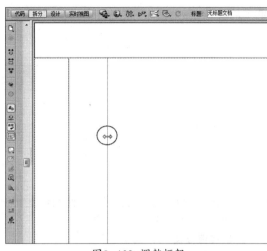

图8-132 调整框架

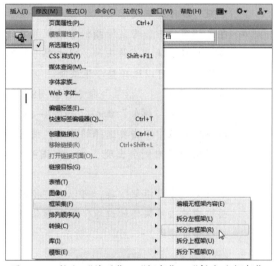

图8-133 执行"修改"|"框架"|"拆分右框架"命令

06 此时右侧框架即被拆分为两部分，如图8-134所示。

图8-134 框架被拆分

07 将光标放置在编辑窗口四角的框架边框交接处，出现十字形拖曳图标后，按住鼠标左键，可以拖出框架，如图8-135所示。

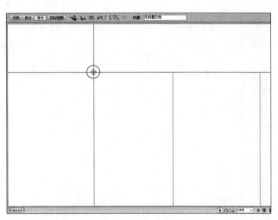

图8-135 拖出框架

2.选择框架集

➤ 在文档窗口中，单击文档窗口中要选择的框架，即可选中该框架。

➤ 在文档窗口中，当鼠标指针靠近框架集的边框并且出现上下箭头时，单击整个框架集的边框，可以选择整个框架集。

➤ 执行"窗口"|"框架"命令，如图8-136所示。打开"框架"面板，如图8-137所示。在面板中单击要选择的框架，被选中的框架边框内侧会出现虚线，如图8-138所示。

➤ 如果要选中"框架"集，可以在"框架"面板中单击框架集的边框，此时框架集的边框变成虚线，如图8-139所示。

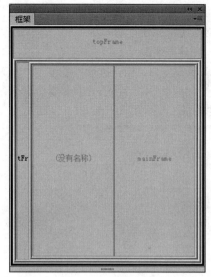

图8-137 打开"框架"面板

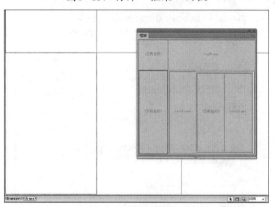

图8-138 选中框架

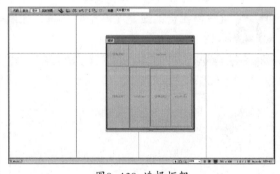

图8-139 选择框架

8.6.2 设置框架样式

在浏览器中不显示框架的边框，能够保持页面的完整性，下面介绍框架样式的设置。

01 选中总框架集，在"属性"面板中设置"边框"为"否"，"边框宽度"为0，在"行列选定范围"右侧单击上面框架，然后设置"行"为"152像素"，如图8-140所示。

窗口(W)	帮助(H)		
	插入(I)		Ctrl+F2
✓	属性(P)		Ctrl+F3
	CSS 样式(C)		Shift+F11
	jQuery Mobile 色板		
	AP 元素(L)		
	多屏预览		
	Business Catalyst		Ctrl+Shift+B
	数据库(D)		Ctrl+Shift+F10
	绑定(B)		Ctrl+F10
	服务器行为(O)		Ctrl+F9
	组件(S)		Ctrl+F7
✓	文件(F)		F8
	资源(A)		
	代码片断(N)		Shift+F9
	CSS 过渡效果(R)		
✓	标签检查器(T)		F9
	行为(E)		Shift+F4
	历史记录(H)		Shift+F10
	框架(M)		Shift+F2
	代码检查器(D)		F10

图8-136 执行"窗口"|"框架"命令

图8-140 属性设置

提示：

下面介绍框架集"属性"面板的各参数。

> 边框：设置边框，在其下拉列表中包含
> "是"、"否"和"默认"3个选项。设
> 置为"默认"时，将由浏览器端的设置来
> 决定。
> 边框宽度：设置整个框架集的边框宽度，
> 单位为像素。
> 边框颜色：设置框架集的边框颜色。
> 行/列："属性"面板中显示的行或列，
> 是由框架集的结构决定的。
> 单位：行、列尺寸的单位，其下拉列表
> 中包含了"像素"、"百分比"和"相
> 对"3个选项。

02 选择框架集中上面的框架，由于上面的框
架为固定的，因此在"属性"面板中设
置"滚动"为"否"，"边框"为"否"，选中
"不能调整大小"复选框，如图8-141所示。

图8-141 设置属性

03 由于下面框架的内容随着栏目的不同而变
化，因此在"属性"面板中设置"滚动"
为"自动"，其余参数同上，如图8-142所示。

图8-142 设置属性

提示：

下面介绍框架"属性"面板的各参数。

> 边框名称：用来设置链接指向的目标。
> 源文件：框架的源文件。
> 滚动：设置框架内的内容显示不下时是
> 否出现滚动条，其下拉列表中包含了
> "否"、"自动"和"默认"3个选项。

> 不能调整大小：选中该复选框，则限定框
> 架的尺寸。
> 边框：用于设置框架的边框，在其下拉列
> 表中包含了"是"、"否"和"默认"3
> 个选项。
> 边框颜色：用于设置框架边框的颜色。
> 边界宽度：用于设置框架边框与内容之间
> 的左右边距，以像素为单位。
> 边界高度：用于设置框架边框与内容之间
> 的上下边距，以像素为单位。

8.6.3 链接框架

要在一个框架中使用链接打开另一个框架
中的文档，必须设置链接目标，链接的目标属
性指定在其中打开链接的内容框架或窗口。如
果导航条位于左框架，而希望链接的内容显示
在右侧的主要内容框架中，则必须将主要内容
框架的名称指定为每个导航条链接的目标。当
访问者单击导航链接时，将在主框架中打开指
定的内容。

在"属性"面板中的"目标"下拉列表中选
择mainFrame选项，用来作为指向链接的目标。

在"属性"面板中的"链接"下列列表中选
择链接文档应在其中显示的框架或窗口。

> blank：打开一个新窗口显示目标网页。
> parent：目标网页的内容在父框架窗口中
> 显示。
> self：目标网页的内容在当前所在框架窗
> 口中显示。
> top：目标网页的内容在最顶层框架窗口
> 中显示。

8.7 信息表单

表单是用于实现网页浏览者与服务器之间交
互的一种页面元素，在网络中被广泛用于各种信
息的搜索与反馈。

8.7.1 插入表单

表单是收集访问者反馈信息的有效方式，在
网络中可以通过表单填写并提交数据。在制作表
单网页之前，首先要创建表单。

01 启动Dreamweaver，打开素材文件，如图8-143所示。

图8-143 打开素材文件

02 将光标置于文档中要插入表单的位置，执行"插入"|"表单"|"表单"命令，如图8-144所示。

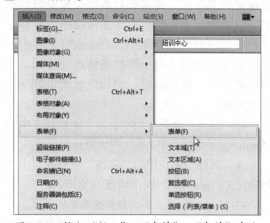

图8-144 执行"插入"|"表单"|"表单"命令

03 页面中出现红色虚线框，这个红色虚线框线就是表单，如图8-145所示。

图8-145 表单

📷 8.7.2 插入文本字段

添加表单后，就可以向表单中添加对象，如文本字段、复选框、单选按钮、列表/菜单，等等。

01 将光标置于表单中，执行"插入"|"表格"命令，如图8-146所示。

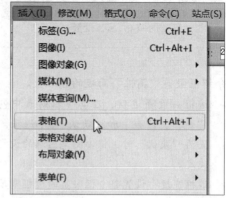

图8-146 执行"插入"|"表格"命令

02 插入10行2列的表格，页面如图8-147所示。

图8-147 插入表格

03 将光标置于表格的第1行第1列单元格中，输入文字"姓名："，如图8-148所示。

图8-148 输入文字

04 将光标置于表格的第1行第2列单元格中，执行"插入"|"表单"|"文本域"命令，插入文本域，如图8-149所示。

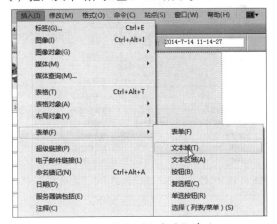

图8-149 执行"文本域"命令

05 弹出对话框，单击"确定"按钮，如图8-150所示。

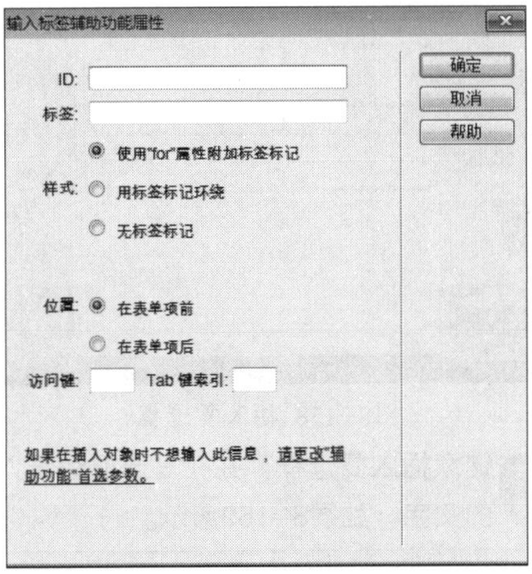

图8-150 单击"确定"按钮

06 即可在单元格中插入文本域，如图8-151所示。

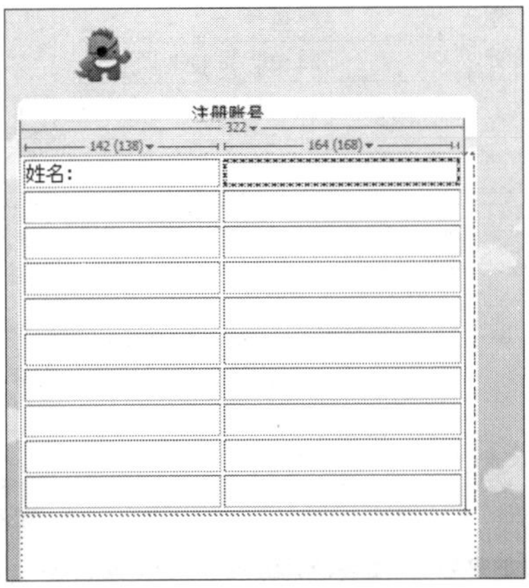

图8-151 插入文本域

07 选中插入的文本域，打开"属性"面板，设置"字符宽度"参数为25，"最多字符数"参数为10，"类型"为"单行"，如图8-152所示。

图8-152 属性设置

📷 8.7.3　插入单选按钮和复选框

单选按钮只允许从选项组中选择一个选项，复选框则允许选择一个或多个选项。

01 在第2行第1列单元格中输入文字"性别："。

02 将光标置于第2行第2列单元格中，执行"插入"|"表单"|"单选按钮"命令，如图8-153所示。

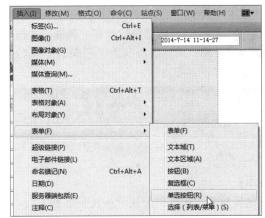

图8-153 执行"插入"|"表单"|"单选按钮"命令

03 单元格中即插入了一个单选按钮，如图8-154所示。

图8-154 插入单选按钮

04 在单选按钮后输入相应的文字。使用相同的方法，继续插入单选按钮和文字，如图8-155所示。

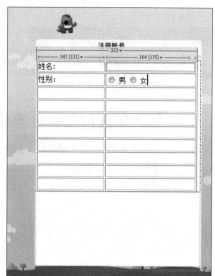

图8-155 插入单选按钮与文字

05 选中第2个单选按钮，在"属性"面板中修改"初始状态"为"已勾选"，如图8-156所示。

图8-156 修改初始状态

提示：

单选按钮的"属性"面板中参数介绍如下。

> 单选按钮：用来设置所选单选按钮的名称。

> 选定值：用来设置单选按钮传递变量的值。

> 初始状态：用来设置单选按钮的初始状态，即在浏览器中首次载入该表单时单选按钮的默认状态。包括"已勾选"和"未选中"两个选项。"已勾选"指单选按钮的初始状态为选中状态。默认显示为"未选中"。

06 在第3行第1列单元格中输入文字"爱好："。然后将光标置于第3行第2列。

07 执行"插入"|"表单"|"复选框"命令，如图8-157所示。

08 此时的单元格中即插入了一个复选框，如图8-158所示。

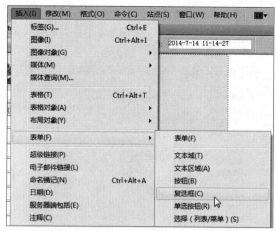

图8-157 执行"插入"|"表单"|"复选框"命令

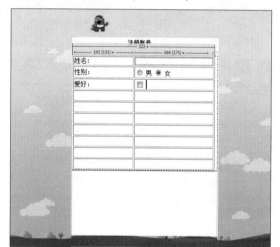

图8-158 插入复选框

09 继续插入复选框，并在复选框后输入相应的文字，如图8-159所示。

图8-159 输入文字

10 或者直接执行"插入"|"表单"|"复选框组"命令，如图8-160所示。

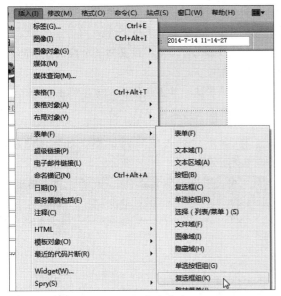

图8-160 执行命令

11 弹出"复选框组"对话框，单击"复选框"后的 ➕ 按钮，添加一个复选框，如图8-161所示。

图8-161 添加复选框

12 单击"标签"下的复选框名称进行修改，如图8-162所示。

图8-162 修改名称

13 单击"确定"按钮，此时的表格中即添加了3个复选框组成的复选框组，页面如图

8-163所示。

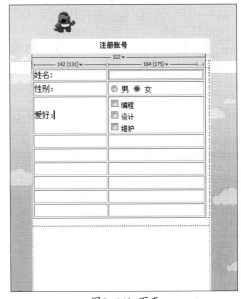

图8-163 页面

📷 8.7.4 插入列表/菜单

列表/菜单可以在网页中以列表或菜单的形式提供一系列的预设选项，下面介绍插入列表/菜单方法。

01 在第4行第1列表单元格中，输入文字"职业："，如图8-164所示。

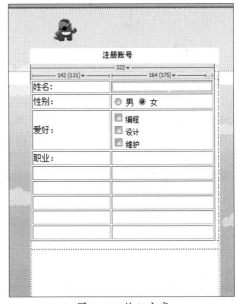

图8-164 输入文字

02 将光标置于第4行第2列表单元格中，执行"插入"|"表单"|"选择（列表/菜单）"命令，如图8-165所示。

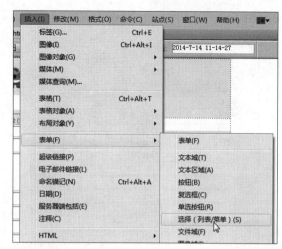

图8-165 执行命令

03 单元格中即插入了列表/菜单，如图8-166 所示。

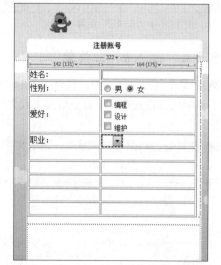

图8-166 插入列表菜单

04 在"属性"面板中单击"列表"单选按钮，然后单击"列表值"按钮，如图8-167所示。

图8-167 单击"列表值"按钮

提示：

"属性"面板中的各参数介绍如下。

➢ 列表/菜单名称：在文本框中输入列表/菜单的名称。

➢ 类型：选择菜单或列表，菜单指弹出式菜单，列表则为滚动列表。

➢ 高度：设置列表框中显示的行数，单位为字符。

➢ 选定范围：勾选"允许多选"复选框，则可以选择多个选项。

➢ 初始化时选定：设置列表中默认显示的列表项。

➢ 列表值：单击该按钮，可在弹出的对话框中设置列表菜单。

05 弹出"列表值"对话框，如图8-168 所示。

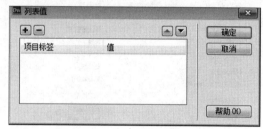

图8-168 弹出"列表值"对话框

06 单击🞢按钮，新增列表，并输入相应的名称，如图8-169所示。

图8-169 新建列表

07 单击"确定"按钮，单元格中即新增了一个滚动列表，如图8-170所示。

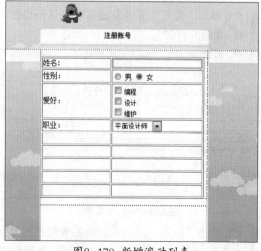

图8-170 新增滚动列表

◎ 8.7.5 插入文件域

文件域能够在网页中建立一个文件地址输入选择栏和一个"浏览"按钮，可以在本地电脑上选择上传的文件。

01 在第5行第1列单元格中输入文字"头像选择："，如图8-171所示。

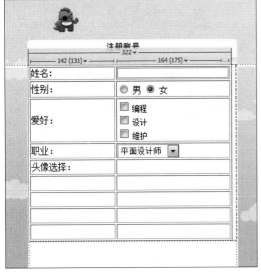

图8-171 输入文字

02 将光标置于第5行第2列单元格中，执行"插入" | "表单" | "文件域"命令，如图8-172所示。

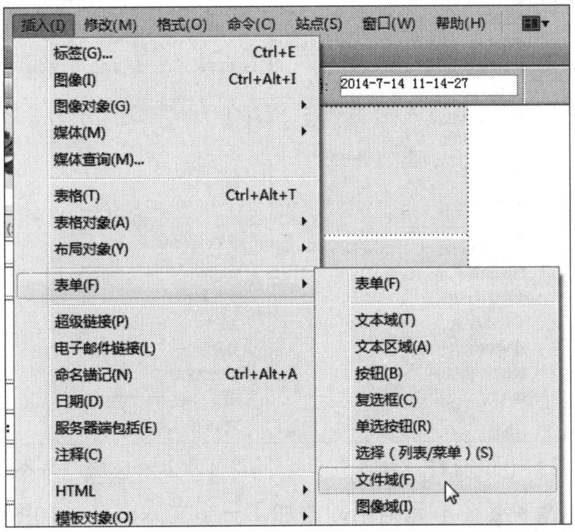

图8-172 执行"插入" | "表单" | "文件域"命令

03 单元格中即插入了一个文件域，如图8-173所示。

04 在"属性"面板中可对文件域的属性进行设置，如图8-174所示。

图8-173 插入文件域

图8-174 设置属性

◎ 8.7.6 插入跳转菜单

插入跳转菜单后，单击则可以跳转到相应的网页或文件。

01 选择第6行的两个单元格，单击鼠标右键，执行"表格" | "合并单元格"命令，如图8-175所示。

图8-175 执行"表格" | "合并单元格"命令

02 执行"插入" | "表单" | "跳转菜单"命令，如图8-176所示。

03 弹出"插入跳转菜单"对话框，在文本框中输入"阅读相关协议"；在"选择时，转到URL"文本框中输入网址链接，并勾选"菜单之后插入前往按钮"复选框，如图8-177所示。

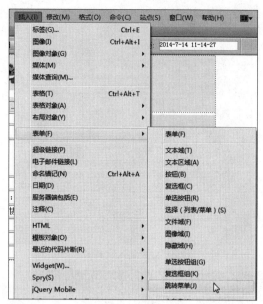

图8-176 执行"插入"|"表单"|"跳转菜单"命令

图8-177 设置对话框参数

04 单击"确定"按钮，单元格中插入了跳转菜单，如图8-178所示。

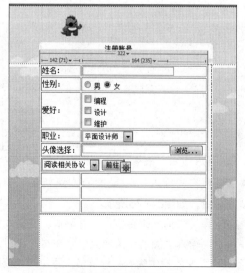

图8-178 插入跳转菜单

📷 8.7.7　插入文本区域

插入文本区域类似于插入文字字段，只不过文本区域可以输入更多的文本。

01 选择第7行表格，单击鼠标右键，执行"表格"|"合并单元格"命令，输入文字"密码："，如图8-179所示。

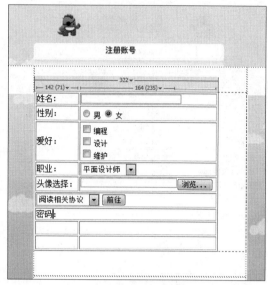

图8-179 输入文字

02 执行"插入"|"表单"|"文本区域"命令，如图8-180所示。

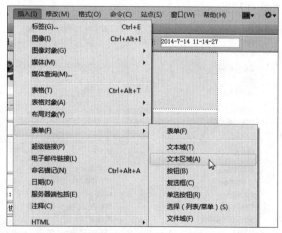

图8-180 执行"插入"|"表单"|"文本区域"命令

03 在单元格中即添加了一个文本区域，如图8-181所示。

04 修改属性参数，如图8-182所示。

05 修改后的表单如图8-183所示。

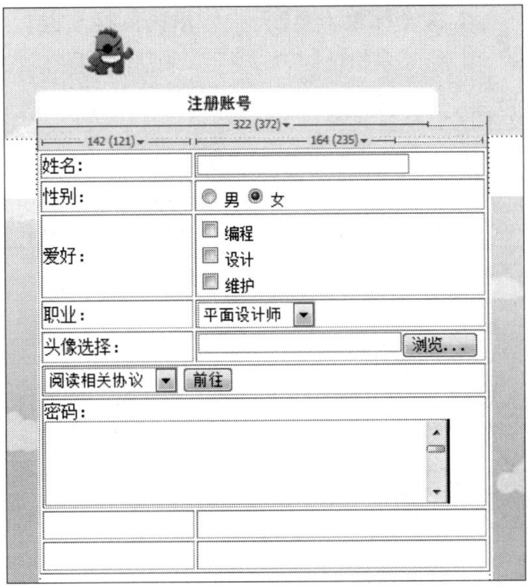

图8-181 添加文本区域

图8-182 修改属性

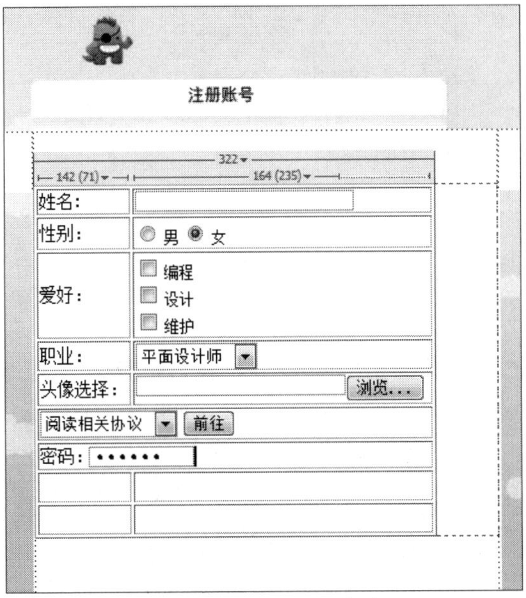

图8-183 修改后的表单

8.7.8 插入按钮

按钮用于控制整个表单的操作，如使用表单按钮可以将输入的表单数据提交到服务器中。

01 选择最后两行单元格，单击鼠标右键，执行"表格"|"合并单元格"命令，合并后的效果如图8-184所示。

图8-184 合并后的效果

02 执行"插入"|"表单"|"按钮"命令，如图8-185所示。

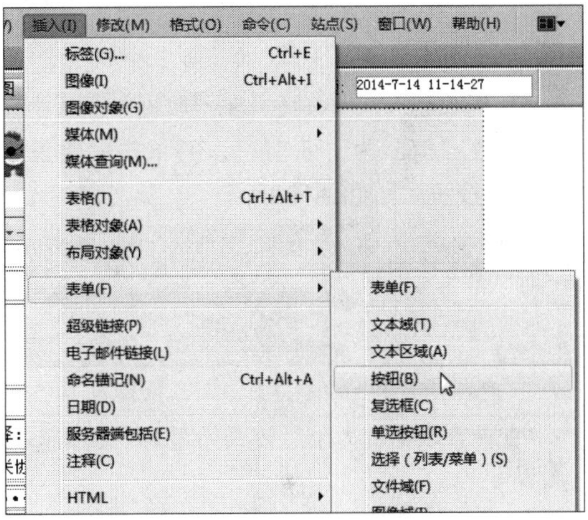

图8-185 执行"插入"|"表单"|"按钮"命令

03 该单元格中即插入了一个按钮，如图8-186所示。

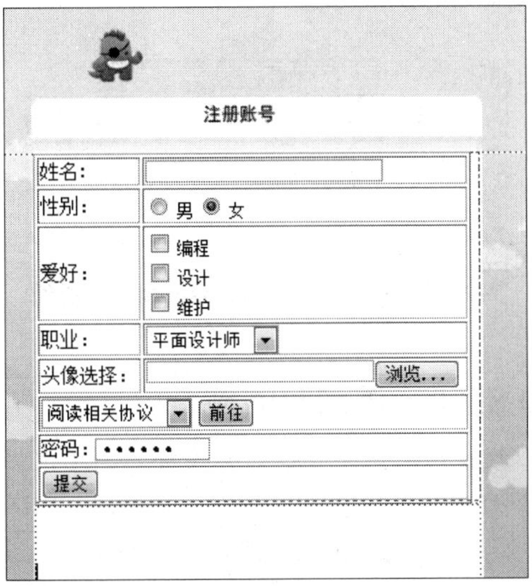

图8-186 插入按钮

04 在"属性"面板中修改"值"为"注册"，如图8-187所示。

图8-187 修改"值"为"注册"

05 按住Ctrl键选择该单元格，设置"水平"为"居中对齐"，如图8-188所示。

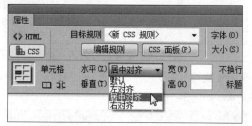

图8-188 设置"水平"为"居中对齐"

06 再次插入一个按钮，在"属性"面板中修改"值"为"清空"，并单击"重设表单"单选按钮，如图8-189所示。

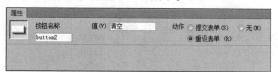

图8-189 单击"重设表单"单选按钮

07 调整表格的大小后效果如图8-190所示。

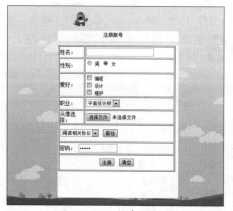

图8-190 调整表格大小

📷 **8.7.9 添加隐藏域**

隐藏域是用来收集或发送信息的不可见元素，对于网页的访问者来说，隐藏域是看不见的。当表单被提交时，隐藏域就会将信息用设置时定义的名称和值发送到服务器上。

01 将光标置于第2行中，单击鼠标右键，执行"表格" | "插入行"命令，如图8-191所示。

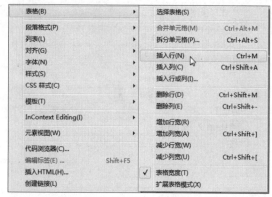

图8-191 执行"表格" | "插入行"命令

02 插入行后，输入文本并插入文本字段，此时的页面如图8-192所示。

图8-192 页面效果

03 选择第2行第2列，执行"插入" | "表单" | "隐藏域"命令，如图8-193所示。

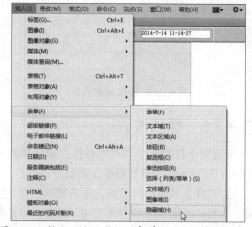

图8-193 执行"插入" | "表单" | "隐藏域"命令

美工与创意 网页设计艺术 第二版

04

插入隐藏域的页面如图8-194所示。

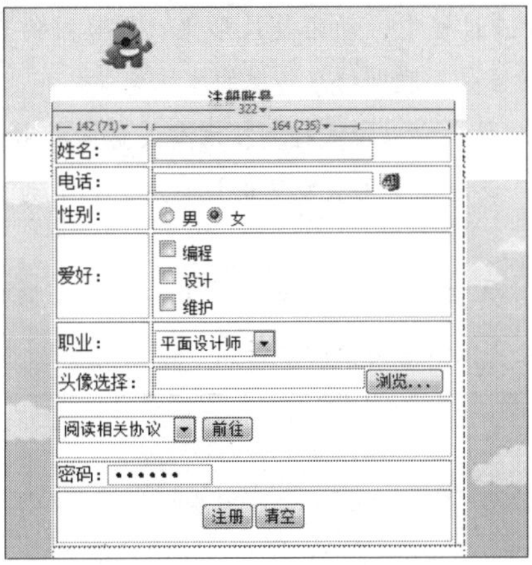

图8-194 插入的隐藏域

提示:

隐藏域的"属性"面板如图8-195所示,各参数解释如下。

图8-195 隐藏域的"属性"面板

➤ 隐藏区域:用于设置所隐藏域的名称。

➤ 值:用于设置隐藏域的值。

第9章 Flash网页动画设计

俗语说"百闻不如一见"，在信息传递过程中，动画是最形象、最直接的表达方式，弥补了文本信息的不足。因此，网络动画是互联网信息传播的本质需求。

Flash是一个非常优秀的矢量动画制作软件，它以流式控制技术和矢量技术为核心，制作的动画具有短小精悍的特点，所以被广泛应用于网页动画的设计中，已成为当前网页动画设计最为流行的软件之一。

动画元素让互联网变得生动而亲切，并使其作为新一代媒体，从一个专业部门信息交流平台过渡成为公众传媒平台，肩负起大众化信息传播的重任。

9.1 网页动画基本理论

动画，是经由创作者的安排，使原本不具生命的东西获得生命一样的活动。简单来说，动画就是可以活动的画面，也称之为画出来的运动。

网页动画是以计算机网络为基础和平台的动画形式，是网络媒体不可或缺的一部分。

9.1.1 网页动画特点

网页动画之所以应用广泛，与其自身的特点是分不开的。

1. 互动性强，富有趣味性

网络动画之所以成为网络媒体的构成因素之一，正是因为其具备实现交互的能力，这也成为网络动画最重要的、有别于其他动画形式的固有特征。网页动画的交互性使用户可以更精确、更容易地控制动画的播放。使用Flash甚至可以制作全站交互网页。

2. 表现力强，富有吸引力

网页动画短小精悍，表现力极强，网页广告、网站欢迎页或网页Banner等网页动画通常都具有较大的视觉冲击力，能最大程度地吸引浏览者的注意。

3. 文件容量小，加载速度快

通过关键帧和组件技术的使用，使得生成的动画文件非常小，几K字节的动画文件已经可以实现许多令人心动的动画效果，使得动画可以在打开网页很短的时间里就得以播放。流式播放技术使得动画可以边下载边播放，即使后面的内容还没有下载到硬盘，用户也可以开始欣赏动画。

4. 矢量绘制，生动形象

使用Flash创建的元素是用矢量来描述的。与位图图形不同的是，矢量图形可以任意缩放尺寸而不影响图形的质量。网页动画将音乐、动画、声效等融为一体，大大加强了生动性和感染力。

9.1.2 网页动画种类

根据网页的交互功能的实现，可以将网页动画分为两类，即演示类和交互类。演示类动画是指以展示为目的的动画，包括专题片头、广告、动画Banner，等等；交互类动画实现交互功能，如按钮、表单、游戏，等等。根据网页动画的制作工序，可将网页分为逐帧动画和元件动画。

1. 逐帧动画

逐帧动画是一种常见的动画形式，其原理是在"连续的关键帧"中分解动画动作，也就是在时间轴上逐帧绘制不同的内容，使其连续播放而成动画。逐帧动画具有非常大的灵活性，几乎可以表现任何想表现的内容，而它类似于电影的播放模式，很适合于表演细腻的动画。

2. 元件动画

元件动画是指创建元件后，对元件使用补间、遮罩、引导或添加脚本语言的动画效果。网页中具备交互功能的动画就是元件动画。浏览者可以使用用鼠标或键盘对动画的播放进行控制，如图9-1所示。

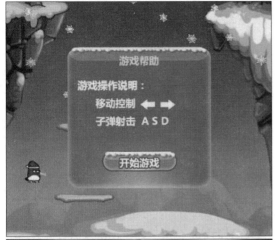

图9-1 网页中的元件动画

9.1.3　网页动画设计原则

动画是网页中最吸引人的元素，具有很强的视觉冲击力。在网页中，动画往往是第一视觉中心，因此在传达主要信息时动画是有效的手段。网页动画具有调节页面的重要作用，在静态页面为主的网站中适当地加入动画，可以达到"动静相宜"的良好视觉效果。

想要做好网页动画，可以遵循以下两个基本原则。

1. 形式服务于内容

网页动画的最重要目的是信息的准确传达，形式为内容服务、形式与内容的统一是创意设计的出发点。在此前提下，寻找创意的突破口，达到既合情合理，又出人意料的效果。脱离内容的表现形式将成为无本之木。内容与形式的统一包括信息载体的选择与信息内容的统一、色彩与内容的统一，以及字体与内容的统一等。有些页面内容不适合安排较多的动画，这时设计者应避免动画过多地"抓"注意力，而忽视主题内容的情形。

2. 适量安排动画数目

视觉总是处在一个不断运动的状态中，即使视觉主体是静止不动的，视线也在按照视觉流程不断搜索。网页上某个区域采用动画形式，动静对比能使其引人注目。如果页面上还有其他动画区域，由于视觉的生理本能，能使视线游移于亮点之间，形成一条线；如果是多个动点，则视线会游移于多点，每个点都未能得到足够的关注，反而失去制作动画的初衷。这一点在综合网站的设计规划中尤为重要。如果在页面上必须出现不止一个动画，则应给予较大的区别，例如采用面积的大小对比，或形成时间差别。遵守运动视觉传达的规律，有意识地使浏览者的视线关注该区域而形成视觉流程。

9.1.4　常见动画设计效果

场景的动画设计效果包括色彩循环动画、元素沿直线或曲线的滚动、元素的跳动与闪动、元素的淡入与淡出、元素飞入画面、元素的缓慢旋转、闪烁和灯光效果、元素之间的过渡与变形等。

1. 色彩循环动画

通过对图形的色彩属性进行改变，来实现色彩的循环变化，如网页中的宣传广告，通过文字颜色的改变来吸引注意力。

2. 元素沿直线或曲线的滚动

文字或图片的滚动，或直线移动，或沿固定路线移动，这种动画在Flash中表现为引导动画。如公告栏中滚动的字幕、蝴蝶沿着弧线飞舞，等等。

3. 元素的跳动与闪动

通过对元素进行上下位置的移动，使元素跳动起来，如网页广告中的按钮，吸引用户点击。或者通过对元素的大小调整或挤压拉伸等变形操作，使元素闪动起来，在跳动后保持5~10秒的静止，这样跳动可以吸引浏览者的视线，静止则使浏览者能看清图像。

4. 元素的淡入与淡出

图像、文字等元素从无到有或从有到无，实现淡入淡出的过渡效果，在Flash中通过改变元素的透明度来实现。

5. 元素飞入画面

文字或图片从某处飞到另一处，常见的效果有下雨、下雪、小鸟飞行等。

6. 元素的缓慢旋转

如汽车车轮的旋转，立体图形的旋转。通过设置动画中的旋转方法来实现旋转的动画效果，通常旋转几周后就停顿一会儿。

7. 闪烁和灯光效果

通过角色入场出现闪烁效果，用以吸引浏览者的注意，通常是运用从无到有、再到正常显示的动画来实现。

8. 元素之间的过渡与变形

将一幅图像的部分或整体毫无痕迹地融入另一幅图像中。

9.2 基本动画设计

Flash被大量应用于互联网网页的矢量动画设计。基本的动画设计包括了逐帧动画、运动动画、形状动画、遮罩动画、引导动画、影片剪辑动画等。

9.2.1 帧的类型与基本操作

1. 帧的类型

据帧作用的不同，大致可分为普通帧和关键帧两大类。

（1）普通帧

普通帧，在时间轴中显示为一个矩形单元格，在舞台中不能进行编辑，但是可以显示，如图9-2所示。有内容的普通帧为灰色，无内容的普通帧为白色。

（2）关键帧

关键帧是动画变化的关键点，补间动画的起点和终点以及逐帧动画的每一帧，都是关键帧。实心圆点表示有内容的关键帧，即实关键帧。空心圆点表示无内容的关键帧，即空白关键帧，如图9-3所示。

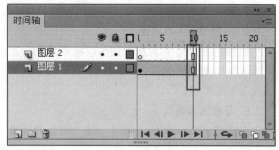

图9-2 普通帧

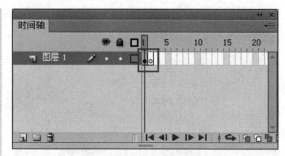

图9-3 关键帧

2. 编辑帧

在时间轴中，用户可以选择、插入、复制、删除与清除帧，还可以将其他帧转换为关键帧。

在时间轴中的某一帧上单击鼠标右键，弹出快捷菜单，该菜单中包含了对帧进行编辑的所有命令。

（1）选择帧

鼠标直接某帧即可选择该帧。按住Shift键并单击其他帧，可以选择多个连续的帧。按住Ctrl键并单击其他帧，可以选择多个不连续的帧。

执行"编辑"｜"时间轴"｜"选择所有帧"命令可选择时间轴中所有的帧，如图9-4所示。

图9-4 选择所有帧

（2）插入帧

➤ 插入帧（F5键）：在时间轴中相应的位置单击鼠标右键，执行"插入帧"命令即可插入一个帧。

➤ 插入关键帧（F6键）：在要插入关键帧的位置上单击鼠标右键，执行"插入关键帧"命令即可完成关键帧的插入。

> 插入空白关键帧（F7键）：执行"插入"｜"时间轴"｜"空白关键帧"命令，即可在相应的位置添加空白关键帧。

（3）复制帧

在时间轴中选择需要复制的帧，单击鼠标右键，执行"复制帧"命令，然后在要粘贴的位置单击鼠标右键，执行"粘贴帧"命令即可，如图9-5所示。

图9-5 复制粘贴帧

提示： 按住Alt键，将要复制的关键帧拖动到要复制的位置，释放鼠标即可复制并粘贴帧。

（4）删除帧与清除帧

删除帧与清除帧不同。删除帧是将该帧删除；而清除帧是清除帧中的内容，即帧内部的所有对象。删除帧与清除帧的操作方法基本相同，即选择相应的帧，单击鼠标右键，执行"删除帧"或"清除帧"命令即可。

提示： 选中要删除的帧，按Shift+F5快捷键可将该帧删除。按Shift+F6快捷键可将关键帧转换为普通帧。

📷 9.2.2　制作逐帧动画

逐帧动画与传统动画类似，全部由关键帧组成，通常是一帧一帧的绘制。

网页中有很多逐帧动画，比较常见的有广告轮播图效果、打字效果等。下面以网页横幅广告为例，制作打字的逐帧动画。

01 启动Flash CS6，单击"新建"组中的ActionScript 3.0选项，如图9-6所示。

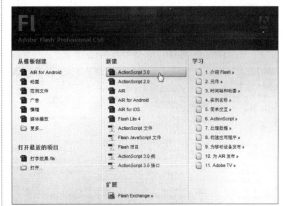

图9-6 单击ActionScript 3.0选项

02 新建一个空白文档，在"属性"面板中修改大小为700×200像素，如图9-7所示。

图9-7 修改大小

03 执行"文件"｜"导入"｜"导入到舞台"命令，如图9-8所示。

04 弹出对话框，选择需要的素材图片，单击"打开"按钮，如图9-9所示。

05 在"属性"面板中设置X、Y的参数均为0，如图9-10所示。

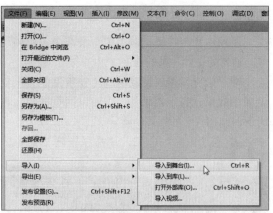

图9-8 执行"导入到舞台"命令

图9-9 单击"打开"按钮

图9-10 设置参数

06 与舞台对齐,效果如图9-11所示。

图9-11 与舞台对齐效果

07 在"图层"面板中单击"新建图层"按钮新建"图层2",如图9-12所示。

08 选择文本工具,在舞台中输入文本,如图9-13所示。

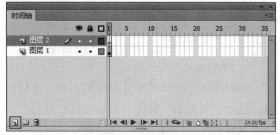

图9-12 新建图层

图9-13 输入文本

09 按Ctrl+B快捷键将文本分离,如图9-14所示。

图9-14 分离文本

10 选择"图层2"的第1帧,单击并拖动鼠标,拖至第5帧处,如图9-15所示。

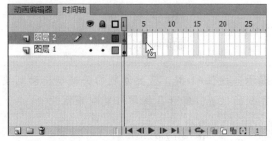

图9-15 拖入关键帧

11 选择"图层1"和"图层2"第110帧,按F6键插入关键帧,如图9-16所示。

图9-16 插入关键帧

12 在"图层2"上的第10帧处按F6键插入关键帧，并依次间隔5帧插入一个关键帧，直至第110帧为止，如图9-17所示。

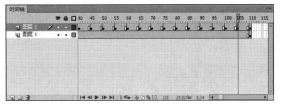

图9-17 插入关键帧

13 单击"图层2"上的第5帧，选择"今"字外的所有文本，按Delete键删除，如图9-18所示。

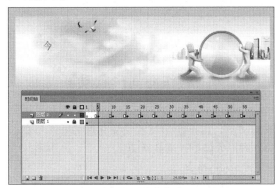

图9-18 删除文本

14 单击"图层2"上的第10帧，选择"今"和"朝"字外的所有文本，按Delete键删除，如图9-19所示。

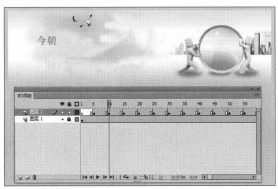

图9-19 删除文本

15 参照上述操作方法，分别选中相应的关键帧，并删除后面的文字，如图9-20所示。

16 至此，"打字效果"制作完成，按Ctrl+Enter快捷键测试影片，如图9-21所示。

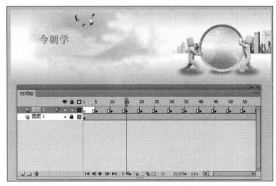

图9-20 分别删除关键帧中的文本

图9-21 测试影片

📷 9.2.3 制作运动动画

这里所讲的运动动画即补间动画，是通过为不同帧中的对象属性指定不同的值而创建的动画。创建补间动画前必须建立元件。

01 新建一个空白文档，在舞台外绘制一个矩形，单击鼠标右键，将其转换为元件，如图9-22所示。

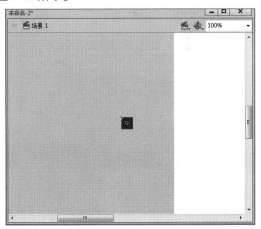

图9-22 转换为元件

02 在第10帧处插入帧，在第1帧与第10帧之间单击鼠标右键，执行"创建补间动画"命令，如图9-23所示。

03 此时时间轴中即创建了补间，颜色为浅蓝色，如图9-24所示。

图9-23 执行"创建补间动画"命令

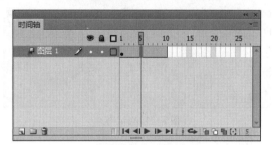

图9-24 创建补间效果

04 在第5帧处单击鼠标右键，执行"插入关键帧"|"位置"命令，如图9-25所示。

图9-25 执行命令

05 将元件向右移动，出现一条运动轨迹线，如图9-26所示。

图9-26 运动轨迹

06 新建"图层2"，将"库"面板中的元件拖入舞台外，在时间轴中创建补间动画。

07 在第5帧处插入关键帧，打开"动画编辑器"面板，调整元件的位置，如图9-27所示。

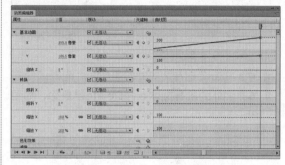

图9-27 调整元件的位置

📷 9.2.4 制作补间形状动画

补间形状是指两个不同的形状之间形成的连续的动画，由一个形状慢慢变化成另一个形状。仅有图形才能创建形状补间。

1. Logo形变

下面以Logo形变动画为例，介绍补间形状动画的制作。

01 新建一个空白文档，选择矩形工具，设置笔触颜色为"无"，填充颜色为橙色，如图9-28所示。

图9-28 设置笔触与填充颜色

02 在物体中绘制矩形条，如图9-29所示。

03 在第65帧处单击鼠标右键，执行"插入空白关键帧"命令，如图9-30所示。

04 选择文本工具，输入文本，如图9-31所示。

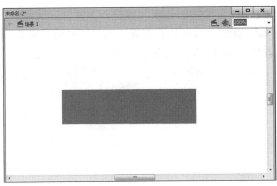

图9-29 绘制矩形

图9-30 执行"插入空白关键帧"命令

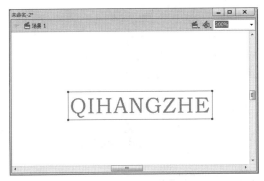

图9-31 输入文本

05 按Ctrl+B快捷键分离文本为为单个文本，再次按Ctrl+B快捷键将文本分离为图形，如图9-32所示。

图9-32 分离文本

06 选择第1帧与第65帧之间的帧，单击鼠标右键，执行"创建补间形状"命令，如图9-33所示。

图9-33 执行"创建补间形状"命令

07 此时，在时间轴的帧与帧之间即添加了形状补间，如图9-34所示。

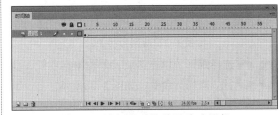

图9-34 添加了形状补间的时间轴

08 按Enter键可播放时间轴中的动画，如图9-35所示。

图9-35 播放动画效果

2. Loading效果

Loading效果是加载的意思，指电脑正在下载打开网页所需的缓存文件到本地。

01 新建空白文档，将"素材与源文件\第9章\9.2.4\背景.jpg"文件导入到舞台，并与舞台对齐，如图9-36所示。

02 新建图层，使用矩形工具，设置笔触颜色为黑色，填充颜色为橙色，绘制矩形条，如图9-37所示。

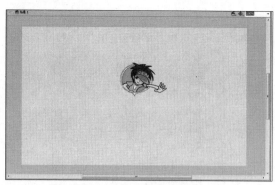

图9-36 导入背景到舞台

图9-37 绘制矩形条

03 选择矩形的填充区域，单击鼠标右键，执行"剪切"命令，如图9-38所示。

图9-38 执行"剪切"命令

04 新建图层，单击鼠标右键，执行"粘贴到当前位置"命令，如图9-39所示。

图9-39 执行"粘贴到当前位置"命令

05 在第40帧处按F6键插入关键帧。选择第1帧，使用选择工具，选择矩形后半部分，按Delete键删除，如图9-40所示。

图9-40 选择部分矩形删除

06 选择图层，在帧与帧之间单击鼠标右键，执行"创建补间形状"命令，如图9-41所示。

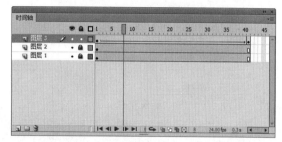

图9-41 执行"创建补间形状"命令

07 新建"图层4"，选择文本工具输入文本，如图9-42所示。

图9-42 输入文本

08 选择所有图层的第50帧，按F5键插入帧，如图9-43所示。

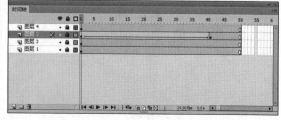

图9-43 插入帧

09 按Ctrl+Enter快捷键测试影片，如图9-44所示。

图9-44　测试影片

9.2.5　制作遮罩动画

遮罩动画是Flash中的一个很重要的动画类型，很多效果丰富的动画都是通过遮罩动画来完成的。在Flash的图层中，有一个遮罩图层类型，为了得到特殊的显示效果，可以在遮罩层上创建一个任意形状的"视窗"，遮罩层下方的对象可以通过该"视窗"显示出来，而"视窗"之外的对象将不会显示。

1. 网站片头

下面介绍制作一个网站片头，效果如图9-45所示。用遮罩动画制作的缓缓打开的卷轴，体现了该网页浓厚的历史气息及公司特色。

图9-45

01 启动Flash CS6，新建文档，设置文档尺寸为1002×560像素，背景颜色为红色，如图9-46所示。

02 将"素材与源文件\第9章\9.2.5\背景.jpg"文件导入到"库"面板中。将背景素材拖入舞台中，如图9-47所示。在第606帧处插入帧。

03 新建"图层2"，绘制矩形，如图9-48所示。

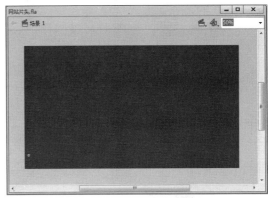

图9-46　新建文档

图9-47　将背景素材拖入舞台

图9-48　绘制矩形

04 在429帧插入关键帧，拉长矩形，如图9-49所示。

图9-49　拉长矩形

05 在关键帧与关键帧之间选择任意一帧，单击鼠标右键，执行"创建补间形状"命令，如图9-50所示。

图9-50 执行"创建补间形状"命令

06 选择图层，单击鼠标右键，执行"遮罩层"命令，如图9-51所示。

图9-51 执行"遮罩层"命令

07 执行"插入"|"新建元件"命令，如图9-52所示。

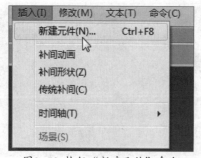

图9-52 执行"新建元件"命令

08 弹出"创建新元件"对话框，设置"名称"为"画轴"，"类型"为"图形"，如图9-53所示。

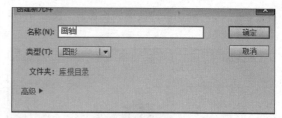

图9-53 设置元件

09 新建画轴图形元件，用矩形工具在舞台中绘制一个矩形，如图9-54所示。

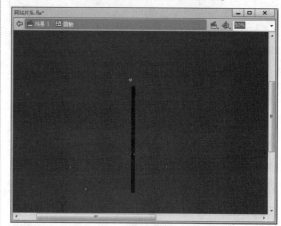

图9-54 绘制矩形

10 选择填充颜色，打开"颜色"面板，设置填充颜色为"线性渐变"，如图9-55所示。

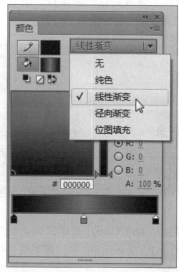

图9-55 填充颜色

11 在渐变条中单击鼠标，如图9-56所示。

12 新建一个色标，并设置颜色为#959595，如图9-57所示。

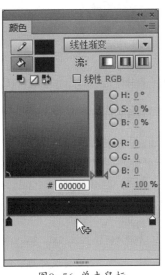

图9-56 单击鼠标

图9-57 新建色标

13 此时的矩形效果如图9-58所示。

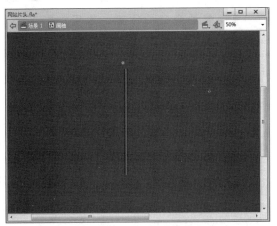

图9-58 矩形效果

14 新建"图层2"，选择矩形工具绘制矩形，如图9-59所示。

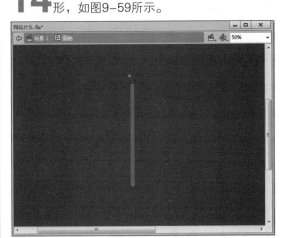

图9-59 绘制矩形

15 在"颜色"面板中修改线性渐变，颜色分别为#80795B、#5B411C、#DDDDDD、#777344，如图9-60所示。

图9-60 修改颜色

16 此时的图像效果如图9-61所示。

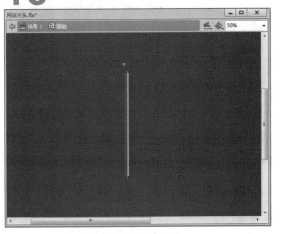

图9-61 图像效果

17 新建"图层3"，将素材图片拖至舞台矩形上方和下方，如图9-62所示。

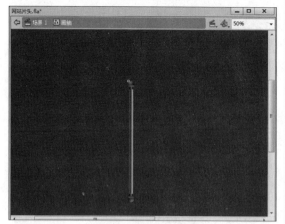

图9-62 拖入素材

18 返回场景1，新建"左"图层，将"画轴"图形元件拖入舞台中，如图9-63所示。

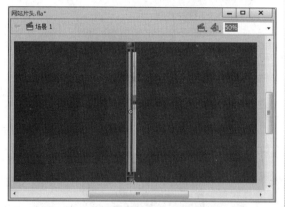

图9-63 添加"画轴"图形元件

19 在第429帧处创建关键帧，将元件向左移动，如图9-64所示。

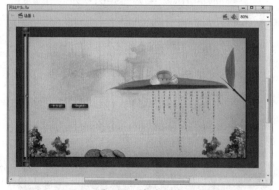

图9-64 移动元件

20 在第1帧与第429帧之间，单击鼠标右键，执行"创建传统补间"命令，如图9-65所示。

图9-65 执行"创建传统补间"命令

21 新建"右"图层，将画轴图形元件拖入舞台中。

22 执行"修改"|"变形"|"水平翻转"命令，如图9-66所示。

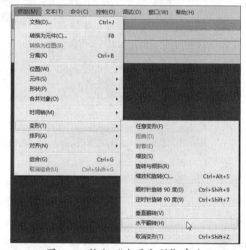

图9-66 执行"水平翻转"命令

23 调整到合适的位置，效果如图9-67所示。

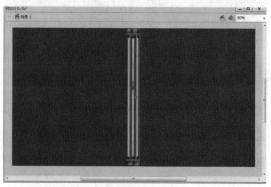

图9-67 效果

24 在第429帧按F6创建关键帧，将元件移动到右侧，如图9-68所示。

图9-68 移动元件

25 在第1帧与第429帧之间单击鼠标右键，执行"创建传统补间"命令。

26 片头制作完成，按Ctrl+Enter快捷键测试影片，如图9-69所示。

图9-69 测试影片

2. 闪光

下面制作在广告、按钮中经常会用到的闪光效果。

01 启动Flash CS6，执行"文件" | "打开"命令，打开"素材与源文件\第9章\9.2.5\闪光按钮素材.swf"文件，如图9-70所示。

图9-70 打开源文件

02 新建图层，选择矩形工具，打开"颜色"面板，设置笔触颜色为"无"，填充颜色为透明到白色再到透明的线性渐变，如图9-71所示。

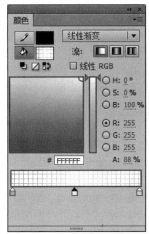

图9-71 设置颜色

03 在舞台中绘制矩形条，如图9-72所示。

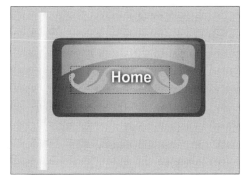

图9-72 绘制矩形条

04 在第25帧处插入关键帧，将矩形条向右移动，如图9-73所示。

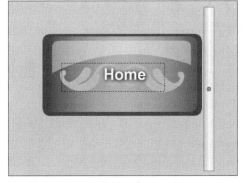

图9-73 将矩形条向右移动

05 选择两帧之间的任意帧，单击鼠标右键，执行"创建传统补间"命令，如图9-74所示。

06 新建图层，选择图层1的第1帧，单击鼠标右键，执行"复制帧"命令，如图9-75所示。

图9-74 执行"创建传统补间"命令

图9-75 执行"复制帧"命令

07 隐藏"图层1",选择"图层3"粘贴帧,按Ctrl+B快捷键分离图形,将图形中的其他部分删除,如图9-76所示。

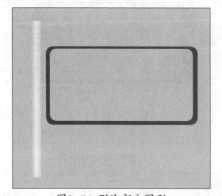

图9-76 删除部分图形

08 选择"图层3",单击鼠标右键,执行"遮罩层"命令,如图9-77所示。

09 时间轴中的"图层2"自动转换为被遮罩层,如图9-78所示。

图9-77 执行"遮罩层"命令

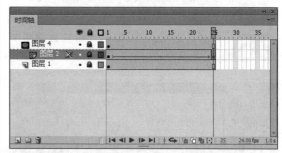

图9-78 "图层2"转换为被遮罩层

10 按Ctrl+Enter快捷键测试影片,如图9-79所示。

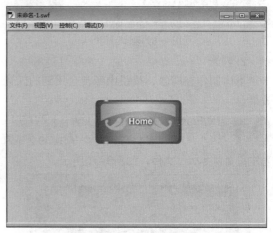

图9-79 测试影片

◉ 9.2.6 制作引导动画

引导动画通过绘制一条不封闭的路径,将元件对齐路径的起点与终点,而形成的沿路径运动的动画效果。

下面制作沿着弯曲道路行驶的汽车,实例效果如图9-80所示。

图9-80 行驶的汽车

01 新建空白文档,执行"文件"|"导入"|"导入到库"命令,如图9-81所示,将"素材与源文件\第9章\9.2.5"下的"背景"、"路"、"车"素材图像导入至"库"面板中。

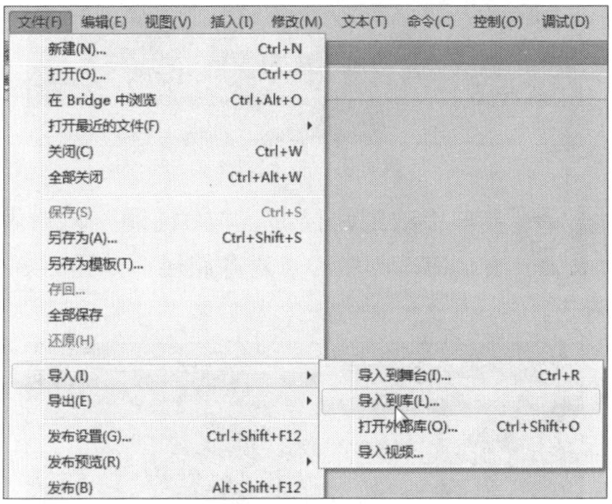

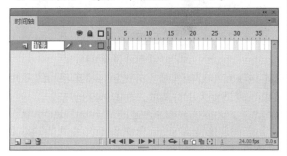

图9-81 执行"导入到库"命令

02 选择"图层1",双击图层名称,将其修改为"背景",如图9-82所示。

图9-82 修改图层名称

03 将"库"面板中的"背景"素材拖动到舞台中,并对齐舞台,如图9-83所示。

04 新建"图层2",修改图层名称为"路",将"库"面板中的"路"素材拖动到舞台中,如图9-84所示。

图9-83 拖入素材并对齐舞台

图9-84 拖入素材

05 按Ctrl+B快捷键分离图片,选择套索工具,然后选择其附属工具魔棒工具,选择路中的白色背景,按Delete键删除,如图9-85所示。

图9-85 删除背景

06 新建"图层3",修改图层名称为"车",将"车"素材拖入到舞台中,如图9-86所示。

图9-86 拖入素材

07 选择车，单击鼠标右键，执行"转换为元件"命令，如图9-87所示。

图9-87 执行"转换为元件"命令

08 弹出对话框，设置名称与类型，如图9-88所示。

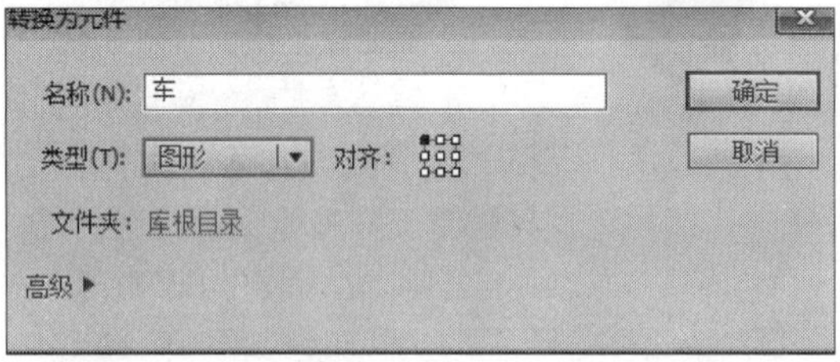

图9-88 设置名称与类型

09 选择"车"图层，单击鼠标右键，执行"添加传统运动引导层"命令，如图9-89所示。

图9-89 执行"添加传统运动引导层"命令

10 "时间轴"面板中即新增一个引导层，如图9-90所示。

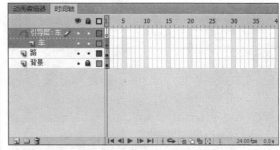

图9-90 新增引导层

11 使用钢笔工具，在舞台中按照路的走向绘制一条弯曲路径，如图9-91所示。

图9-91 绘制路径

12 将车移动到路径上，按Q键调整车的大小，使车的中心点对齐路径，如图9-92所示。

图9-92 对齐路径

13 在第17帧处插入关键帧，将车移动位置并调整大小与角度，如图9-93所示。

图9-93 调整大小与角度

图9-97 测试影片

14 在第35帧处插入关键帧,将车移动位置并调整大小与角度,如图9-94所示。

图9-94 调整大小与角度

15 在第1帧与第17帧、第17帧与第35帧之间依次单击鼠标右键,执行"创建传统补间"命令,时间轴效果如图9-95所示。

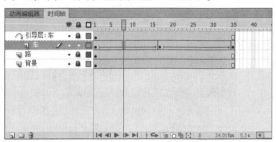

图9-95 添加传统补间

16 选择补间,在"属性"面板中选中"调整到路径"复选框,如图9-96所示。

图9-96 选中"调整到路径"复选框

17 按Ctrl+Enter快捷键测试影片,如图9-97所示。

9.3 Flash网页广告设计

网页中的悬浮、轮播、Banner等简单的广告效果都可以用Flash制作。使用Flash制作的广告文件小,应用到网页中加载速度快,画面美观,动画效果突出,体现广告内容丰富。

9.3.1 悬浮广告设计

下面介绍悬浮广告的制作。

01 新建空白文档,将"素材与源文件\第9章\9.3.1"下的"bz.png"、"背景.jpg"、"汽车图.jpg"文件导入到"库"面板中,在"属性"面板中设置文档大小为360×150像素,如图9-98所示。

图9-98 设置文档大小

02 选择矩形工具,绘制一个和文档相同大小的黑色矩形,如图9-99所示。

图9-99 绘制矩形

03 在第90帧处插入关键帧，将"库"面板中素材拖入到舞台，如图9-100所示。在第249帧处插入帧。

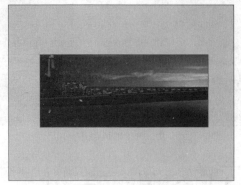

图9-100 拖入素材到舞台

04 新建"文字"图形元件，在舞台中输入文本，如图9-101所示。

好车 决定你的未来

图9-101 输入文本

05 新建"光晕"影片剪辑元件，在舞台中绘制椭圆，打开"颜色"面板，设置笔触颜色为"无"，填充颜色为径向渐变，如图9-102所示。

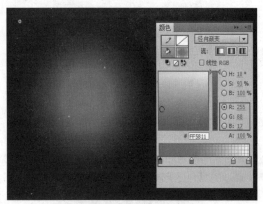

图9-102 绘制椭圆并设置颜色

06 新建"文字动态"影片剪辑元件，将光晕元件拖至舞台中，并按Q键调整形状，如图9-103所示。

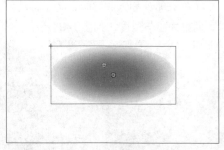

图9-103 调整形状

07 在第36帧处插入关键帧，将图形移至舞台的右方，在第1帧与第36帧之间创建传统补间动画。

08 在第37帧处插入空白关键帧，在第39帧处插入关键帧，再次将元件拖入舞台中，并缩小元件。

09 在第49帧处插入关键帧，将元件放大。在"属性"面板中设置色调参数，如图9-104所示。

图9-104 设置色调参数

10 此时的图像效果如图9-105所示。

11 在第39帧与第49帧之间单击鼠标右键，执行"创建传统补间"命令。

图9-105 图像效果

12 在第72帧处插入关键帧。在第95帧处插入关键帧，在"属性"面板中设置Alpha值为0，如图9-106所示。在第249帧入插入帧。

图9-106 设置Alpha值为0

13 新建"图层2"，将"文字"图形元件拖至舞台中，如图9-107所示。设置"图层2"为遮罩层。

图9-107 将"文字"图形元件拖入舞台

14 返回"场景1"，新建"图层2"，将"文字动态"影片剪辑元件拖入舞台中，如图9-108所示。在第96帧处插入空白关键帧。

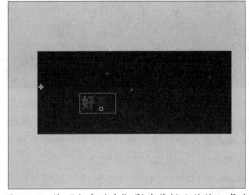

图9-108 将"文字动态"影片剪辑元件拖入舞台

15 在第107帧处插入空白关键帧，新建"汽车"影片剪辑元件，将汽车图拖入舞台中，如图9-109所示。

图9-109 将汽车图拖入舞台中

16 新建"图层2"，使用钢笔工具绘制图形，并填充黑色，如图9-110所示。

图9-110 绘制图形并填充黑色

17 选择该图层，单击鼠标右键，执行"遮罩层"命令。

18 新建"图层3"，将其移至最底层，使用椭圆工具，绘制一个颜色为黑色到透明的径向渐变椭圆，如图9-111所示。

图9-111 绘制椭圆

19 返回"场景1"，将"汽车"影片剪辑元件拖到舞台外，如图9-112所示。

图9-112 将"汽车"影片剪辑元件拖入舞台外

20 在第137帧处插入关键帧，将元件移动至舞台中，并调整大小，如图9-113所示。

图9-113 拖至舞台中并调整大小

21 在两帧之间创建传统补间动画。新建"文字2"图形元件，输入文本，如图9-114所示。

图9-114 输入文本

22 返回"场景1"，新建图层，在第143帧处插入关键帧，将"文字2"图形元件拖入舞台中，如图9-115所示。

23 在第157帧处插入关键帧，选择第143帧，将其向左移动，并设置Alpha值为0，效果如图9-116所示。

图9-115 将"文字2"图形元件拖入舞台

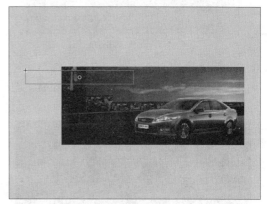

图9-116 效果

24 在两帧之间创建传统补间动画。新建"文字3"影片剪辑元件，输入文本，如图9-117所示。

图9-117 输入文本

25 返回"场景1"，新建图层，在第143帧处插入关键帧，将"文字3"影片剪辑元件拖入舞台中，如图9-118所示。

26 在第157帧处插入关键帧，将元件向左移动，如图9-119所示。

27 在两帧之间创建传统补间动画。新建"黑块"影片剪辑元件，在舞台中绘制一个矩形，如图9-120所示。

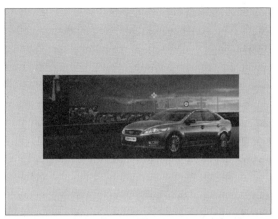

图9-118 将"文字2"图形元件拖入舞台

图9-119 将元件向左移动

图9-120 绘制矩形

28 返回"场景1",新建图层,在第211帧处插入关键帧,将"黑块"元件拖入舞台中,并调整到舞台相同大小。

29 在第223帧处插入关键帧,选择第211帧,在"属性"面板中设置Alpha值为0。在两帧之间创建传统补间动画。

30 新建"标志"图形元件,将图片拖入舞台中,如图9-121所示。

图9-121 将图片拖入舞台中

31 返回"场景1",新建图层,在第217帧处插入关键帧,将"标志"图形元件拖入舞台中,如图9-122所示。

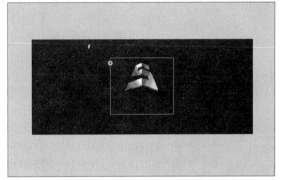

图9-122 将"标志"图形元件拖入舞台

32 在第223帧处插入关键帧。选择第217帧,在"属性"面板中设置Alpha值为0。在两帧之间创建传统补间动画。

33 按Ctrl+Enter快捷键测试影片,如图9-123所示。

图9-123 测试影片

9.3.2 轮播广告设计

下面制作Banner广告轮播,最终效果如图9-124所示。

图9-124 最终效果

01 新建950×152空白文档，将图片导入到"库"面板中。

02 分别将"素材与源文件\第9章\9.3.2\"下的"banner01.jpg"、"banner02.jpg"、"banner03.jpg"文件拖入舞台中，单击鼠标右键，执行"转换为元件"命令，如图9-125所示。

图9-125 执行"转换为元件"命令

03 将其均转换为影片剪辑元件后，将"图1"影片剪辑元件拖入舞台中，并调整与舞台对齐，如图9-126所示。

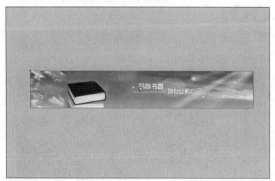

图9-126 将"图1"影片剪辑元件拖入舞台

04 在第120帧处插入帧。

05 新建"图层2"，在第10帧处插入关键帧，将"图2"影片剪辑元件拖入舞台外，如图9-127所示。

图9-127 将"图2"影片剪辑元件拖入舞台外

06 在第30帧处插入关键帧，将元件向右移动，调整到与舞台对齐，如图9-128所示。

图9-128 将元件向右移动

07 在两帧之间创建传统补间动画。新建"图层3"，在第45帧处插入关键帧，将"图3"影片剪辑元件拖入舞台外。

08 在第65帧处插入关键帧，将元件与舞台对齐，如图9-129所示。在两帧之间创建传统补间动画。

图9-129 将元件与舞台对齐

09 新建"图层4"，在第105帧处插入关键帧，将"图1"影片剪辑元件拖入舞台外。在第125帧插入关键帧，将其与舞台对齐。在两帧之间创建传统补间动画。

10 新建图层5，绘制一个矩形，如图9-130所示，在"属性"面板中设置大小与舞台大小一致。

11 选择该图层，单击鼠标右键，执行"遮罩层"命令。将图层1~图层3选中，拖动到被遮罩层级下，将其均设置为被遮罩层，如图9-131所示。

美工与创意｜网页设计艺术 第二版

图9-130 绘制矩形

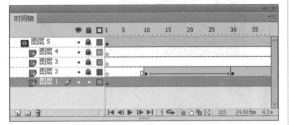

图9-131 设置被遮罩层

12 按Ctrl+Enter快捷键测试影片，如图9-132所示。

图9-132 测试影片

9.4 Flash导航设计

网页导航的主要功能是引导用户方便地访问网站内容，同时导航也是评价网站专业度、可用度的重要指标。

9.4.1 公司导航设计

下面制作一个公司首页的导航。简洁大气的界面，加以清晰明了的导航是主要的设计方向，如图9-133所示为最终效果。

图9-133 最终效果

01 新建一个空白文档，设置文档大小为750×350像素，舞台颜色为灰色（#4D4B3F）。

02 将"素材与源文件\第9章\9.3.2"下的"大图1.png"、"大图2.png"、"大图3.png"、"大图4.png"、"图1.png"、"图2.png"、"图3.png"、"图4.png"文件导入到"库"面板中，并将"库"中的图片分别转换为影片剪辑元件。

03 新建"公司首页"影片剪辑元件，将"库"中的素材拖入舞台中，如图9-134所示。在第25帧处插入帧。

图9-134 将素材拖入舞台

04 新建"图层2"，在第2帧处插入关键帧，将"办公"影片剪辑元件拖入舞台中，如图9-135所示。

图9-135 将"办公"影片剪辑元件拖入舞台

05 在"属性"面板中设置Alpha值为5。在第13帧处插入关键帧，将元件调小，并设置Alpha值为100，效果如图9-136所示。

06 在第14帧处插入关键帧。将第2帧复制并粘贴到第25帧处。在帧与帧之间创建传统补间动画。

07 新建"图层3"，在第2帧处插入关键帧，绘制一个矩形，使之与图层1中的图形大小、位置保持一致，如图9-137所示。

08 选择"图层3"，单击鼠标右键，执行"遮罩层"命令。

图9-136 调小元件效果

图9-137 绘制矩形

09 新建"字1"影片剪辑元件，在舞台中输入文本，设置颜色为黑色。新建"图层2"，再次输入文本，并修改文本颜色为白色，如图9-138所示。

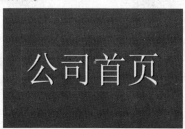

图9-138 输入文本

10 返回"公司首页"影片剪辑元件，新建"图层4"，将"字1"影片剪辑元件拖入舞台，如图9-139所示。

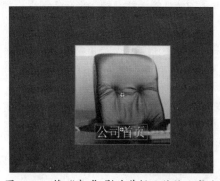

图9-139 将"字1"影片剪辑元件拖入舞台

11 在第4帧处插入关键帧，将元件向下移动，并设置Alpha值为0，如图9-140所示。

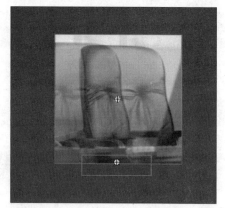

图9-140 向下移动元件并设置Alpha值

12 在第5帧处插入关键帧，将元件向上移动，如图9-141所示。

图9-141 向上移动元件

13 在第8帧处插入关键帧，将元件向下移动，并设置样式为"无"，效果如图9-142所示。

图9-142 效果

14 在第13帧处插入关键帧，将元件微微向下移动。在帧与帧之间创建传统补间动画。

15 新建"按钮"按钮元件，在舞台中绘制矩形。

16 返回"公司首页"影片剪辑元件，新建"图层5"，将"按钮"按钮元件拖入舞台中，如图9-143所示。

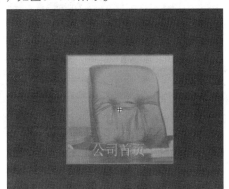

图9-143 将"按钮"按钮元件拖入舞台中

17 按F9键打开"动作"面板，输入脚本，如图9-144所示。

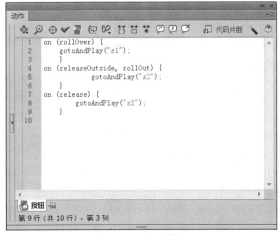

图9-144 输入脚本

18 新建"图层6"，在第1帧、第13帧处插入空白关键帧，输入脚本"top();"。

19 在第2帧、第14帧处插入空白关键帧，分别在"属性"面板中设置标签为s1、s2，时间轴如图9-145所示。

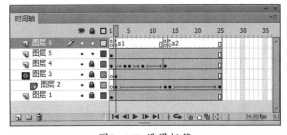

图9-145 设置标签

20 新建图层7，在第2帧处插入空白关键帧，在"属性"面板中设置声音为"点击声"，如图9-146所示。

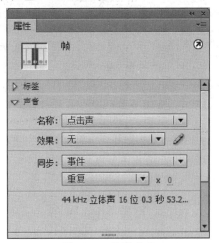

图9-146 设置声音

21 返回场景1，将"公司首页"影片剪辑元件拖入舞台中，如图9-147所示。

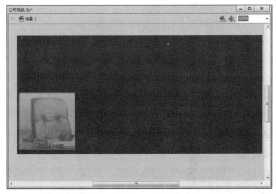

图9-147 将"公司首页"影片剪辑元件拖入舞台

22 在"库"面板中直接复制元件，并对元件进行修改，将其添加到舞台，如图9-148所示。

图9-148 添加元件到舞台

23 新建图层，选择文本工具，输入文本，如图9-149所示。

图9-149 输入文本

24 选择"麓山文化"，在"属性"面板中单击"添加滤镜"按钮，添加"投影"滤镜，如图9-150所示。

属性	值	
▽ 滤镜		
▼ 投影		
模糊 X	2 像素	∞
模糊 Y	2 像素	∞
强度	87 %	
品质	高	▼
角度	45 °	
距离	5 像素	
挖空	☐	
内阴影	☐	
隐藏对象	☐	
颜色	■	

图9-150 添加"投影"滤镜

25 按Ctrl+S快捷键保存文档，按Ctrl+Enter快捷键测试影片，如图9-151所示。

图9-151 测试影片

📷 9.4.2 下拉导航设计

下面介绍下拉导航设计，如图9-152所示为最终效果。

01 新建空白文档，将背景素材导入到舞台中，与舞台对齐，如图9-153所示。

02 新建"导航文字"影片剪辑元件，输入文字，如图9-154所示。

图9-152 最终效果

图9-153 导入素材到舞台

图9-154 输入文字

03 选中第2~5帧，按F6键插入关键帧，依次修改文本为"公司项目"、"战略咨询"、"联系我们"、"关于我们"。

04 新建bg按钮元件，在第4帧处插入空白关键帧，绘制矩形。

05 新建"主页"影片剪辑元件，将bg按钮元件拖入舞台中，如图9-155所示。在第22帧处插入帧。

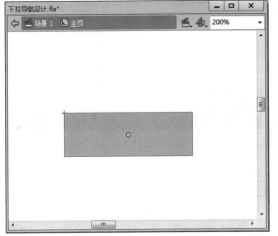

图9-155 将bg按钮元件拖入舞台

06 新建"文字"图层，将"导航文字"影片剪辑元件拖入舞台中，如图9-156所示。

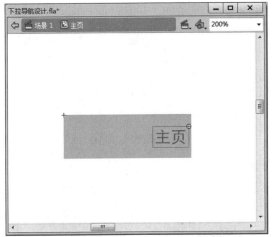

图9-156 将"导航文字"影片剪辑元件拖入舞台

07 在第10帧处插入关键帧，将元件向下移动。在两帧之间创建传统补间动画。

08 新建图层，在舞台中绘制直线，如图9-157所示。

09 在第10帧处插入关键帧，将线条拉长，在两帧之间创建补间形状动画。

10 新建1按钮元件，在舞台中输入文本，如图9-158所示。

11 在第2帧处插入关键帧，将文本颜色修改为深红色。

12 在第4帧处插入空白关键帧，绘制矩形。

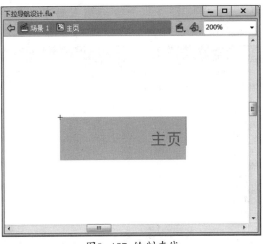

图9-157 绘制直线

图9-158 输入文本

13 在"库"面板中直接复制元件，得到其他按钮元件。

14 返回"主页"影片剪辑元件，新建图层，在第3帧处插入关键帧，将1按钮元件拖入舞台中，在"属性"面板中设置Alpha值为0，效果如图9-159所示。

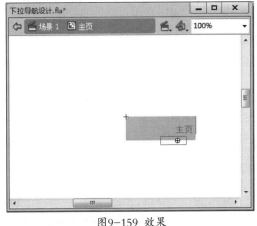

图9-159 效果

15 打开"动作"面板，输入脚本，如图9-160所示。

图9-160 输入脚本

16 在第10帧处插入关键帧，将元件向下移动，并在"属性"面板中设置色彩样式为"无"，如图9-161所示。

图9-161 向下移动元件

17 用同样的方法，将其他按钮元件拖入舞台中，如图9-162所示。

图9-162 将其他按钮元件拖入舞台

18 新建图层，绘制矩形，如图9-163所示。

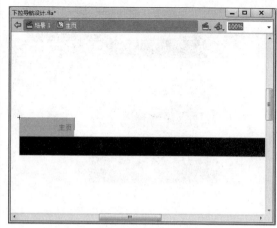

图9-163 绘制矩形

19 选择该图层，单击鼠标右键，执行"遮罩层"命令。

20 选择按钮所在所有图层，单击鼠标右键，执行"属性"命令，打开对话框，单击"被遮罩"单选按钮，如图9-164所示。

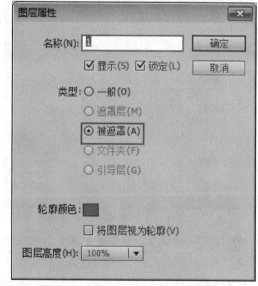

图9-164 单击"被遮罩"单选按钮

21 单击"确定"按钮完成设置。用同样的方法，直接复制"主页"影片剪辑元件，并对其进行修改，得到其他的影片剪辑元件。

22 返回"场景1"，新建图层，将各个影片剪辑元件拖入舞台中，如图9-165所示。

23 新建图层，打开"动作"面板，输入脚本，如图9-166所示。

图9-165 将各个影片剪辑元件拖入舞台

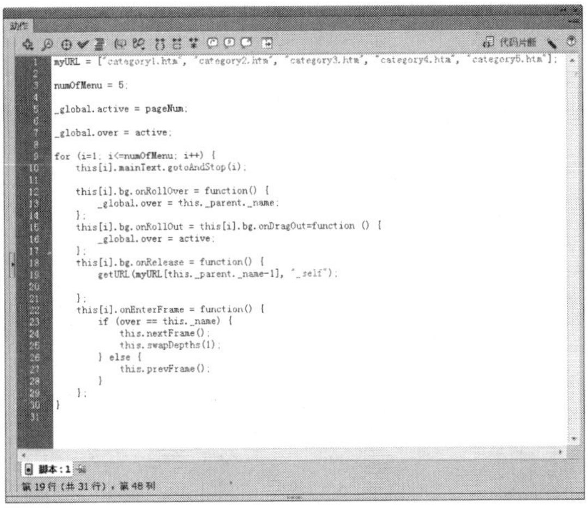

24 按Ctrl+S快捷键保存文档，按Ctrl+Enter快捷键测试影片，如图9-167所示。

图9-167 测试影片

```
myURL = ["category1.htm", "category2.htm", "category3.htm", "category4.htm", "category5.htm"];

numOfMenu = 5;

_global.active = pageNum;

_global.over = active;

for (i=1; i<=numOfMenu; i++) {
    this[i].mainText.gotoAndStop(i);

    this[i].bg.onRollOver = function() {
        _global.over = this._parent._name;
    };
    this[i].bg.onRollOut = this[i].bg.onDragOut=function () {
        _global.over = active;
    };
    this[i].bg.onRelease = function() {
        getURL(myURL[this._parent._name-1], "_self");
    };

    this[i].onEnterFrame = function() {
        if (over == this._name) {
            this.nextFrame();
            this.swapDepths(1);
        } else {
            this.prevFrame();
        }
    };
}
```

图9-166 输入脚本

第10章 动态网页技术

动态网页技术要依靠动态网站开发软件来实现，本章中使用Visual Studio 2013进行动态网站程序的设计。在开始操作前，需在电脑上安装ISS（Internet信息服务器）、SQL Server（数据库）、Visual Studio 2013（开发软件）。

10.1 交互设计

ASP.NET 是一个开发框架，用于通过HTML、CSS、JavaScript 以及服务器脚本来构建网页和网站。下面介绍用ASP.NET提供的基本对象Response对象、Request对象等实现网站的交互。

📷 10.1.1 页面跳转

Response对象用于动态响应客户端请示，控制发送给用户的信息，并将动态生成响应。Response对象用于动态响应客户端请求，并将动态生成的响应结果返回到客户端浏览器中，使用Response对象可以直接发送信息给浏览器，重定向浏览器到另一个URL或设置Cookie的值等。Response对象在ASP编程中非常广泛，也是一种非常好用的工具。

Response对象的Redirect方法可以实现页面跳转，实现重定向功能。

01 在Microsoft Visual Studio中执行"文件"｜"新建"｜"网站"命令，如图10-1所示。

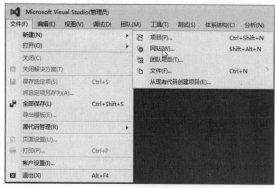

图10-1 执行"文件"｜"新建"｜"网站"命令

02 弹出"新建网站"对话框，选择"模板"为Visual C#，在右侧选择"ASP.NET 空网站"选项，设置Web位置，如图10-2所示。

图10-2 设置Web位置

03 单击"确定"按钮，执行"文件"｜"新建"｜"文件"命令，如图10-3所示。

图10-3 执行"文件"｜"新建"｜"文件"命令

04 弹出对话框，选择"Web窗体"选项，设置名称为response.aspx，如图10-4所示。

图10-4 设置名称

05 单击左下面的"设计"按钮，如图10-5 所示。

图10-5 单击"设计"按钮

06 进入设计视图，单击左侧的"工具箱"按钮，展开工具箱，选择Button控件，如图 10-6所示。

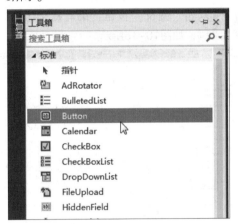

图10-6 选择Button控件

07 将其拖动到设计视图中，如图10-7所示。

图10-7 拖动到设计视图

08 选择Button控件，在右侧的"属性"面板中修改Text属性为"提交"，如图10-8 所示。

09 双击"提交"按钮，进入代码视图，编写 Button1_Click事件代码，如图10-9所示。

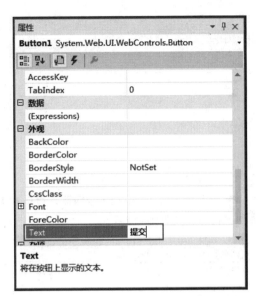

图10-8 修改Text属性

图10-9 编写代码

提示：代码为"Response.Redirect（"Default. aspx"）; //跳转到Default.aspx网页"。

10 建Default.aspx文件，在代码视图中修改 Page_Load事件的代码。

提示：代码为"Response.Write("欢迎访问本网站"); //向网页输出信息"。

11 单击工具栏中的 ▶ 按钮，如图10-10 所示。

图10-10 单击按钮

12 进入调试程序，单击"提交"按钮，如图 10-11所示。

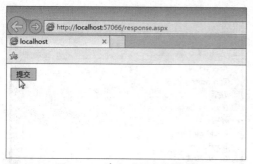

图10-11 单击"提交"按钮

13 网页跳转到Default.aspx网页，显示欢迎信息，如图10-12所示。

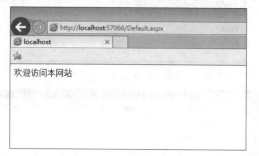

图10-12 显示欢迎信息

📷 10.1.2 获取用户请求

Request对象的作用是与客户端进行交互。通过Request对象，能够获得客户端发给服务器的信息，提供对当前页请求的访问，包括客户端请求的信息、查询字符串，以及IP地址等。

使用QuerySting属性可以采集来自URL地址中"？"后面的数据信息，这些数据被称为"查询字符串"，可以在不同网页之间传递数据，如新闻列表网页和新闻详细内容网页的数据传递。

下面设计一个调查姓名的网页。

01 新建request.aspx文件，在页面中输入文字"请输入您的姓名："，拖动一个TextBox控件、一个Button控件到设计视图中，如图10-13所示。

图10-13 页面效果

02 选中Button控件，修改右侧"属性"面板中属性Text为"提交"，如图10-14所示。

图10-14 修改Text属性

03 双击"提交"按钮，编写提交信息的代码，如图10-15所示。

图10-15 编写代码

04 新建request2.aspx文件，拖动一个Label控件到页面中。

05 双击request2.aspx页面空白处，进入代码视图，在Page_Load事件中进行代码编写，如图10-16所示。

图10-16 编写代码

06 直接调试request2.aspx程序，界面显示如图10-17所示。

美工与创意｜网页设计艺术 第二版

图10-17 界面显示

07 调试request.aspx程序,输入"小马",单击"提交"按钮,如图10-18所示。

图10-18 单击"提交"按钮

08 显示欢迎信息,显示结果如图10-19所示。

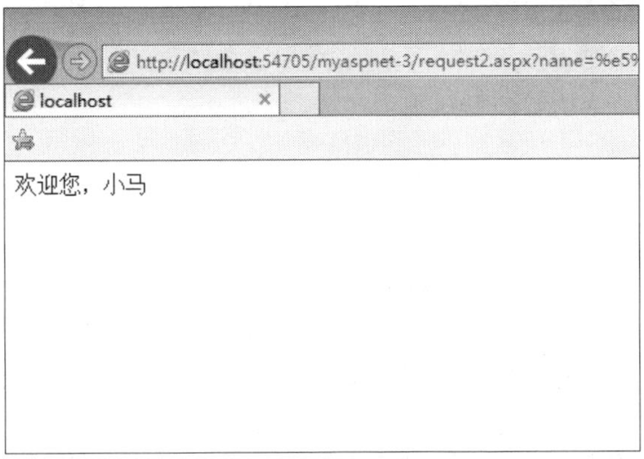

图10-19 显示结果

📷 10.1.3 记录用户信息

Session对象用于存储特定的用户会话所需的信息。Session在ASP中代表了服务器与客户端之间的"会话"。Session的作用时间从用户到达某个特定的Web页开始,到该用户离开Web站点,或在程序中利用代码终止。引用Session则可以让一个用户在多个页面之间切换也会保留该用户的信息。

系统为每个访问者都设立一个独立的Session对象,用以存储Session变量,并且各个访问者的Session对象互不干扰。

Session信息对客户来说,不同的用户用不同的Session信息来记录。当用户启用Session时,ASP自动产生一个Session ID。在新会话开始时,服务器将Session ID当作Cookie存储在用户的浏览器中。

01 新建session.aspx文件,在设计视图中输入文字,如图10-20所示。

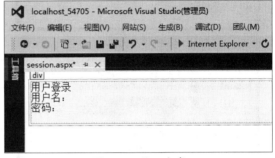

图10-20 输入文字

02 在工具箱中选择两个TextBox文本框控件、一个Button按钮控件到设计视图中,如图10-21所示。

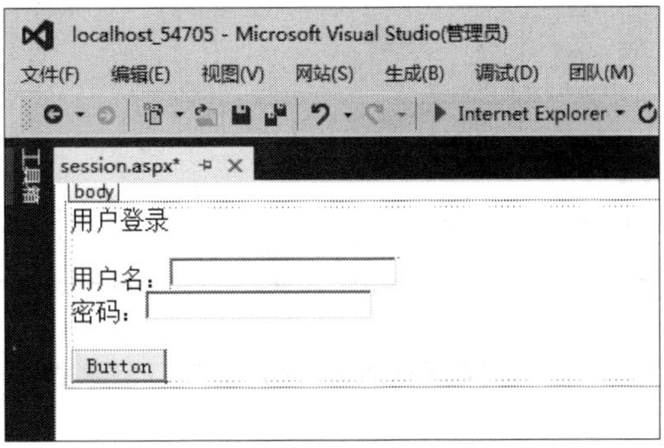

图10-21 添加控件

03 选择"密码"后的文本框,在"属性"面板中设置TextMode为Password,如图10-22所示。

04 选择Button控件,在"属性"面板中修改Text为"登录",如图10-23所示。

05 双击"登录"按钮,进入代码视图,编写Button_ Click代码程序,如图10-24所示。

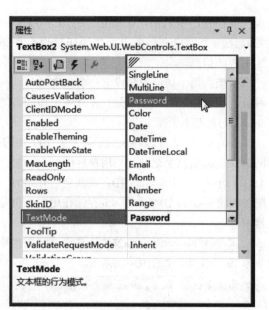

图10-22 修改TextMode属性

图10-23 修改Text属性

图10-24 编写代码

06 新建session2.aspx文件，在设计视图中拖入一个Label控件。

07 双击页面空白处，进入代码视图，编写Page_ Load代码程序，如图10-25所示。

图10-25 编写代码

08 调试程序session.aspx，输入用户名、密码后单击"登录"按钮，如图10-26所示。

图10-26 单击"登录"按钮

09 页面转向session2.aspx网页，如图10-27所示。

图10-27 转向网页

10 若直接调试程序session2.aspx，由于不存在session对象，则会显示如图10-28所示的页面。

图10-28 显示页面

10.1.4 在线人数统计

Application对象主要功能是用来存储和获取可以被所有用户之间进行共享的信息。Application对象供所有用户存储信息，即成为所有用户的公共变量。

01 在解决方法资源管理器中单击鼠标右键，执行"添加"|"添加新项"命令，如图10-29所示。

图10-29 执行命令

02 在弹出的对话框中选择"全局应用程序类"选项，如图10-30所示。

图10-30 选择"全局应用程序类"选项

03 设置名称为Global.aspx，单击"添加"按钮，页面如图10-31所示。

图10-31 页面

04 对Application对象的Start事件编写代码，如图10-32所示。

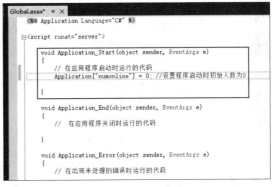

图10-32 编写代码

05 对Session对象的Start事件编写代码，如图10-33所示。

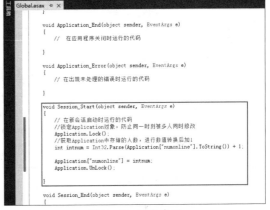

图10-33 编写代码

06 对Session对象的End事件编写代码，如图10-34所示。

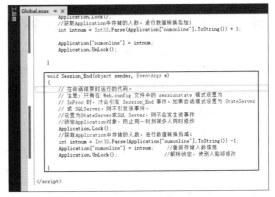

图10-34 编写代码

07 新建application.aspx文件，拖入一个Label控件到设计视图中。

08 双击页面空白部分，进入代码视图，编辑Page_ Load事件代码，如图10-35所示。

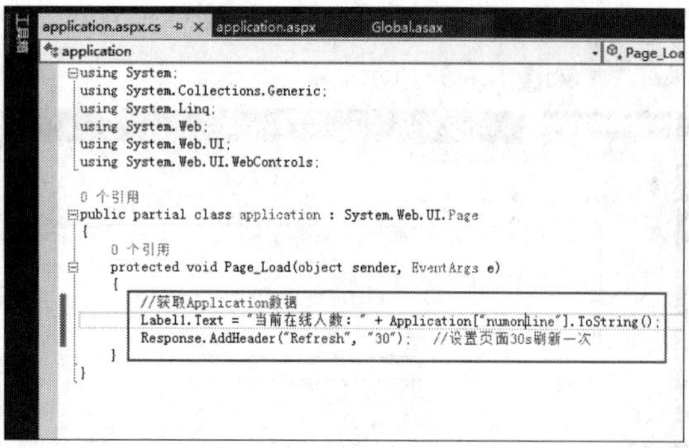

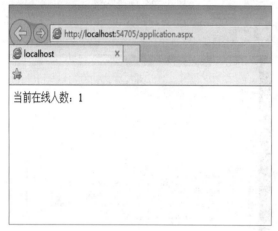

图10-35 编辑代码

09 调试程序，运行界面如图10-36所示。

← →	http://localhost:54705/application.aspx
localhost	×

当前在线人数：1

图10-36 运行界面

10.2 ASP.NET Web服务器控件

本节将介绍ASP.NET服务器控件。

📷 10.2.1 常用Web服务器控件

在Visual Studio工具箱的"标准"选项卡中是常用的Web服务器控件，下面将介绍Web服务器控件。

1. Label标签控件

Label控件提供了一种在 ASP.NET 网页中以编程方式设置文本的方法。当希望在运行时更改网页中的文本（比如响应按钮单击）时，通常可以使用Label控件。Label标签包括以下常见属性。

属性	描述
Text	指定标签中显示的文本。在用户的浏览器中，这会显示为 HTML
AssociatedControlID	指定要以Label控件为标题的控件的 ID

01 新建网站myaspnet-3，新建Default.aspx页面。

02 拖入一个Label标签控件到设计视图中。

03 选择Label，在"属性"面板中修改Text为"欢迎你"，如图10-37所示。

图10-37 修改

04 双击页面空白处，进入代码视图，编写Page_Load事件代码，如图10-38所示。

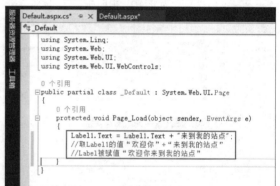

图10-38 编写代码

05 调试程序，显示结果如图10-39所示。

图10-39 显示结果

2. Image图像控件

使用Image控件可以显示图片，通过编程方式指定ImageUrl属性来确定图形文件，从而实现动态设计的效果。Image标签包含以下常见属性。

属性	描述
Height和Width	在网页上为图形保留空间。当网页呈现时，将根据保留的空间相应调整图像大小
ImageAlign	使用如Top、Bottom、Left、Middle和Right这样的值将图像与环绕文本对齐。在代码中，可以使用ImageAlign枚举来设置图像的对齐方式
AlternateText	若不能加载图形，可以在显示时用文本来代替它。在有些浏览器中，此文本还会显示为工具提示

01 在解决方案资源管理器网站文件夹上单击鼠标右键，执行"添加"|"添加新项"命令，如图10-40所示。

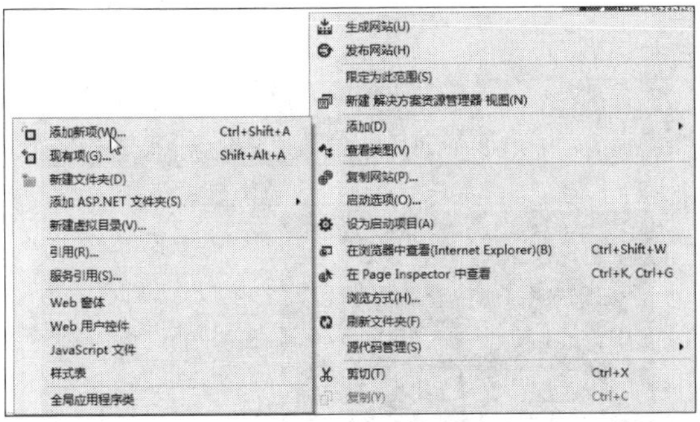

图10-40 执行命令

02 新建网页image.aspx，单击"添加"按钮，如图10-41所示。

图10-41 单击"添加"按钮

03 复制两幅图像tjnul.jpg和tjnu2.jpg到网站目录中，如图10-42所示。

04 在解决方案资源管理器中单击"刷新"按钮，即可新增两幅图像，如图10-43所示。

图10-42 复制图像到网站目录

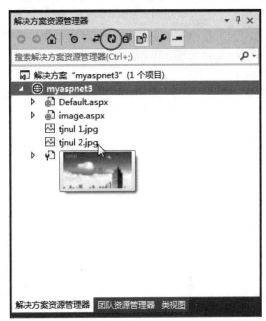

图10-43 刷新后

05 拖动一个Image控件到设计页面中，如图10-44所示。

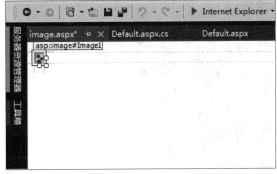

图10-44 拖入控件

06 在"属性"面板中修改Width为300px，如图10-45所示。

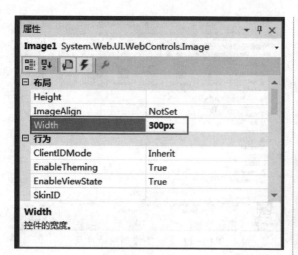

图10-45 修改Width

07 单击ImageUrl后面的 按钮，弹出对话框，选择tjnul.jpg，单击"确定"按钮，如图10-46所示。

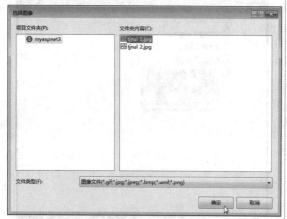

图10-46 单击"确定"按钮

08 拖动一个Button控件到页面中，如图10-47所示。

图10-47 拖入Button控件

09 在"属性"面板中修改Text 为"更换图片"。

10 双击"更换图片"按钮，编写按钮程序代码，如图10-48所示。

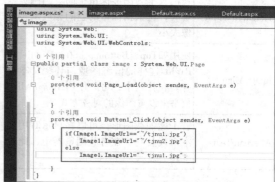

图10-48 编写代码

11 调试程序，界面显示如图10-49所示。单击"更换图片"按钮，显示结果如图10-50所示。

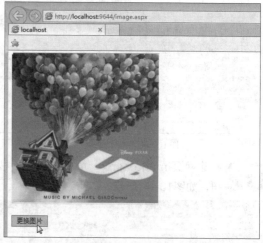

图10-49 界面显示

图10-50 显示结果

3. TextBox输入控件

TextBox 控件为用户提供了一种向 ASP.NET 网页中输入信息（包括文本、数字和日期）的方法。TextBox控件包含以下常见属性。

属性	描述
Text	指定TextBox中显示的默认文本
MaxLength	指定用户可在TextBox中输入的最大字符数。MaxLength属性在多行文本框中不起作用

设置TextMode属性，可将TextBox控件配置为多种形式。TextBox控件的TextMode 属性设置如下。

属性	描述
Single-line	用户只能在一行中输入信息。还可以选择限制控件接收的字符数
Password	与单行TextBox控件类似，但用户输入的字符将以星号（＊）屏蔽，以隐藏这些信息
Multiline	用户在显示多行并允许换行的框中键入信息

01 新建网页textbox.aspx，拖入一个TextBox控件、两个Button控件和一个Label控件到页面中。

02 在"属性"面板中修改两个Button的Text为"显示信息"和"获取时间"，页面效果如图10-51所示。

图10-51 页面效果

03 双击"显示信息"按钮控件，进入代码视图，编辑程序代码，如图10-52所示。

04 双击"获取时间"按钮控件，进入代码视图，编辑程序代码，如图10-53所示。

05 调试程序，在文本框中输入"欢迎您"，单击"显示信息"按钮，界面显示出文本框信息的内容，如图10-54所示。

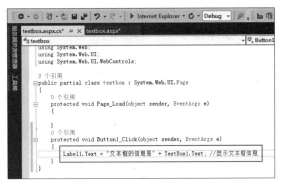

图10-52 编写代码

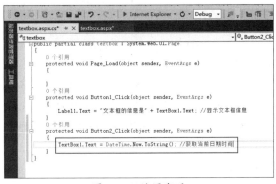

图10-53 编写代码

图10-54 单击"显示信息"按钮

06 单击"获取时间"按钮，文本框显示出当前的日期时间，如图10-55所示。

图10-55 单击"获取时间"按钮

07 再次单击"显示信息"按钮,界面显示出文本框信息为当前的时间,如图10-56所示。

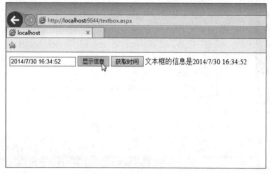

图10-56 显示当前的时间

4. Button按钮控件

Button控件显示一个标准命令按钮,能够响应客户端的行为,产生动作。常用的属性为Text,修改Text属性可以改变按钮上显示的文字信息。在前面的讲解中已经使用过Button控件了,这里不再讲解。

5. ImageButton图像按钮控件

使用ImageButton控件将图片呈现为可单击的控件。ImageButton控件包含以下常见属性。

属性	描述
ImageUrl	在ImageButton控件中显示的图像的路径
AlternateText	图像无法显示时显示的文本

01 新建imagebutton.aspx文件,在资源管理器中复制两个图片到网站目录中,如图10-57所示。

图10-57 复制图片到网站目录

02 在解决方案资源管理器中单击"刷新"按钮。在设计页面中输入文字,并拖入两个TextBox控件到页面中。

03 选择"密码"后的TextBox控件,在"属性"面板中修改TextMode为Password,如图10-58所示。

图10-58 修改TextMode属性

04 拖动两个ImageButton控件到页面中,在"属性"面板中分别修改ImageUrl为login.jpg和reg.jpg,界面效果如图10-59所示。

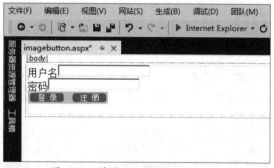

图10-59 修改ImageUrl后页面效果

05 拖动一个Label控件到页面中,在"属性"面板中修改Text为空,界面如图10-60所示。

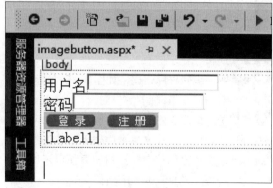

图10-60 界面

06 双击"登录"按钮，进入代码视图，编写ImageButton1_Click事件的程序代码，如图10-61所示。

图10-61 编写代码

07 调试程序，输入用户名和密码，如图10-62所示。输入正确的用户名和密码的显示结果如图10-63所示。输入错误的用户名和密码的显示结果如图10-64所示。

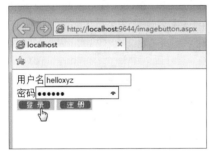

图10-62 输入用户名和密码

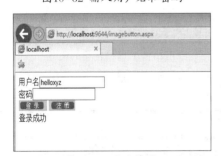

图10-63 显示结果1

图10-64 显示结果2

6. LinkButton超链接按钮控件

LinkButton控件在网页中呈现为一个超链接。但是，它还包含会使表单发回服务器的客户端脚本。可以使用Hyperlink控件来创建真正的超链接。LinkButton控件包含以下常见属性。

属性	描述
Text	用户看到的超链接形式的文本
PostbackURL	默认情况下，当用户单击LinkButton时，表单将发回到从中编写服务器代码的服务器，以便运行该网页。然而，也可以将PostbackURL属性更改为将表单发送到另一个URL
Tooltip	当鼠标指针停在控件上时显示的文本。

01 新建linkbutton.aspx文件，在设计页面中输入文字，然后拖动两个TextBox控件到页面中。

02 拖动两个LinkButton控件到页面中，分别在"属性"面板中修改Text为"登录"和"注册"，界面效果如图10-65所示。

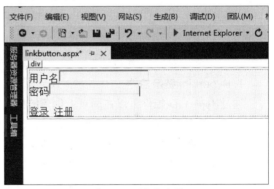

图10-65 界面效果

03 双击"登录"按钮，在代码视图中编写LinkButton1_Click事件的程序代码，如图10-66所示。

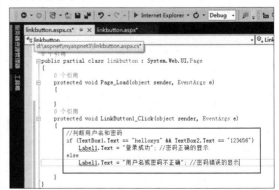

图10-66 编写代码

04 拖动一个Label控件到页面中，在"属性"面板中修改Text为空。

05 调试程序，输入用户名和密码，单击"登录"按钮，如图10-67所示，界面结果如图10-68所示。

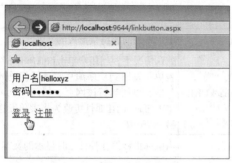

图10-67 单击"登录"按钮

图10-68 界面结果

7. HyperLink链接控件

通过HyperLink控件可以在网页上创建链接，使用户可以在应用程序中的各个网页之间移动。HyperLink控件可以显示可单击的文本或图像。与LinkButton控件不同，HyperLink控件不需要编写程序，可以直接在"属性"面板中设置超链接。HyperLink控件包含以下常见属性。

属性	描述
Text	指定要在用户的浏览器中显示为超链接的文本。可以在该属性中包含 HTML 格式设置
CssClass	指定超链接的样式。当使用 Microsoft® Expression® Web CSS工具对控件应用样式时，此属性将自动更新
ImageUrl	将此属性设置为.gif、.jpg或其他Web图形文件的URL时，将创建一个图形链接。如果同时设置了ImageUrl和Text属性，则ImageUrl属性的优先级较高
NavigateUrl	指定要链接到的网页的URL
Target	指示要在其中显示链接网页的目标窗口或框架的 ID。可以通过名称指定窗口，也可以使用预定义的目标值（如_top、_parent）来指定

01 新建hyperlink.aspx文件，在页面中拖入一个HyperLink控件。

02 在"属性"面板中修改Text为"进入"，如图10-69所示。

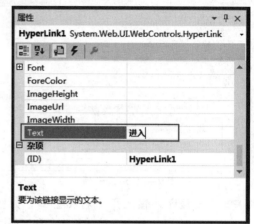

图10-69 修改Text属性

03 在NavigateUrl后单击⋯，在弹出的对话框中选择链接的文件，如图10-70所示。

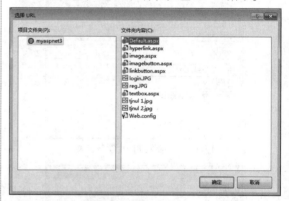

图10-70 选择链接的文件

04 单击"确定"按钮后如图10-71所示。

图10-71 NavigateUrl修改后

05 调试程序，单击"进入"按钮，如图10-72所示。

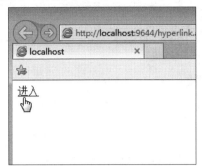

图10-72 单击"进入"按钮

06 打开了链接网页Default.aspx，如图10-73所示。

图10-73 网页Default.aspx

8. DropDownList下拉列表控件

DropDownList控件使用户能够从预定义的列表中选择一项。其项列表在用户单击下拉按钮之前一直处于隐藏状态。

01 新建dropdownlist.aspx文件，在设计视图页面中输入"职业"。

02 拖动一个DropDownList控件、一个Button控件和一个Label控件到页面中，如图10-74所示。

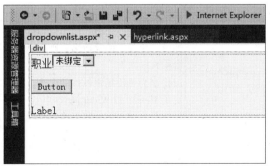

图10-74 添加控件

03 选择Button控件，在"属性"面板中修改Text为"提交"。选择Label控件，在"属性"面板中修改Text为空，界面如图10-75所示。

图10-75 修改控件属性后界面

04 选择DropDownList控件，单击右上角的箭头，选择"编辑项"，如图10-76所示。

图10-76 选择"编辑项"

05 弹出对话框，单击"添加"按钮，然后在右侧修改Text为"设计师"，如图10-77所示。

图10-77 修改Text

06 用同样的方法，添加其他选项，如图10-78所示。

图10-78 添加其他选项

07 选择"程序员"选项，设置右侧的 Selected为True，即"程序员"为默认选项，如图10-79所示。

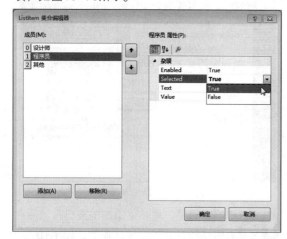

图10-79 设置Selected为True

08 单击"确定"按钮。双击"提交"按钮，进入代码视图编写代码，如图10-80所示。

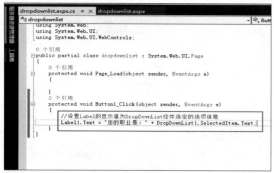

图10-80 编写代码

09 调试程序，在列表中选择一个选项，如图10-81所示。

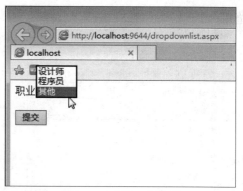

图10-81 选择一个选项

10 单击"提交"按钮，显示的结果如图10-82所示。

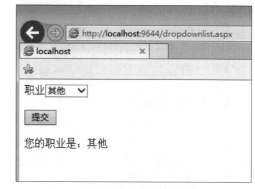

图10-82 显示的结果

9. ListBox列表

ListBox控件允许用户从预定义的列表中选择一个或多个项。它与DropDownList控件的不同之处在于，它不但可以一次显示多个项，而且还允许用户选择多个项。ListBox控件包含以下常见属性。

属性	描述
SelectionMode	设置为Single或Multiple以指定用户可以选择多少项
Rows	指定要显示的行数。可将该控件设置为显示特定的项数。如果该控件包含的项数比设置的项数多，则会显示一个垂直滚动条
Height 和 Width	以像素为单位指定控件的大小。当指定了 Height 和 Width 属性之后，控件将忽略所设置的行数，改为按控件高度来显示行。有些浏览器不支持以像素为单位设置高度和宽度，这些浏览器将使用行数设置

ListBox设计方法基本与DropDownList相同，这里不再进行具体讲解，调试结果如图10-83所示。

图10-83 调试结果

10. RadioButtonList单选按钮组

RadioButtonList控件提供了单选按钮式的选择，设计方法基本与DropDownList相同。

01 新建radiobuttonlist.aspx文件，在设计页面中输入文字"性别"。

02 拖动一个Radio Button List控件、一个Button控件和一个Label控件到页面中。选择Button控件，在"属性"面板中修改Text为"提交"。选择Label控件，在"属性"面板中修改Text为空。

03 选择Radio Button List控件，单击右上角的箭头，选择"编辑项"，弹出对话框，添加选项，并设置"保密"为默认选项，如图10-84所示。

图10-84 设置"保密"为默认选项

04 单击"确定"按钮，页面效果如图10-85所示。

05 单击"确定"按钮。选择Radio Button List控件，在"属性"面板中修改RepeatDirection（重复方向）为Horizontal，如图10-86所示。

06 双击"提交"按钮，编写程序代码，如图10-87所示。

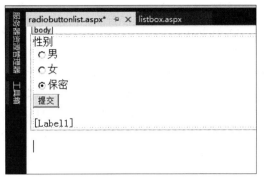

图10-85 页面效果

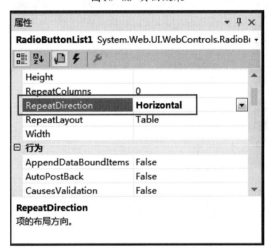

图10-86 修改RepeatDirection

图10-87 编写代码

07 调试程序，选择性别后单击"提交"按钮，显示结果如图10-88所示。

图10-88 显示结果

11. CheckBoxList复选框组

CheckBoxList控件是单个控件，可作为一组复选框列表项的父控件。由于源自ListControl基类，CheckBoxList控件提供了复选框式的选择，设计方法基本与RadioButtonList相同。需要注意的是，由于复选框不能通过直接获取值的方式，而是要逐一对每个选项进行判断，因此"提交"按钮的代码会有所不同，如图10-89所示。调试程序，显示结果如图10-90所示。

图10-89 "提交"按钮代码

图10-90 显示结果

12. RadioButton单选按钮

RadioButton控件与RadioButtonList控件都是向页面添加单选按钮，不同的是RadioButton控件是单个的单选按钮，在添加多行单选按钮或选择性别头像时，就可以使用RadioButton控件。

01 新建文件radiobutton.aspx，在设计页面中输入文字"请选择您的性别："。

02 拖动两个RadioButton控件、一个Button控件、一个Label控件到页面中。选择Button控件，在"属性"面板中修改Text为"确认"。选择Label控件，在"属性"面板中修改Text为空。

03 分别设置两个RadioButton控件的Text属性为"男"和"女"，页面效果如图10-91所示。

04 设置两个RadioButton控件的GroupName均为sex，如图10-92所示，即将两个

RadioButton控件分为一组，实现互斥选择。

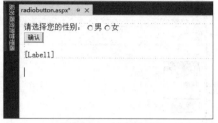

图10-91 页面效果

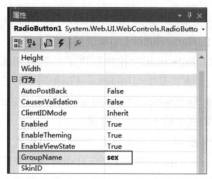

图10-92 设置GroupName为sex

05 双击"确认"按钮，编写代码，如图10-93所示。

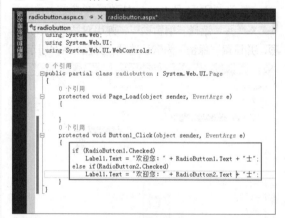

图10-93 编写代码

06 调试程序，选择性别后单击"确认"按钮，显示结果如图10-94所示。

图10-94 显示结果

13. CheckBox复选框

CheckBox控件适用于单个选项是否的选择，如是否统一网站声明的选择。

01 新建checkbox.aspx文件，拖动一个CheckBox控件、一个Button控件和一个Label控件到页面中。

02 选择Button控件，在"属性"面板中修改Text为"确认"，Label控件的Text为空。

03 在CheckBox控件的"属性"面板中修改Text为"我已经阅读并同意网站的声明"，页面效果如图10-95所示。

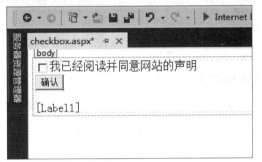

图10-95 页面效果

04 双击"确认"按钮，在代码视图中编写代码，如图10-96所示。

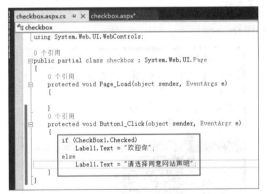

图10-96 编写代码

05 调试程序，选择复选框后单击"确认"按钮，显示结果如图10-97所示。

图10-97 显示结果

06 取消复选框的勾选，单击"确认"按钮，显示结果如图10-98所示。

图10-98 显示结果

14. FileUpload文件上传控件

使用FileUpload控件，可以为用户提供一种将文件从用户的计算机发送到服务器的方法。该控件在允许用户上载图片、文本文件或其他文件时很有用。要上载的文件将在回送期间作为浏览器请求的一部分提交给服务器。在文件上载完毕后，可以用代码管理该文件。

FileUpload控件会显示一个文本框，用户可以在其中输入希望上载到服务器的文件的名称。该控件还显示一个"浏览"按钮，用于显示一个文件导航对话框。

01 在解决方案资源管理器中单击鼠标右键，执行"添加"|"新建文件夹"命令，如图10-99所示。

图10-99 执行"添加"|"新建文件夹"命令

02 重命名文件夹为upfile，如图10-100所示。

03 新建fileupload.aspx文件，在设计视图中输入文字"请选择文件"。

04 拖动一个FileUpload控件、一个Button控件、一个Label控件到页面中。

05 在"属性"面板中修改Button控件的Text为"上传"，Label控件的Text为空，页面效果如图10-101所示。

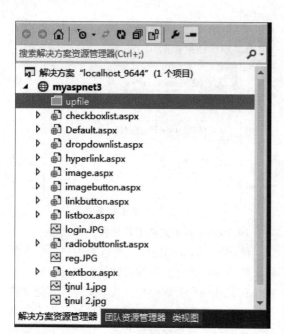

图10-100 重命名文件夹

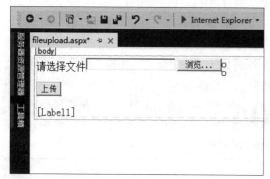

图10-101 页面效果

06 双击"上传"按钮,进入代码视图编写代码,如图10-102所示。

图10-102 编写代码

07 调试程序,单击"浏览"按钮,如图10-103所示。

08 在弹出的对话框中选择文件,单击"上传"按钮,显示结果如图10-104所示。

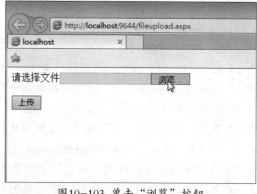

图10-103 单击"浏览"按钮

图10-104 显示结果

09 在解决方案资源管理器中单击"刷新"按钮,upfile文件夹中新增了上传的文件,如图10-105所示。

图10-105 新增文件

15. Calendar日期时间控件

Calendar控件显示一个日历,用户可通过该日历导航到任意一年的任意一天。

（1）常见 Calendar 功能属性

可以在"属性"面板中设置属性，以指定用户与Calendar交互的方式。

属性	描述
SelectedDate	使特定日期在控件中突出显示
ShowNextPrevMonth	允许或禁止用户进行月份导航。默认情况下，日历显示包含当前日期的月份。用户可以单击日历标题栏中的月份导航链接，在Calendar控件中移动到不同的月份。如果该属性设置为False，则Calendar控件不在标题中显示允许用户在月份之间移动的控件
SelectionMode	将此属性设置为 SelectionMode 枚举中定义的值之一（Day、DayWeek 或 DayWeekMonth），以指定用户可以选择的日期。若要禁用所有日期选择，将该属性设置为 None。为了允许用户选择一个日期，日历将显示链接。每个日期都包含带有日期编号的链接。如果将日历设置为允许用户选择一周或整个月份，日历的左侧会额外添加一个带有选择链接的列
VisibleDate	此日期用于确定日历中显示的月份。在日历中，用户可在不同的月份之间移动，从而在不影响当前日期的情况下更改显示日期。通过以编程方式设置显示日期，可导航到不同的月份

（2）常见 Calendar 外观属性

由于Calendar控件是由许多独立元素组成的复杂控件，为自定义其外观提供了大量选项。

Calendar控件在网页上建立日历的默认外观，但也可以更改日历的整体外观。如果针对各个日历元素（如当前日期、选中日期等）设置外观属性，这些设置便以日历整体的默认设置为基础。

属性	描述
Font、ForeColor、BackColor	更改字体、文本颜色和背景色
Height、Width	更改控件的整体大小
NextMonthText、PrevMonthText、NextPrevFormat、NextPrevStyle	更改月份导航超链接的外观

属性	描述
CellPadding、CellSpacing	更改各个日期周围的边距和间隔
FirstDayOfWeek	指定一周的起始日（默认值是 Sunday）
DayStyle	设置当月日期的样式。周末、当日和选中日期可具有不同的样式
DayHeaderStyle	设置在日历上方显示日期名称的行的样式
NextPrevStyle	设置标题栏左右两端的月份导航 LinkButton 所在部分的样式
OtherMonthDayStyle	设置显示在当前月视图中的上一个月和下一个月的日期的样式
SelectedDayStyle	设置用户选中的日期的样式
SelectorStyle	设置位于左侧且包含用于选择一周或整月的链接的列的样式
TitleStyle	设置位于日历顶部且包含月份名称和月份导航链接的标题栏的样式。如果设置了NextPrevStyle，它将替代标题栏两端的样式
TodayDayStyle	设置当前日期的样式
WeekendDayStyle	设置周末的样式

01 新建calendar.aspx文件，在设计视图中输入文字"请选择日期"。

02 拖动一个Calendar控件、一个Button控件、一个Label控件到页面中。在"属性"面板中修改Button控件的Text为"确定"，修改Label控件的Text为空，页面效果如图10-106所示。

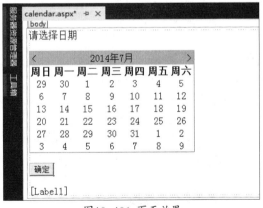

图10-106 页面效果

03 选择Calendar控件，单击右上角的按钮，选择"自动套用格式"选项，如图10-107所示。

04 弹出对话框，在左侧选择架构，如图10-108所示，然后单击"确定"按钮。

图10-107 选择"自动套用格式"选项

图10-108 选择架构

05 双击"确定"按钮,编写代码,如图 10-109所示。

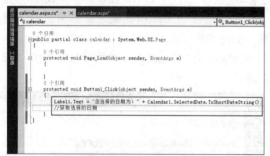

图10-109 编写代码

06 调试程序,选择日期,单击"确定"按 钮,如图10-110所示,

图10-110 单击"确定"按钮

07 显示结果如图10-111所示。

图10-111 显示结果

📷 10.2.2 数据验证控件

为了防止用户随意地输入错误数据,ASP. NET提供了验证控件,下面进行介绍。

1. RequiredFieldValidator控件

RequiredFieldValidator控件用于使输入 控件成为一个必选字段。通过该控件,如果 输入值的初始值未改变,那么验证将失败。 默认地,初始值是空字符串("")。如表单中 的必填项未填写时返回错误信息,可以使用 RequiredFieldValidator控件。

01 新建文件reg.aspx,设计用户注册的界 面,如图10-112所示。

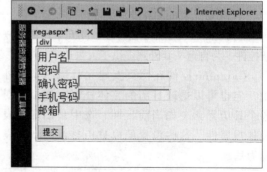

图10-112 设计界面

02 在工具箱中选择"验证"控件组,选 择RequiredFieldValidator控件,将其 拖动到每个TextBox控件的后面。选择第一个 RequiredFieldValidator控件,在"属性"面板中 修改ControlToValidate为对应的TextBox1,如图 10-113所示。

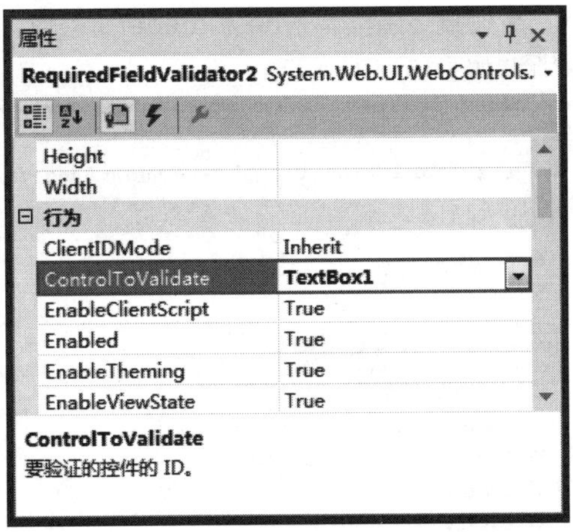

图10-113 修改ControlToValidate属性

03 修改ErrorMessage为"请输入用户名"。单击ForeColor后的 按钮，选择颜色为红色，如图10-114所示。

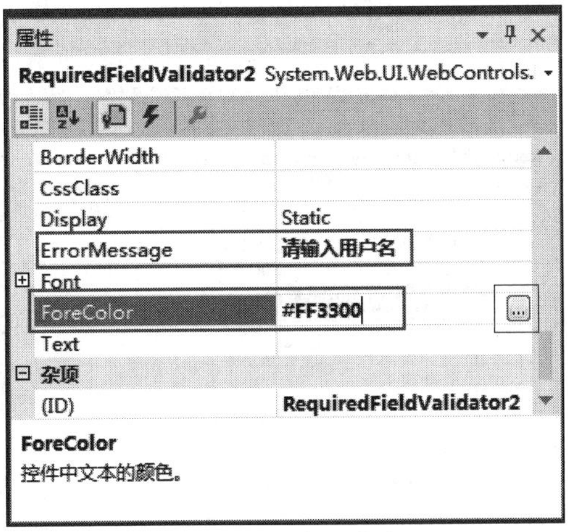

图10-114 修改属性

04 用同样的方法，修改其他RequiredFieldValidator控件的属性，页面效果如图10-115所示。

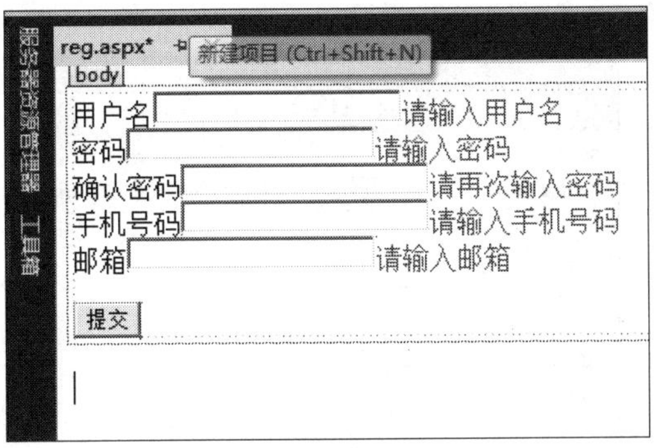

图10-115 页面效果

05 调试程序，单击"提交"按钮，如图10-116所示，显示结果如图10-117所示。

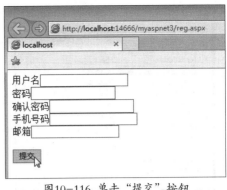

图10-116 单击"提交"按钮

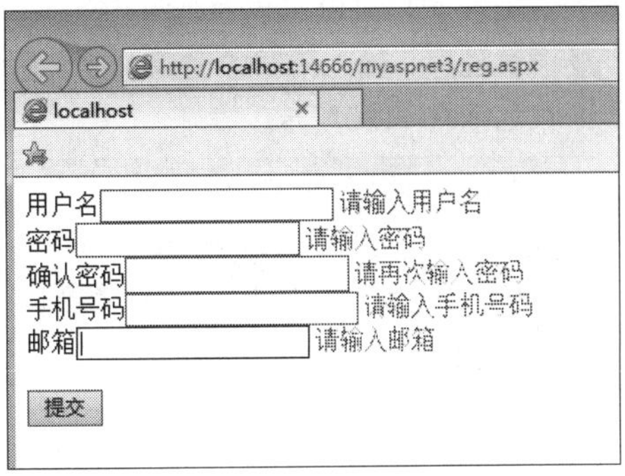

图10-117 显示结果

2. CompareValidator控件

CompareValidator 控件用于将由用户输入到输入控件的值与输入到其他输入控件的值或常数值进行比较。

01 在reg.aspx文件中，拖入CompareValidator 控件到"确认密码"文本框后。

02 在"属性"面板中修改ErrorMessage为"两次密码不一致"，如图10-118所示。

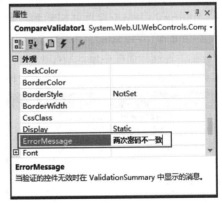

图10-118 修改ErrorMessage

03 设置ControlToValidate为"确认密码"对应的TextBox3。设置ControlToCompare为"密码"对应的TextBox2，即设置与"密码"所在控件比较，如图10-119所示。

图10-119 修改属性

04 调试程序，输入不同的密码，提交后的结果如图10-120所示。

图10-120 提交后的结果

3. RangeValidator控件

RangeValidator 控件用于检测用户输入的值是否介于两个值之间。可以对不同类型的值进行比较，比如数字、日期以及字符。

01 在reg.aspx文件中，输入文字"年龄"，并拖入一个TextBox控件。

02 在工具箱的"验证"控件组中，选择RangeValidator控件并拖动到"年龄"后。设置ControlToValidate为TextBox6。

03 在"属性"面板中修改ErrorMessage为"年龄范围不正确"，如图10-121所示。

图10-121 修改ErrorMessage

04 设置范围类型Type为Integer（整数），如图10-122所示。

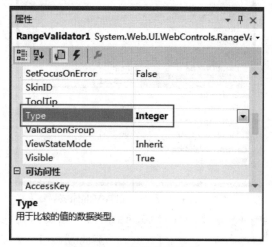

图10-122 设置范围类型

05 设置最大值MaximumValue为100，最小值MinimumValue为0，如图10-123所示。

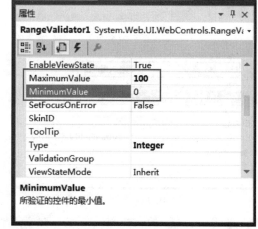

图10-123 设置属性

06 调试程序，输入年龄为200，显示结果如图10-124所示。

图10-124 显示结果

提示： 为避免错误，修改前面的RequiredField Validator控件的Display属性为Dynamic（动态）。

4. RegularExpressionValidator控件

RegularExpressionValidator控件可用于检查输入的内容与正则表达式所定义的模式是否匹配。此类验证可用于检查可预测的字符序列，例如电子邮件地址、电话号码、邮政编码等内容中的字符序列。

01 在reg.aspx文件中，拖入一个Regular ExpressionValidator控件到"手机号码"后。

02 在"属性"面板中修改ErrorMessage为"手机号码格式不正确"，如图10-125所示。

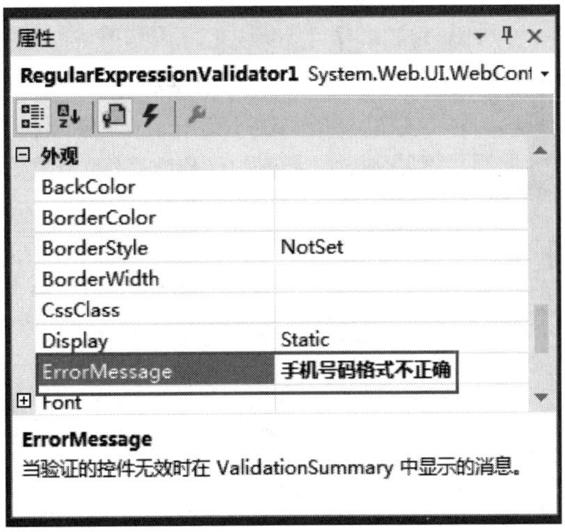

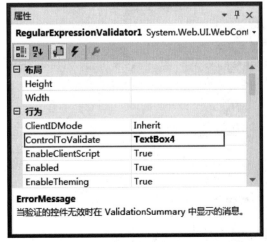

图10-125 修改ErrorMessage

03 设置ControlToValidate为手机号码对应的TextBox4，如图10-126所示。

图10-126 设置ControlToValidate

04 单击ValidationExpression选项后的⬚按钮，弹出对话框，选择"标准表达式"为"中华人民共和国电话号码"，如图10-127所示。

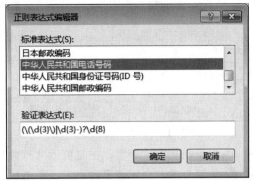

图10-127 选择选项

05 单击"确定"按钮。调试程序，输入格式错误的电话号码，提交后显示结果如图10-128所示。

图10-128 提交后显示结果

10.3 动态数据

动态数据是指在系统应用中随时间变化而改变的数据，如库存数据等。动态数据的准备和系统切换的时间有直接关系。动态数据是常常变化、直接反映事务过程的数据，如网站访问量、在线人数、日销售额，等等。

📷 10.3.1 数据库的基本操作

在创建数据库应用程序之前，先来介绍SQL数据库的基本操作。

1. 建立数据库

01 打开SQL Server 2012，在"连接到服务器"对话框中选择"身份验证"，单击"连接"按钮，如图10-129所示。

图10-129 单击"连接"按钮

02 打开数据库主界面，在左侧的"对象资源管理器"中，选择数据库，单击鼠标右键，执行"新建数据库"命令，如图10-130所示。

图10-130 执行"新建数据库"命令

03 在弹出的"新建数据库"对话框中输入数据库名称，单击"确定"按钮，如图10-131所示。

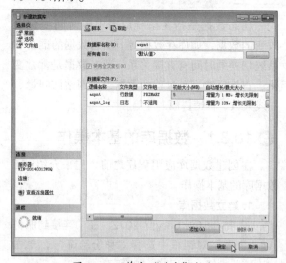

图10-131 单击"确定"按钮

2. 备份数据库

01 在左侧的"对象资源管理器"中，选择数据库aspnet，单击鼠标右键，执行"任务" | "备份"命令，如图10-132所示。

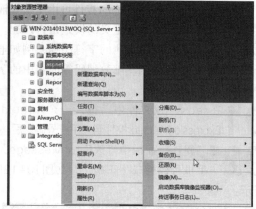

图10-132 执行"任务" | "备份"命令

02 弹出"备份数据库"对话框，单击"删除"按钮，如图10-133所示。

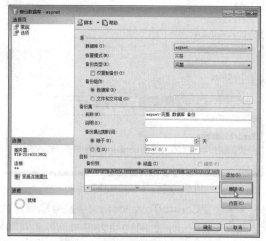

图10-133 单击"删除"按钮

03 单击"添加"按钮，在弹出的对话框中单击"浏览"按钮，如图10-134所示。

图10-134 单击"浏览"按钮

04 在打开的对话框中选择路径及文件名，如图10-135所示。

图10-135 选择路径及文件名

05 回到"选择备份目标"对话框，单击"确定"按钮，如图10-136所示。

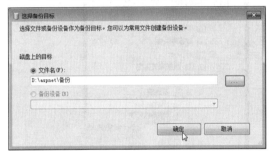

图10-136 单击"确定"按钮

06 在"备份数据库"对话框中单击"确定"按钮，如图10-137所示。

图10-137 单击"确定"按钮

07 弹出对话框，提示数据库备份完成，如图10-138所示，单击"确定"按钮即可。

图10-138 提示信息

3. 还原数据库

01 选择aspnet，单击鼠标右键，执行"任务"|"还原"|"数据库"命令，如图10-139所示。

图10-139 执行"任务"|"还原"|"数据库"命令

02 弹出对话框，选择数据库后单击"确定"按钮，如图10-140所示。

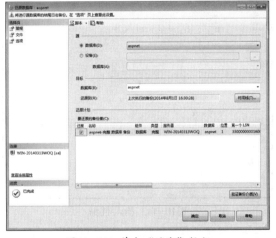

图10-140 单击"确定"按钮

03 数据库还原后弹出对话框，单击"确定"按钮即可，如图10-141所示。

图10-141 单击"确定"按钮

4. 建立数据表

01 在"对象资源管理器"中展开数据库中的 aspnet，在"表"选项上单击鼠标右键，执行"新建表"命令，如图10-142所示。

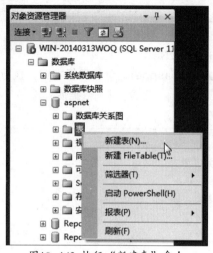

图10-142 执行"新建表"命令

02 在打开的界面中输入表的字段与相应的数据类型，如图10-143所示。

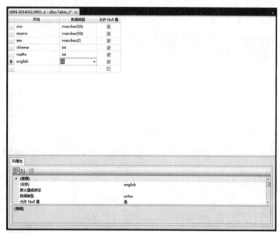

图10-143 输入数据

03 单击"保存"按钮，弹出对话框，输入表名称，如图10-144所示。

图10-144 输入表名称

04 单击"确定"按钮，展开"对象资源管理器"中的"表"选项，即可看到新建的

表，如图10-145所示。

图10-145 "表"选项下新建的表

5. 查看数据表

01 在"对象资源管理器"的表上单击鼠标右键，执行"编辑前200行"命令，如图10-146所示。

图10-146 执行"编辑前200行"命令

02 打开表，可输入与修改数据，如图10-147所示。

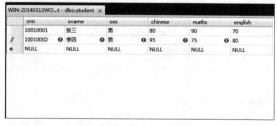

图10-147 输入与修改数据

6. 设置登录方式与账户

01 在"对象资源管理器"的服务器上单击鼠标右键，执行"属性"命令，如图10-148所示。

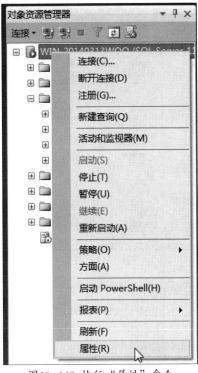

图10-148 执行"属性"命令

02 弹出对话框，选择"安全性"选项卡，单击"SQL Server和Windows身份验证模式"单选按钮，如图10-149所示。

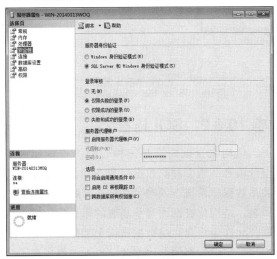

图10-149 单击单选按钮

03 单击"确定"按钮完成混合登录模式的设置。

04 "对象资源管理器"中选择"安全性"|"登录名"|"sa"，单击鼠标右键，执行"属性"命令，如图10-150所示。

图10-150 执行"属性"命令

05 选择"状态"选项卡，单击"登录"下的"已启用"单选按钮，如图10-151所示。单击"确定"按钮完成设置。

图10-151 选择单选按钮

06 在"对象资源管理器"的服务器上单击鼠标右键，执行"重新启动"命令，如图

10-152所示，重启服务器。

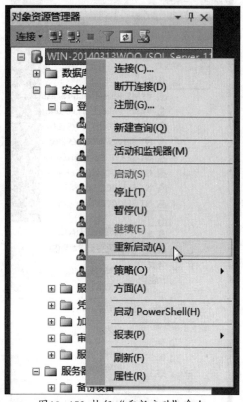

图10-152 执行"重新启动"命令

07 在"登录名"选项上单击鼠标右键，执行"新建登录名"命令，如图10-153所示。

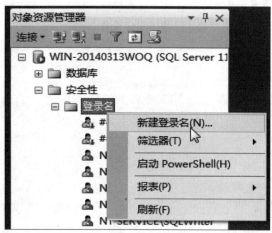

图10-153 执行"新建登录名"命令

08 弹出对话框，设置登录名为aspnet，设置密码，默认数据库为aspnet，如图10-154所示。

09 选择"服务器角色"选项卡，选中sysadmin复选框，如图10-155所示。

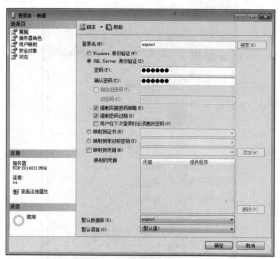

图10-154 设置

图10-155 选中"sysadmin"复选框

📷 10.3.2　SQL语言

结构化查询语言是一种数据库查询和程序设计语言，用于存取数据以及查询、更新和管理关系数据库系统；同时也是数据库脚本文件的扩展名。结构化查询语言是高级的非过程化编程语言，允许用户在高层数据结构上工作。它不要求用户指定对数据的存放方法，也不需要用户了解具体的数据存放方式，所以具有完全不同底层结构的不同数据库系统，可以使用相同的结构化查询语言作为数据输入与管理的接口。结构化查询语言语句可以嵌套，这使它具有极大的灵活性和强大的功能。

1. 选择语句Select

Select语句用于从表中选取数据，结果被存储在一个结果表中（称为结果集）。

01 打开数据库aspnet的数据表student，单击工具栏中的 按钮，如图10-156所示，显示SQL窗格，如图10-157所示。

图10-156 单击按钮

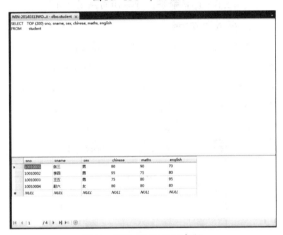

图10-157 显示SQL窗格

02 输入select * from student，单击"执行"按钮 ，可选择表中的所有行和列，命令执行界面与结果显示如图10-158所示。

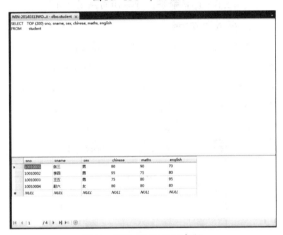

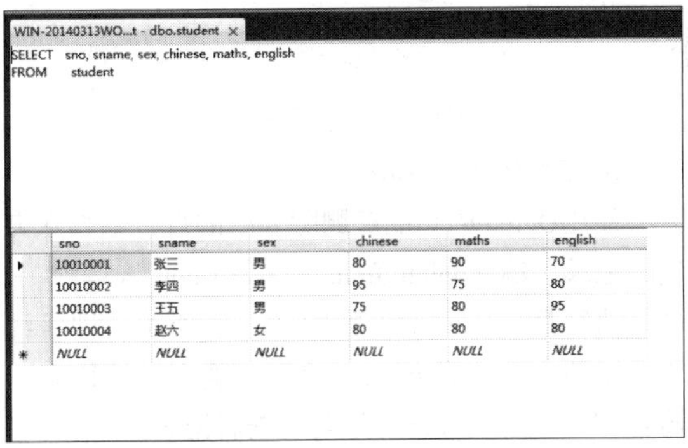

图10-158 命令执行界面与结果显示

03 查询表中特定的字段，可以选择字段名，中间用逗号"，"间隔。如查询学生的姓名和性别，输入命令select sname,sex from student，单击"执行"按钮 ，命令执行界面与结果显示如图10-159所示。

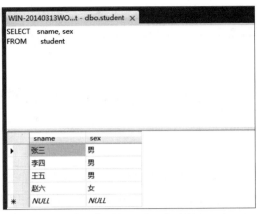

图10-159 命令执行界面与结果显示

提示：选择表的格式为"select * from表名"，选择某些字段的格式为"select字段1，字段2，……from表名"。

04 有条件查询表中记录，可以使用where子句。如选择学生表中所有男生信息的命令select * from student where（sex='男'），单击"执行"按钮 ，命令执行界面与结果显示如图10-160所示。

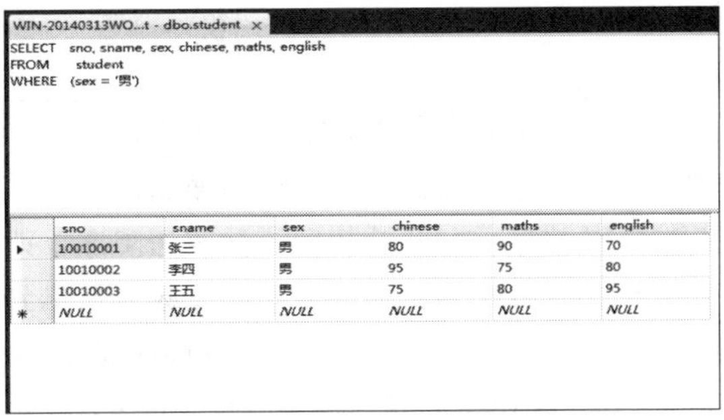

图10-160 命令执行界面与结果显示

05 选择满足多个条件的记录，如查询语文成绩大于等于80分的男生信息，输入命令select * from student where(sex='男')and(chinese>=80)，单击"执行"按钮 ，命令执行界面与结果显示如图10-161所示。

提示1：有条件选择记录和字段的格式为"select字段名 from 表名 where 条件"，"并且"的格式为"条件1 and 条件2"，"或者"的格式为"条件1 or 条件2"，"否定"的格式为"not条件"。

提示2：SQL语句中字符串用单引号成对表示，且所有SQL语句中的字符均为英文半角状态输入，只有中文除外。

WIN-20140313WO...t - dbo.student ×

```
SELECT  sno, sname, sex, chinese, maths, english
FROM    student
WHERE   (sex = '男') AND (chinese >= 80)
```

	sno	sname	sex	chinese	maths	english
▶	10010001	张三	男	80	90	70
	10010002	李四	男	95	75	80
*	NULL	NULL	NULL	NULL	NULL	NULL

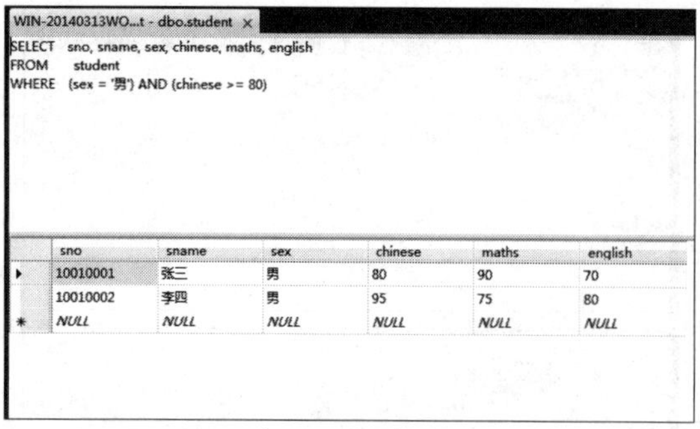

图10-161 命令执行界面与结果显示

06 如果需要按一定的顺序查询数据，则需要使用order by语句。如将所有的语文成绩由高向低降序排列，输入select * from student order by Chinese desc，单击“执行”按钮，命令执行界面与结果显示如图10-162所示。

WIN-20140313WO...t - dbo.student ×

```
SELECT  sno, sname, sex, chinese, maths, english
FROM    student
ORDER BY chinese DESC
```

	sno	sname	sex	chinese	maths	english
▶	10010002	李四	男	95	75	80
	10010001	张三	男	80	90	70
	10010004	赵六	女	80	80	80
	10010003	王五	男	75	80	95
*	NULL	NULL	NULL	NULL	NULL	NULL

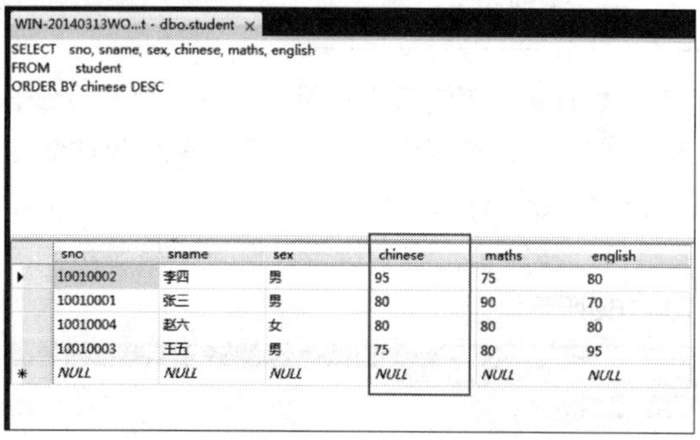

图10-162 命令执行界面与结果显示

07 如果语文成绩相同，则需要给出进一步的排序。如语文相同，按英语降序，即在order by后面加入字段，其优先级为从左到右。输入select * from student order by Chinese desc,English desc，执行命令后界面与结果显示如图10-163所示。

WIN-20140313WO...t - dbo.student ×

```
SELECT  sno, sname, sex, chinese, maths, english
FROM    student
ORDER BY chinese DESC, english DESC
```

	sno	sname	sex	chinese	maths	english
▶	10010002	李四	男	95	75	80
	10010004	赵六	女	80	80	80
	10010001	张三	男	80	90	70
	10010003	王五	男	75	80	95
*	NULL	NULL	NULL	NULL	NULL	NULL

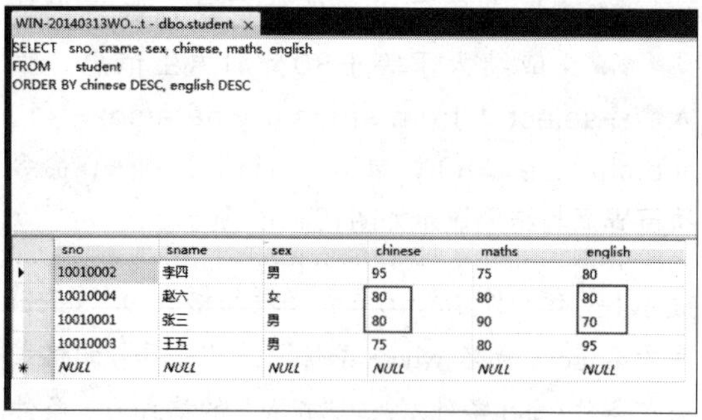

图10-163 命令执行界面与结果显示

提示：排序的格式为“select * from表名order by字段1 asc或desc,字段2”，其中asc表示升序，为默认的状态，可不用填写，desc为降序。

08 查询语文（英语）成绩前三名，输入select top（3）* from student order by chinese desc,english desc，执行命令后界面与结果显示如图10-164所示。

WIN-20140313WO...t - dbo.student ×

```
SELECT  TOP (3) sno, sname, sex, chinese, maths, english
FROM    student
ORDER BY chinese DESC, english DESC
```

	sno	sname	sex	chinese	maths	english
▶	10010002	李四	男	95	75	80
	10010004	赵六	女	80	80	80
	10010001	张三	男	80	90	70
*	NULL	NULL	NULL	NULL	NULL	NULL

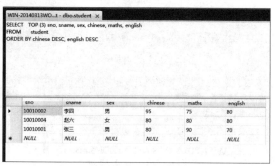

图10-164 命令执行界面与结果显示

2. 插入语句Insert

使用Insert语句可实现数据的插入，比如插入新学生的记录“陈七”，输入insert into student (sname) values ('陈七')，执行命令后弹出对话框，如图10-165所示。单击“确定”按钮后输入select * from student，查看记录，如图10-166所示。

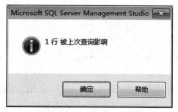

图10-165 弹出对话框

	sno	sname	sex	chinese	maths	english
▶	10010001	张三	男	80	90	70
	10010002	李四	男	95	75	80
	10010003	王五	男	75	80	95
	10010004	赵六	女	80	80	80
	NULL	陈七	NULL	NULL	NULL	NULL
*	NULL	NULL	NULL	NULL	NULL	NULL

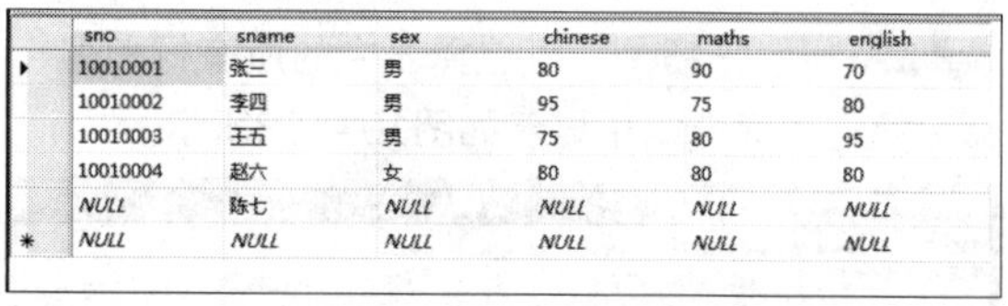

图10-166 查看记录

3. 删除语句Delete

使用Delete语句能够删除表中的行，如删除男生的记录，输入delete from student where sex='男'。命令执行后弹出对话框如图10-167所示，即已经删除了所有男生的记录。单击“确定”按钮后，输入select * from student语句可查看记录。

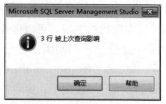

图10-167 弹出对话框

🔘 10.3.3 使用Visual Studio 连接数据库

01 新建网站，新建Default.aspx文件，双击设计页面空白处，进入Default.aspx.cs程序的代码视图，在"using System.Ling;"语句下添加语句，用以引用数据库命名空间，以进行数据库的操作，如图10-168所示。

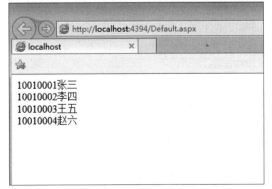

```
Default.aspx.cs* ⊅ × Default.aspx
%_Default
  using System;
  using System.Collections.Generic;
  using System.Data.SqlClient; //引用数据库对象
  using System.Web;
  using System.Web.UI;
  using System.Web.UI.WebControls;

  0 个引用
  public partial class _Default : System.Web.UI.Page
  {
      0 个引用
      protected void Page_Load(object sender, EventArgs e)
      {

      }
  }
```

图10-168 添加语句

02 在Page_Load事件中编写代码，如图10-169所示。

```
Default.aspx.cs ⊅ × Default.aspx
%_Default                                              Page_Load(object sender, E
  using System.Web.UI.WebControls;

  0 个引用
  public partial class _Default : System.Web.UI.Page
  {
      0 个引用
      protected void Page_Load(object sender, EventArgs e)
      {
          String constr = "server=(local);database=aspnet;User ID=sa;password=123456;";
          SqlConnection conn = new SqlConnection(constr);
          conn.Open();
          String sqlsr = "select* from student";
          SqlCommand cmd = new SqlCommand(sqlsr, conn);
          SqlDataReader reader = cmd.ExecuteReader();
          while(reader.Read())
          {
              Response.Write(reader["sno"].ToString() + " " + reader["sname"].ToString() + "<br>");
          }
          reader.Close();
          conn.Close();
      }
  }
```

图10-169 编写代码

03 调试网页，Visual Studio已经连接到数据库，显示数据如图10-170所示。

```
http://localhost:4394/Default.aspx
localhost            ×

10010001张三
10010002李四
10010003王五
10010004赵六
```

图10-170 显示数据

10.4 网站后台技术

下面介绍网站的后台技术，包括实现用户注册、用户登录、用户留言等。

🔘 10.4.1 用户注册功能设计

用户注册功能的设计主要包括注册界面的设计、用户重名检测和用户数据的插入等操作。

1. 注册界面的设计

01 打开SQL Server 2012，新建数据库UserDB，新建表格并编辑表格内容，如图10-171所示。

WIN-20140313WO...B - dbo.Table_1* ×		
列名	数据类型	允许 Null 值
▶ ID	int	☐
Username	nvarchar(50)	☑
Password	nvarchar(50)	☑
Name	nvarchar(50)	☑
Sex	nvarchar(2)	☑
Email	nchar(10)	☐
		☐

图10-171 新建表格并编辑表格内容

02 在"属性"面板中，设置"标识列"为ID，如图10-172所示。

属性	▾ ⊅ ×
[Tbl] dbo.Table_1	▾
▲ (标识)	
(名称)	Table_1
服务器名称	win-20140313woq
架构	dbo
数据库名称	UserDB
说明	
▲ 表设计器	
Text/Image 文件	PRIMARY
标识列	ID ▾
▷ 常规数据空间规范	PRIMARY
行 GUID 列	
是可索引的	是
锁升级	表
已复制	否

图10-172 "标识列"为ID

03 选择ID，在工具栏中单击"设置主键"按钮，将该字段设置为主键，如图10-173所示。

04 关闭程序，弹出对话框，设置表格名称为users，如图10-174所示，单击"确定"按钮。

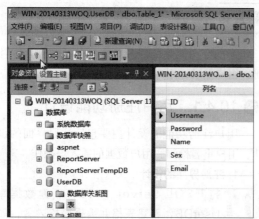

图10-173 单击"设置主键"按钮

图10-174 设置表格名称

05 新建实体网站myaspnet4，新建Default.aspx文件，在设计视图中输入相应的文字并拖入相应的控件，页面效果如图10-175所示。

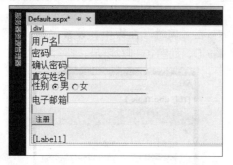

图10-175 页面效果

06 双击"注册"按钮，进入代码视图，在引用部分添加代码，引用数据库命名控件，如图10-176所示。

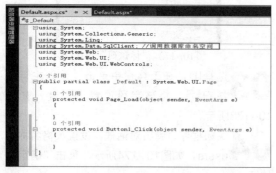

图10-176 添加代码

提示： 下面按顺序介绍页面中的控件及属性设置。

➤ TextBox1：用于输入用户名。

➤ TextBox2：用于输入密码，其TextMode属性为Password。

➤ TextBox3：用于再次输入密码，其TextMode属性为Password。

➤ TextBox4：用于输入真实姓名。

➤ RadioButton1：用于选择性别"男"，设置控件的Text为"男"，GroupName为sex。Checked为True。

➤ RadioButton2：用于选择性别"女"，设置控件的Text为"女"，GroupName为sex。

➤ TextBox5：用于输入电子邮箱，设置MaxLength为50。

➤ Button1："注册"按钮，Text属性为"注册"。

➤ Label1：显示提示信息，Text属性为空。

07 在Button1_Click事件中编写代码，如图10-177所示。

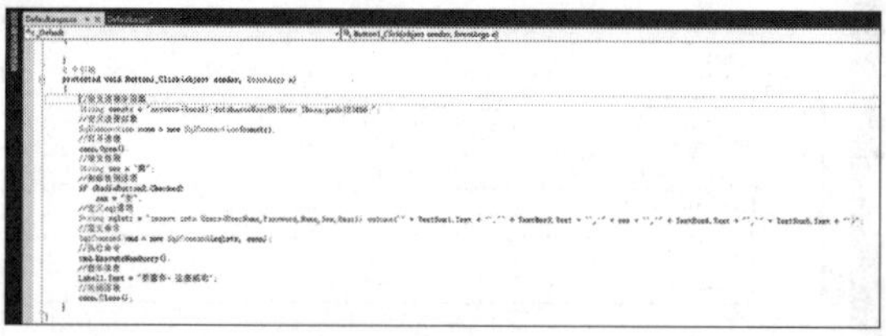

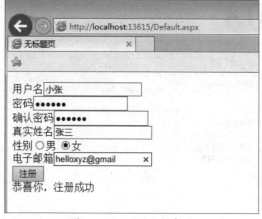

图10-177

08 调试程序，输入信息后单击"注册"按钮，显示注册成功，如图10-178所示。

图10-178 显示注册成功

09 打开SQL Server，打开表users，信息已经插入到数据表中，如图10-179所示。

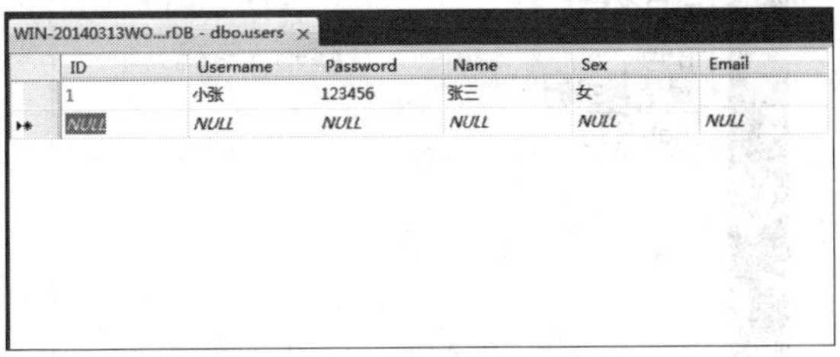

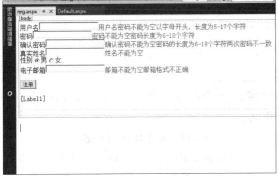

图10-179 信息插入到数据表中

2. 用户重名检测

在注册页面中，用户名会出现重名的情况，这就需要在设计时进行判断了。

01 新建reg.aspx文件，将Default.aspx页面中的控件复制到reg.aspx页面中。

02 添加验证控件，并设置相应的验证属性，界面如图10-180所示。

图10-180 界面

提示：下面按顺序介绍页面中的控件及属性设置。

- ➤ RequiredFieldValidator1：验证用户名非空。设置ControlToValidate为TextBox1；Display为Dyanmic；ErrorMessage为"用户名不能为空"；ForeColor为Red。

- ➤ RegularExpressionValidator1：验证用户名字符与长度。设置ControlToValidate为TextBox1；Display为Dyanmic。ValidationExpresion为自定义"[a-z|A-Z]\w{5,17}"；ErrorMessage为"以字母开头，长度为5-17个字符"；ForeColor为Red。

- ➤ RequiredFieldValidator2：验证密码非空。设置ControlToValidate为TextBox2；Display为Dyanmic；ErrorMessage为"密码不能为空"；ForeColor为Red。

- ➤ RegularExpressionValidator2：验证密码长度。设置ControlToValidate为TextBox2；Display为Dyanmic。ValidationExpresion为自定义"\w{6,18}"；ErrorMessage为"密码长度为6-18个字符"；ForeColor为Red。

- ➤ RequiredFieldValidator3：验证确认密码非空。设置ControlToValidate为TextBox3；Display为Dyanmic；ErrorMessage为"确认密码不能为空"；ForeColor为Red。

- ➤ RegularExpressionValidator3：验证确认密码长度。设置ControlToValidate为TextBox3；Display为Dyanmic。ValidationExpresion为自定义"\w{6,18}"；ErrorMessage为"密码长度为6-18个字符"；ForeColor为Red。

- ➤ CompareValidator：验证两次密码一致。设置ControlToValidate为TextBox3；ControlToCompare为TextBox2；Display为Dyanmic；ErrorMessage为"两次密码不一致"；ForeColor为Red。

- ➤ RequiredFieldValidator4：验证用户名非空。设置ControlToValidate为TextBox4；Display为Dyanmic；ErrorMessage为"用户名不能为空"；ForeColor为Red。

- ➤ RequiredFieldValidator5：验证邮箱非空。设置ControlToValidate为TextBox5；Display为Dyanmic；ErrorMessage为"邮箱不能为空"；ForeColor为Red。

- ➤ RegularExpressionValidator4：验证电子邮箱格式。设置ControlToValidate为TextBox5；Display为Dyanmic；ValidationExpresion为Internet电子邮件地址；ErrorMessage为"邮箱格式不正确"；ForeColor为Red。

03 双击"注册"按钮，编写Button_Click事件代码，如图10-181所示。

04 调试程序，输入错误的信息，显示结果如图10-182所示。

05 输入正确的信息，显示结果如图10-183所示。

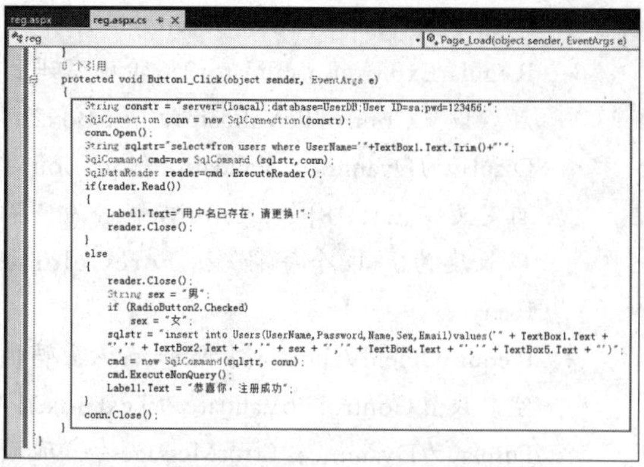

```
reg.aspx     reg.aspx.cs* ×
reg                                                    Page_Load(object sender, EventArgs e)
    0 个引用
    protected void Button1_Click(object sender, EventArgs e)
    {
        String constr = "server=(local);database=UserDB;User ID=sa;pwd=123456;";
        SqlConnection conn = new SqlConnection(constr);
        conn.Open();
        String sqlstr="select*from users where UserName='"+TextBox1.Text.Trim()+"'";
        SqlCommand cmd=new SqlCommand (sqlstr,conn);
        SqlDataReader reader=cmd.ExecuteReader();
        if(reader.Read())
        {
            Label1.Text="用户名已存在，请更换！";
            reader.Close();
        }
        else
        {
            reader.Close();
            String sex = "男";
            if (RadioButton2.Checked)
                sex = "女";
            sqlstr = "insert into Users(UserName,Password,Name,Sex,Email)values('" + TextBox1.Text +
            "','" + TextBox2.Text +"','" + sex + "','" + TextBox4.Text + "','" + TextBox5.Text + "')";
            cmd = new SqlCommand(sqlstr, conn);
            cmd.ExecuteNonQuery();
            Label1.Text = "恭喜您，注册成功";
        }
        conn.Close();
    }
}
```

图10-181 编写代码

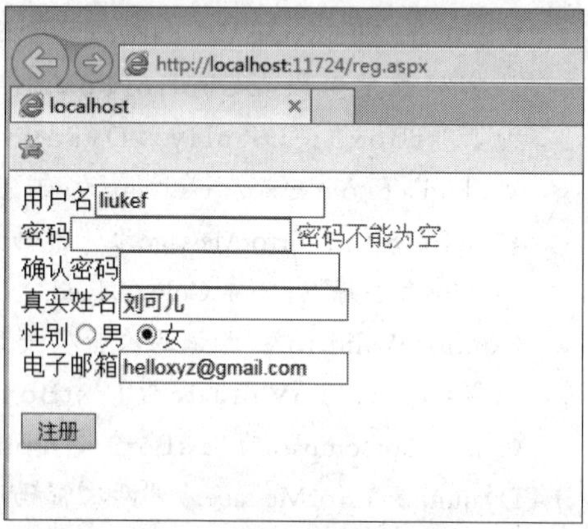

用户名 liukef
密码   密码不能为空
确认密码
真实姓名 刘可儿
性别 ○男 ◉女
电子邮箱 helloxyz@gmail.com

注册

图10-182 显示结果

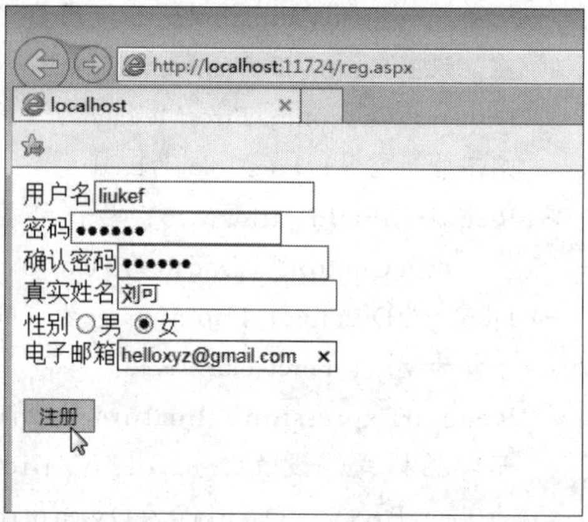

用户名 liukef
密码 ●●●●●
确认密码 ●●●●●
真实姓名 刘可
性别 ○男 ◉女
电子邮箱 helloxyz@gmail.com ×

注册

图10-183 显示结果

06 单击"注册"按钮，显示用户名已存在。更改用户名，注册后显示注册成功。

07 打开SQL Server，显示user数据表中的记录。

📷 10.4.2 用户登录界面

01 新建文件login.aspx，输入文字并填写相应的控件，修改控件属性，页面效果如图10-184所示。

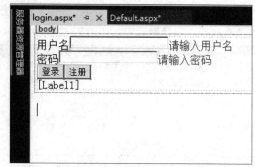

图10-184 页面效果

02 双击"登录"按钮，编写代码程序，如图10-185所示。

图10-185 编写代码程序

提示：下面按顺序介绍页面中的控件及属性设置。

➤ TextBox1：用于输入用户名。

➤ RequiredFieldValidator1：验证用户名非空。设置ControlToValidate为TextBox1；Display为Dyanmic；ErrorMessage为"用户名不能为空"；ForeColor为Red。

➤ TextBox2：用于输入密码，其TextMode属性为Password。

➤ RequiredFieldValidator1：验证密码非空。设置ControlToValidate为TextBox2；Display为Dyanmic；ErrorMessage为"用户名不能为空"；ForeColor为Red。

➤ Button1："登录"按钮，Text属性为"登录"。

➤ Button2："注册"按钮，Text属性为"注册"。

➤ Label1：显示提示信息，Text属性为空。

---

03 选择"注册"按钮，在"属性"面板中设置CauseValidation为False，双击"注册"按钮，编写代码程序，如图10-186所示。

图10-186 编写代码程序

图10-188 显示结果

04 调试程序，输入正确的用户名和密码，单击"登录"按钮，如图10-187所示，显示结果如图10-188所示。

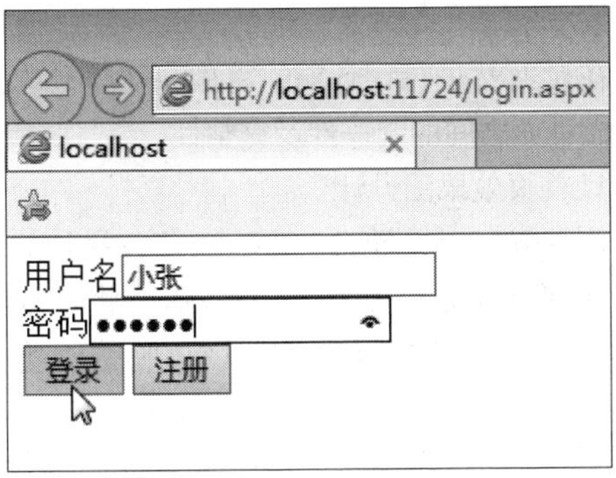

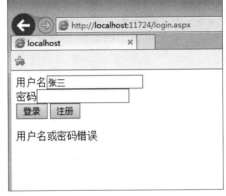

图10-187 单击"登录"按钮

05 输入错误的用户名或密码，单击"登录"按钮，显示结果如图10-189所示。

图10-189 显示结果

第11章 综合网页设计实例

在学习了网页设计的所有知识后，本章将介绍综合网页的设计方法，从网页的构思、效果图制作、网页制作等过程来实现一个完整的网站，以及使用Flash制作全站网页。

11.1 企业网站设计

企业类网站设计风格应多元化、个性化，充分体现企业形象，网页视觉感强烈，运用的素材图片能达到叙说企业凝聚力、传播企业形象的功效。对于小型的企业而言，网站应做到简洁大气。本节将制作的就是小型企业的网站设计。

11.1.1 网页创意构思

本节将制作的"麓山文化图书公司"的网站设计，网页的构思要围绕该公司的产品展开。为了突出网站的特点，网页设计需从版式布局、页面配色及网站风格上进行处理。

1. 版式布局

由于本节制作的是企业类网站，为考虑浏览者的浏览习惯，因此以竖向双栏布局，合理利用空间，保持页面的平衡。另外，通过一致的版式营造统一感，体现和谐、理性的美。

2. 页面配色

网站整体以经典的浅灰色为主，辅以蓝色、橙色在浅灰色的背景上点缀，以形成整个画面颜色的视觉冲击效果，体现企业的高品味、含蓄、精致、雅致和耐人寻味。

- 浅灰色：主色调为背景色非常明确，是接近于明度白色且非常浅的灰调，页面显得非常简洁而含蓄。
- 蓝色：辅助色蓝色的加入打破了平面平淡的配色格局，眼前顿时一亮的感觉。
- 橙色：点睛色的点缀，减少了非彩色调浅灰色有可能产生的单调感觉。

3. 网站风格

灰色简洁的页面是网站给人的第一感觉，灰色和蓝色、橙色的搭配体现企业的雅致风格。

首页采取了简单的布局，将网站名称和网站内容呈献给浏览者，通过栏目的点击进行网页的跳转。网页的内部通过产品的展示，突出所要表现的主题。

11.1.2 Photoshop网页效果图设计

在对网站进行设计前，将效果图设计出来，以达成页面之间的统一性及完整性。

1. 首页效果图设计

首页以Logo、导航、Banner及各栏目的设计来体现网站风格，如图11-1所示。将"推荐产品"栏目放置于视线重点区域，吸引浏览者的目光。

图11-1 首页效果图设计

2. 子页效果图设计

根据统一与变化的原则，设计包括"关于我们"、"产品展示"、"新闻中心"、"招聘信息"和"留言反馈"共5个子页面。在页面的设计上体现各栏目的主题诉求，如图11-2所示。

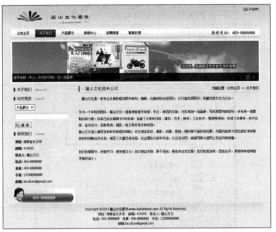

"关于我们" 页面

"招聘信息" 页面

"产品展示" 页面

"留言反馈" 页面

图11-2 子页效果图设计

3. Photoshop效果图切片

对效果图设计完成后，就需要对其进行切片，并保存到images文件夹中。由于本书篇幅有限，这里不对切片进行详细讲解，如有疑问可查看本书的第7章。

📷 11.1.3 Dreamweaver首页制作

下面将介绍使用Dreamweaver进行首页制作。

1. 创建站点与文件

01 执行"站点"|"新建站点"命令，新建站点，如图11-3所示。

02 在"文件"面板中分别建立images、uploadfile、scripts、css共4个文件夹，分别用来存放图像、上传文件、脚本、样式表，如图11-4所示。

"新闻中心" 页面

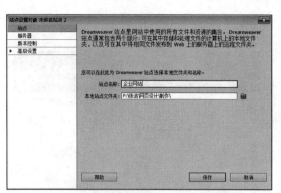

图11-3 新建站点

图11-4 新建4个文件夹

03 所有将要用到的图片已经制作完成，并放置在images文件夹下，如图11-5所示。

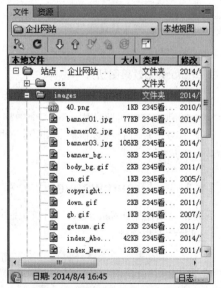

图11-5 将图片放在images中

04 在css文件夹下建立多个样式表文件，分别命名，如图11-6所示。

05 在scripts文件夹下建立多个脚本文件，分别命名，如图11-7所示。

图11-6 建立多个样式表文件

图11-7 建立多个脚本文件

06 执行"文件" | "新建"命令，弹出对话框，单击"附加CSS样式"图标，如图11-8所示。

图11-8 单击"附加CSS样式"图标

07 在弹出的对话框中添加链接，如图11-9所示。

08 用同样的方法，附加所有CSS文件，如图11-10所示。

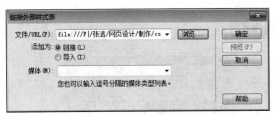

图11-9 添加链接

图11-10 附加所有CSS文件

09 单击"创建"按钮。执行"文件"|"另存为"命令，弹出对话框，将文件保存为index.html，如图11-11所示。

图11-11 保存为index.html

10 用同样的方法，新建single.html、products.html、news.html、jobs.html、guestbook.html。

11 进入index.html页面，执行"插入"|"HTML"|"脚本对象"|"脚本"命令，如图11-12所示。

12 弹出对话框，单击"源"后面的📁按钮，选择scripts文件夹中的js文件，如图11-13所示。

图11-12 执行"插入"|"HTML"|"脚本对象"|"脚本"命令

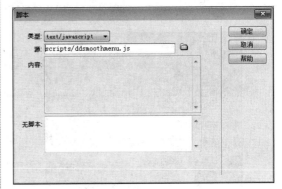

图11-13 选择源

13 用同样的方法，链接其他外部javascript文件，代码如图11-14所示。

图11-14 代码

2. 页头、导航与Banner制作

01 在"属性"面板中单击"页面属性"按钮，如图11-15所示。

图11-15 单击"页面属性"按钮

02 在弹出的对话框中选择"标题/编码"选项，设置"标题"为"麓山文化"，如图11-16所示。

03 在"插入"面板中单击"插入Div标签"按钮，如图11-17所示。

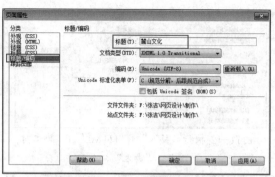

图11-16 设置标题

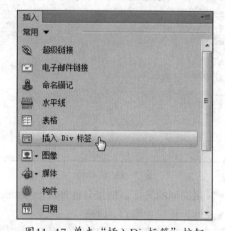

图11-17 单击"插入Div标签"按钮

04 弹出对话框，设置ID为wrapper，如图11-18所示。

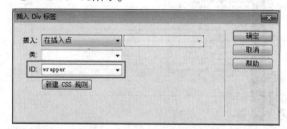

图11-18 设置ID

05 单击"确定"按钮。将页面中标签内的文字删除，如图11-19所示。

图11-19 删除文字

06 在"CSS样式"面板下方单击"新建CSS规则"按钮，如图11-20所示。

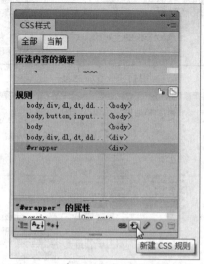

图11-20 单击"新建CSS规则"按钮

07 弹出对话框，设置"选择器类型"为"类"，"选择器名称"为".top"，"规则定义"为webmain.css，如图11-21所示。

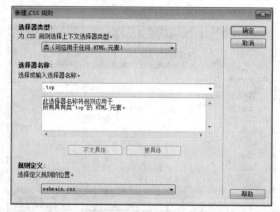

图11-21 新建CSS规则

08 弹出对话框，选择"方框"选项卡，设置Height为90，如图11-22所示。

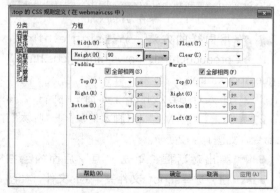

图11-22 设置Height

09 选择"定位"选项卡，设置Position为relative，如图11-23所示。

图11-23 设置Position

10 插入Div标签，设置"类"为top，如图11-24所示。

图11-24 设置类

11 执行"插入"|"图像"命令，在弹出的对话框中选择Logo图像，单击"确定"按钮，如图11-25所示。

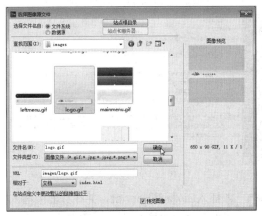

图11-25 单击"确定"按钮

12 弹出对话框，输入"替换文本"，单击"确定"按钮，如图11-26所示。

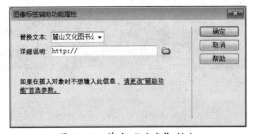

图11-26 单击"确定"按钮

13 此时的页面效果如图11-27所示。

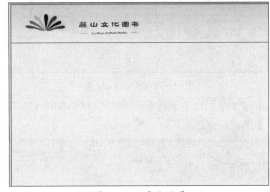

图11-27 页面效果

14 选择图片，在"插入"面板中单击"插入Div标签"按钮。弹出对话框，设置ID为lang，如图11-28所示。

图11-28 设置ID

15 插入Div标签后，插入图片并输入文字，如图11-29所示。

图11-29 插入图片并输入文字

16 在"属性"面板中设置"链接"，如图11-30所示。

图11-30 设置链接

17 插入Div标签，设置"类"为ddsmoothmenu，ID为MainMenu，如图11-31所示。

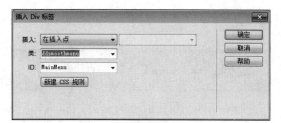

图11-31 插入Div标签

18 在页面中删除标签内的文字，如图11-32所示。

图11-32 删除文字

19 执行"插入"｜"HTML"｜"文本对象"｜"项目列表"命令，如图11-33所示。

图11-33 执行"项目列表"命令

20 在设计页面中输入"公司主页"。选择文字，在"属性"面板中设置"链接"为index.html，标题为"公司主页"，ID为menu_selected，如图11-34所示。

图11-34 设置属性

21 执行"插入"｜"HTML"｜"文本对象"｜"列表项"命令，分别插入列表项，然后输入文字，如图11-35所示。

22 此时，代码视图中的代码如图11-36所示。

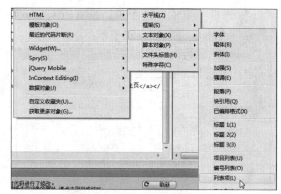

图11-35 执行"列表项"命令

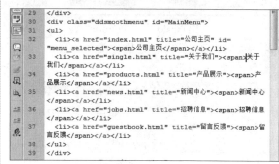

图11-36 代码

23 执行"插入"｜"HTML"｜"脚本对象"｜"脚本"命令，在弹出的对话框中输入内容，代码如图11-37所示。

图11-37 输入脚本

24 插入Div标签Banner，并在页面中插入图像，页面效果如图11-38所示。

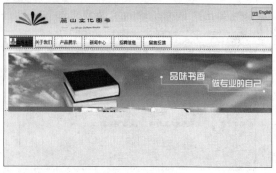

图11-38 页面效果

25 此时的代码视图中代码如图11-39所示。

```
49   </script>
50   <div id="banner">
51     <a href="#"><img src="images/banner01.jpg" alt="追
     求卓越、专业、规范的宗旨，创一流品牌" width="950" height
     ="152" /></a>
52     <a href="#"><img src="images/banner02.jpg" alt="追
     求卓越、专业、规范的宗旨，创一流品牌" width="950" height
     ="152" /></a>
53     <a href="#"><img src="images/banner03.jpg" alt="追
     求卓越、专业、规范的宗旨，创一流品牌" width="950" height
     ="152" /></a>
54   </div>
55   </body>
56   </html>
```

图11-39 代码

3. 主栏目制作

01 插入Div标签，设置"类"为clearfix，ID为index.main，如图11-40所示。

图11-40 插入Div标签

02 执行"插入"|"布局对象"|"Div标签"命令，在弹出的对话框中设置类，此时的代码如图11-41所示。

```
57   </div>
58   <div id="index_main" class="clearfix">
59     <div class="index-left">
60       <div class="index-newproducts">|
61
62       </div>
63     </div>
64   </div>
65   </div>
66   </body>
67
68   </html>
69
```

图11-41 输入代码

03 添加代码"<h2>暂无信息</h2>"。

04 在页面中添加插入图片，页面效果如图11-42所示。

图11-42 页面效果

05 选择图片，在"属性"面板中设置"链接"为products.html，如图11-43所示。

图11-43 设置链接

06 插入Div标签，新建CSS样式productsroll。插入Div标签，设置ID为LeftArr1，如图11-44所示。

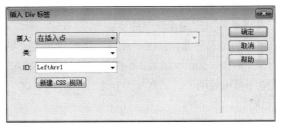

图11-44 插入Div标签

07 在页面中删除文字，页面效果如图11-45所示。

图11-45 页面效果

08 插入Div标签RightArr1，删除标签内的文字，页面效果如图11-46所示。

图11-46 页面效果

09 执行"插入"|"HTML"|"文本对象"|"项目列表"命令。在"属性"面板中设置ID为ScrollBox，"类"为clearfix，如图11-47所示。

图11-47 设置ID与类

10 执行"插入"|"HTML"|"文本对象"|"列表项"命令。

11 插入图像，并在"属性"面板中设置"链接"为products.html，"替换"为"CAD 2015机械绘图"，"宽"为140，"高"为100，如图11-48所示。

图11-48 设置属性

12 此时的页面效果如图11-49所示。

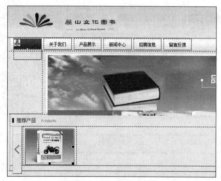

图11-49 页面效果

13 执行"插入"|"标签"命令，在弹出的对话框中选择span，如图11-50所示。

图11-50 选择span

14 在页面中换行，并输入 "CAD机械绘图"，此时的代码如图11-51所示。

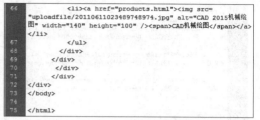

图11-52 输入"CAD机械绘图"

15 用同样的方法，定义列表项目并插入图像，代码如图11-52所示。

图11-52 代码

16 页面效果如图11-53所示。

图11-53 页面效果

17 在代码视图中输入代码，如图11-54所示。

18 插入Div标签，设置"类"为index-news。执行"插入"|"HTML"|"文本对象"|"标题2"命令。

19 执行"插入"|"标签"命令，在弹出的对话框中选择span，在代码中输入"新闻中心"，如图11-55所示。

20 插入一张图片，在"属性"面板中设置"链接"与"替换"文本，如图11-56所示。

```
     <img src="uploadfile/20110611014993929392.jpg" alt="淘宝新手营
     销推广" width="140" height="100" /><span>淘宝新手营销推广</span></
     a></li>
73          </ul>
74          <script language="javascript" type="text/javascript"
     >
75   <!--//--><![CDATA[//><!--
76   var scrollPic_01 = new ScrollPic();
77   scrollPic_01.scrollContId   = "ScrollBox";   //内容容器ID
78   scrollPic_01.arrLeftId      = "LeftArr1";//左箭头ID
79   scrollPic_01.arrRightId     = "RightArr1";   //右箭头ID
80   scrollPic_01.frameWidth     = 648;//显示框宽度
81   scrollPic_01.pageWidth      = 162; //翻页宽度
82   scrollPic_01.speed          = 10;  //移动速度(单位毫秒,越小越快)
83   scrollPic_01.space          = 5;   //每次移动像素(单位px,越大越快)
84   scrollPic_01.autoPlay       = true;  //自动播放
85   scrollPic_01.autoPlayTime   = 3;  //自动播放间隔时间(秒)
86   scrollPic_01.initialize();  //初始化
87   //--><!]]>
88   </script>
89          </div>
90        </div>
```

图11-54 输入代码

```
86   </script>
87          </div>
88        </div>
89        <div class="index-news">
90          <h2><span>新闻中心</span></h2>
91        </div>
92        </div>
93   </div>
94   </body>
95
96   </html>
97
```

图11-55 输入"新闻中心"

图11-56 设置链接与替换文本

21 根据前面的方法，定义列表项目，并输入文字、设置链接等，代码如图11-57所示。页面效果如图11-58所示。

22 插入Div标签，设置class为index-about。

```
90        </div>
91        <div class="index-news">
92          <h2><span>新闻中心</span><a href="news.html"><img src=
     "images/more.gif" width="32" height="5" alt=新闻中心"></a></h2>
93          <ul>
94            <li class="clearfix"><a href="news.html" title="省文化厅专题研讨
     全省公共文化"><img src="images/index_NewsPic.jpg" alt="省文化厅专题研讨全省
     公共文化" width="110" height="80" /></a>
95            <h3><a href="news.html" title="省文化厅专题研讨全省公共文化">省文化厅
     专题研讨全省公共文化服...</a></h3>
96            省文化厅在群众艺术馆召集省级公共文化服务体系建设相关单位
     负责人,围绕公共文化服务标准化...<a href="news.html" title="省文化厅专题研讨全省
     公共文化">[详细]</a></p></li>
97            <li><a href="news.html" title="欢乐潇湘·美丽桂东我的家"><span>
     2014/7/24</span>- &ldquo;欢乐潇湘·美丽桂东我的家&rdquo;隆重开演</a></li>
98            <li><a href="news.html" title="图书送书到看守所 让知识穿透"><span>
     2014/7/24</span>- 图书送书到看守所 让知识穿透&ldquo;高墙&rdquo;</a></li>
99            <li><a href="news.html" title="盛荣华调研"><span>2014/7/24</span>
     盛荣华&ldquo;两馆两中心&rdquo;项目选址</a></li>
100           <li><a href="news.html" title="搭建文化之桥,助推和谐之美"><span>
     2014/7/23</span>- </a>      <a href="news.html" title="搭建文化之桥,
     助推和谐之美">搭建文化之桥,助推和谐之美</a></li>
101           </ul>
102         </div>
103         <div class="index-about">
104           <h2><span>关于我们</span><a href="single.html"><img src=
     "images/more.gif" width="32" height="5" alt=关于我们"></h2>
105           <p><img src="images/index_AboutPic.jpg" width="145"
     height="181" /><a href="single.html" title="关于我们">    麓山文化是一家专
     业从事教程类图书策划、编辑、出版的综合性团队,以打造优质图书、传播优质文化为己任。<br />
106               作为一个年轻的团队,麓山文化一直秉持着追求卓越、专业、规范的宗
     旨,为实现创一流品牌、写优质图书的目标,多年来一直默默...</a></p>
107         </div>
```

图11-57 代码

图11-58 页面效果

23 在设计视图中插入图片与文字，并设置图片链接，代码如图11-59所示。

```
101         <div class="index-about">
102           <h2><span>关于我们</span><a href="single.html"><img src=
     "images/more.gif" width="32" height="5" alt="关于我们" /></a></h2>
103           <p><img src="images/index_AboutPic.jpg" alt="关于我们" width=
     "145" height="181" /><a href="single.html" title="关于我们">    麓山文化
     是一家专业从事教程类图书策划、编辑、出版的综合团队,以打造优质图书、传
     播优质文化为己任。<br />
104               作为一个年轻的团队,麓山文化一直秉持着追求卓越、专业、规范的
     宗旨,为实现创一流品牌、写优质图书的目标,多年来一直默默...</a></p>
105         </div>
106       </div>
107   </div>
108   </body>
109
110   </html>
111
```

图11-59 代码

24 页面效果如图11-60所示。

图11-60 页面效果

25 用同样的方法制作页面，效果如图11-61所示。

26 代码视图中的代码如图11-62所示。

图11-61 制作页面效果

图11-62 代码视图中的代码

27 用同样的方法，完成页面的制作，首页完成效果如图11-63所示。

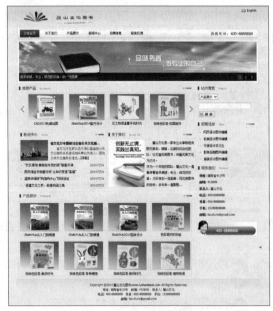

图11-63 首页完成效果

4. 子页制作

本实例中设计的网站栏目结构相同，因此只需建立一个子网页，将其创建为模板，其他页面的制作就可以基于模板进行设计。

01 用同样的方法制作网页的页头部分，包括Logo、导航及Banner，如图11-64所示。

图11-64 制作网网页的页头部分

02 插入Div标签，设置ID为page_main，如图11-65所示。

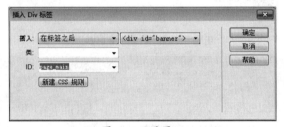

图11-65 设置ID

03 选择标签，在"属性"面板中设置"类"为clearfix，如图11-66所示。

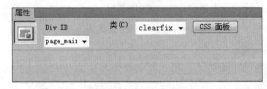

图11-66 设置类

04 插入Div标签，设置"类"为page-right。再次插入Div标签，并设置"类"为site-nav。在页面中输入文字，此时的代码如图11-67所示。

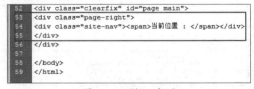

图11-67 输入代码

05 在页面中输入文字"公司主页>>"，如图11-68所示。

图11-68 输入文字

06 选择文字，在"属性"面板中设置"链接"为index.html，如图11-69所示。

图11-69 设置链接

07 继续输入文字"关于我们"，设置文字"链接"为single.html，代码如图11-70所示。

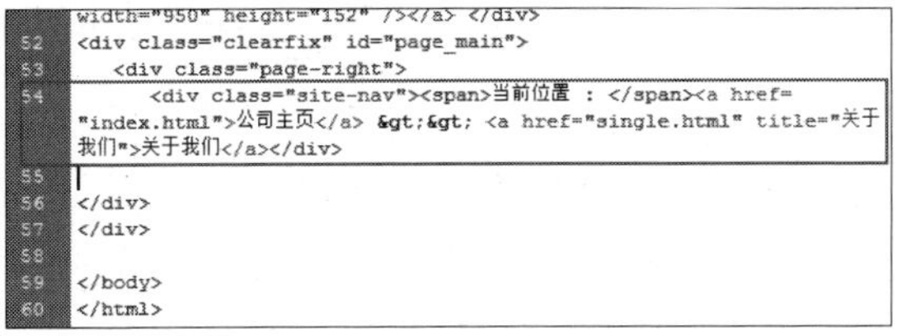

```
width="950" height="152" /></a> </div>
<div class="clearfix" id="page_main">
    <div class="page-right">
        <div class="site-nav"><span>当前位置 : </span><a href=
"index.html">公司主页</a> &gt;&gt; <a href="single.html" title="关于
我们">关于我们</a></div>

    </div>
</div>


</body>
</html>
```

图11-70 设置文字链接的代码

08 插入Div标签，在代码视图中编写程序代码，如图11-71所示。

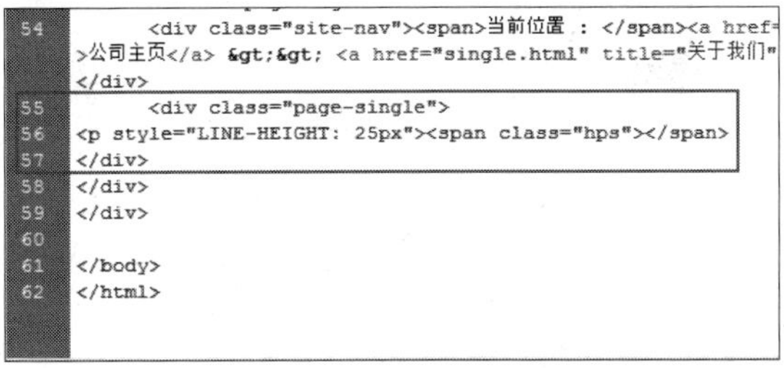

```
54      <div class="site-nav"><span>当前位置 : </span><a href=
">公司主页</a> &gt;&gt; <a href="single.html" title="关于我们"
    </div>

        <div class="page-single">
<p style="LINE-HEIGHT: 25px"><span class="hps"></span>
    </div>
</div>


</body>
</html>
```

图11-71 输入脚本

09 在设计页面中输入文字，如图11-72所示。

10 插入Div标签，插入标题2，并输入文字，此时的代码如图11-73所示。

11 插入Div标签，设置ID为LeftMenu，"类"为ddsmoothmenu-v，如图11-74所示。

图11-72 输入文字

图11-73 代码

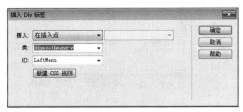

图11-74 插入Div标签

12 将标签内的文本删除。执行"插入"|"HTML"|"脚本对象"|"脚本"命令，在代码视图中编辑代码，如图11-75所示。

图11-75 编辑代码

13 执行"插入"|"表单"|"表单"命令，在弹出的对话框中设置"名称"，如图11-76所示。

图11-76 设置名称

14 选择"样式表/辅助功能"选项，设置ID，如图11-77所示。

图11-77 设置ID

15 执行"插入"｜"表单"｜"选择（列表/菜单）"命令，设置名称及ID均为searchid。

16 在"属性"面板中单击"列表值"按钮，如图11-78所示。

图11-78 单击"列表值"按钮

17 弹出对话框，设置列表值，如图11-79所示。

图11-79 设置列表值

18 执行"插入"｜"表单"｜"文本域"命令，设置名称及ID均为searchtext。

19 执行"插入"｜"表单"｜"按钮"命令，在弹出的对话框设置"类型"为"提交"，如图11-80所示。设置名称为及ID均为searchbutton。

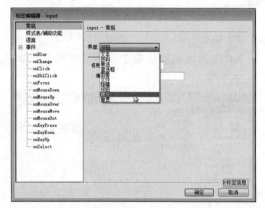

图11-80 设置类型

20 此时的代码如图11-81所示。此时的页面效果如图11-82所示。

图11-81 代码

图11-82 页面效果

21 在代码视图中编写程序代码，如图11-83所示。在页面中输入文字，如图11-84所示。

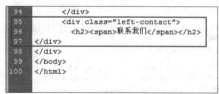

图11-83 编写代码

图11-84 输入文字

22 在页面中插入图片，如图11-85所示。

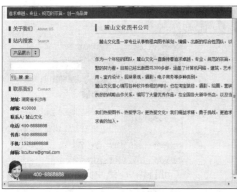

图11-85 插入图片

23 插入Div标签，设置ID为copyright，如图11-86所示。

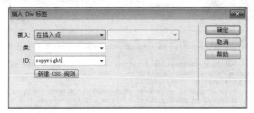

图11-86 设置ID

24 在代码中输入代码，如图11-87所示。

```
        <span>邮编: </span>410000 <br />
        <span>联系人: </span>麓山文化<br />
        <span>电话: </span>400-8888888<br />
        <span>传真: </span>400-8888888<br />
        <span>手机: </span>15288888888<br />
      <span>邮箱: </span>lsculture@gmail.com</p>
    </div>
    <img src="images/tel.gif" width="240" height="59" alt="联系
我们" />
</div>
</div>
  <div id="copyright">Copyright ©2014 <a href=
"http://www.lushanbook.com" title="麓山文化图书公司">麓山文化图书
www.lushanbook.com</a> All Rights Reserved.<br />
    <span>地址: </span>湖南省长沙市 <span>邮编: </span>410000 <span
>联系人: </span>麓山文化<br />
    <span>电话: </span>400-8888888 <span>传真: </span>400-8888888
 <span>手机: </span>15288888888<br />
  <span>邮箱:lsculture</span>@gmail.com</div>
</div>
</body>
</html>
```

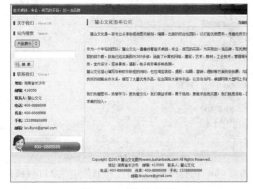

图11-87 输入代码

25 页面效果，如图11-88所示。

图11-88 页面效果

26 “关于我们”页面制作完成，按F12键预览效果，如图11-89所示。

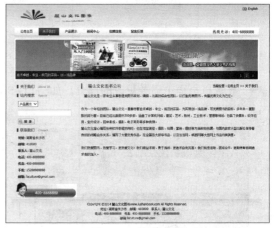

图11-89 预览效果

5. 创建模板与应用模板

01 执行“文件”|“另存为模板”命令，如图11-90所示。

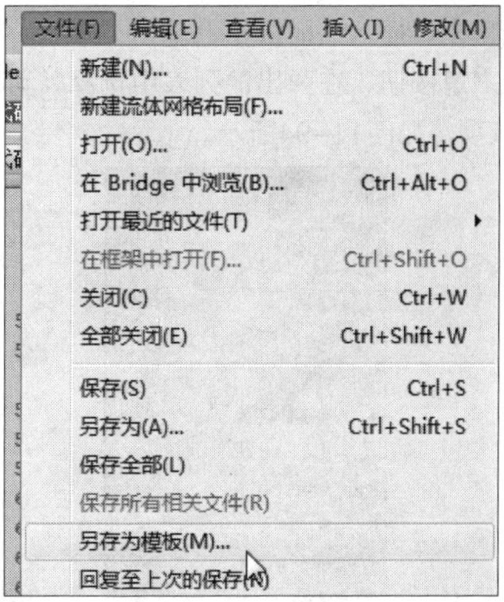

图11-90 执行“文件”|“另存为模板”命令

02 弹出对话框，设置“另存为”为“栏目模板”，单击“保存”按钮，如图11-91所示。

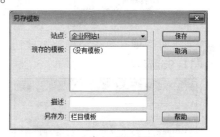

图11-91 单击“保存”按钮

03 弹出提示对话框，单击“确定”按钮，如图11-92所示。

图11-92 单击"确定"按钮

04 选择页面中需要更改的部分，如图11-93所示。

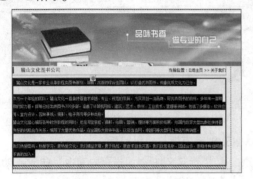

图11-93 选择需更改的部分

05 在"插入"面板中，单击"模板"中的三角按钮，在弹出的列表中选择"可编辑区域"选项，如图11-94所示。

图11-94 选择"可编辑区域"选项

06 弹出对话框，单击"确定"按钮，如图11-95所示。

图11-95 单击"确定"按钮

07 选中文字"关于我们"，如图11-96所示。

图11-96 选中文字

08 制作可编辑区域。在模板中可编辑区域呈绿色显示，如图11-97所示。

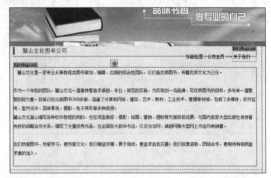

图11-97 可编辑区域呈绿色显示

09 用同样的方法，将导航设置为可编辑区域。

10 在"文件"面板中双击products.html文件，打开页面。

11 执行"修改"|"模板"|"应用模板到页"命令，如图11-98所示。

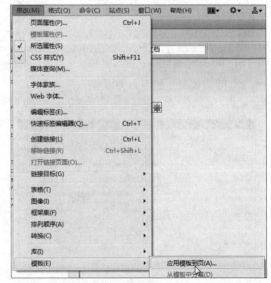

图11-98 执行"修改"|"模板"|"应用模板到页"命令

12 弹出对话框，选择模板，单击"选定"按钮，如图11-99所示。

图11-99 单击"选定"按钮

13 打开网页后，用前面所述的方法，修改可编辑区域，页面效果如图11-100所示。

14 用同样的方法，制作其他子页面。

图11-100 页面效果

11.2 Flash全站设计

本节将使用Flash制作"启航者IT培训中心"网站。通过网站片头、首页及子页面的设计，体现出Flash全站的强烈视觉效果。

11.2.1 网页创意构思

本节将制作的"启航者IT培训中心"的网站设计，网页的构思以Flash炫酷动画来展开。

网站整体以红色为主，以白色、灰色为辅，几种颜色的搭配，使整个页面生动而有活力。如图11-101所示为最终的网页效果图。

- ➢ 红色：整个页面是以红色作为基调，具有很强的冲击力。
- ➢ 白色：白色的页面留白在红色中形成反差，整体页面非常醒目，给人一种视觉冲击。
- ➢ 灰色：灰色的条纹背景，突出网页主体。

图11-101 最终网页效果图

11.2.2 准备素材元件

在设计Flash动画时，会需要很多素材，因此制作前需要将素材整理并收集到同一文件夹中。在Flash中新建文档后，执行"文件"|"导入"|"导入到库"命令，如图11-102所示，将需要的素材导入到"库"面板中。

图11-102 执行"文件"|"导入"|"导入到库"命令

11.2.3 加载页面制作

下面使用Flash制作网页。

01 新建空白文档，单击"属性"面板中的"编辑文档属性"按钮🔧，在打开的对话框中设置文档大小、帧频等属性，如图11-103所示。

02 执行"插入"|"新建元件"命令，新建"背景"图形元件。使用矩形工具，绘制填充颜色为#9E0B0E的矩形。新建"图层2"，绘

制白色矩形条，如图11-104所示。

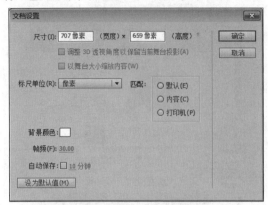

图11-103 设置文档属性

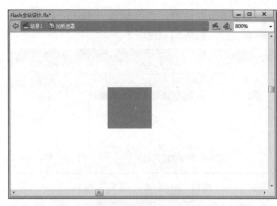

图11-106 绘制图形

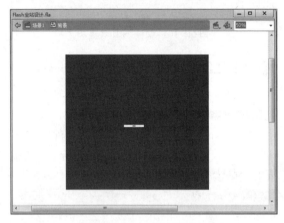

图11-104 绘制图形

03 新建"加载条"图形元件，使用矩形工具绘制图形，如图11-105所示。

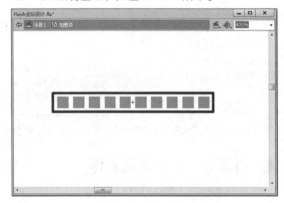

图11-105 绘制图形

04 新建"加载遮罩"影片剪辑元件，绘制图形，如图11-106所示。

05 新建"加载页面"影片剪辑元件，将"背景"图形元件拖入到舞台，如图11-107所示。

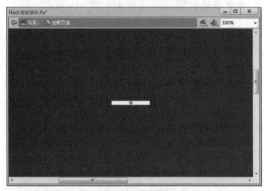

图11-107 将元件拖入舞台

06 在第100帧处按F5键插入帧。新建"图层2"，将"加载条"图形元件拖入舞台并调整大小，放置在合适的位置，如图11-108所示。

图11-108 将元件拖入舞台

07 在第100帧处插入空白关键帧，使用线条工具绘制线条，如图11-109所示。

08 新建"图层3"，将"加载遮罩"影片剪辑元件拖入舞台中合适的位置，如图11-110所示。

09 在第100帧处插入关键帧，将元件向右移动，以遮盖"图层2""中的加载条，如图11-111所示。

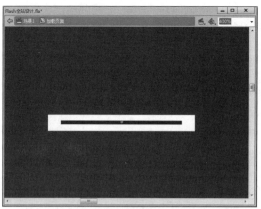

图11-109 绘制线条

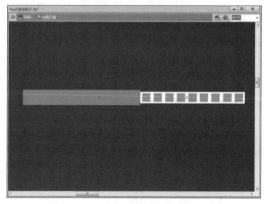

图11-110 将元件拖入合适的位置

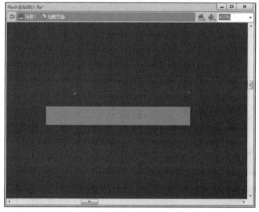

图11-111 向右移动元件

10 在第1帧与第150帧之间单击鼠标右键，执行"创建传统补间"命令，创建补间动画。

11 选择"图层3"，单击鼠标右键，执行"遮罩层"命令。

12 新建"图层4"，使用文本工具输入文字，如图11-112所示。

13 新建"图层5"，在第100帧处按F7键插入空白关键帧，按F9键打开"动作"面板，输入脚本"stop();"。

图11-112 输入文字

🎬 11.2.4　主界面制作

1. 界面展开制作

下面介绍界面展开的制作。

01 新建"背景2"影片剪辑元件，将"库"面板中的素材3拖入舞台，按Ctrl+B快捷键将其分离，按Ctrl+G快捷键将其组合，如图11-113所示。

图11-113 分离组合图形

02 回到"场景1"，将"加载页面"影片剪辑元件拖入舞台，打开"动作"面板输入脚本，如图11-114所示。

图11-114 输入脚本

03 在第2帧处插入空白关键帧，将"背景2"影片剪辑元件拖入舞台，在"属性"面板中设置"色彩效果"为Alpha，值为0，如图11-115所示。

图11-115 设置Alpha值

04 在第8帧处插入关键帧，设置Alpha值为100，在两帧之间创建传统补间动画。

05 在第433帧处插入帧。新建"图层2"，在第8帧处插入关键帧。使用矩形工具，绘制一个笔触颜色为灰色、填充颜色为白色的矩形，如图11-116所示。

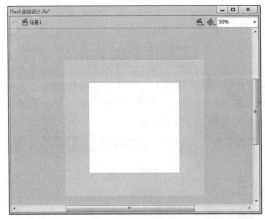

图11-116 绘制矩形

06 选择矩形，单击鼠标右键，执行"转换为元件"命令，将其转换为"主界面"影片剪辑元件。

07 在"属性"面板中设置Alpha值为0。在第18帧处插入关键帧，按Q键将元件拖大，如图11-117所示，并设置Alpha值100。

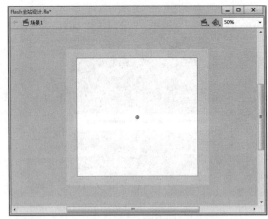

图11-117 将元件拖大

08 在两帧之间创建传统补间动画。

2. 页头动画制作

01 新建"图层3"，在第18帧处插入关键帧。使用矩形工具，绘制矩形，如图11-118所示。

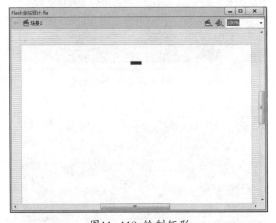

图11-118 绘制矩形

02 在第27帧处插入关键帧，按Q键将图形放大，如图11-119所示。

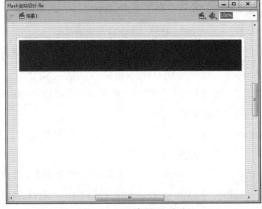

图11-119 将图形放大

03 在第25帧处插入关键帧。选择第25帧，调整图形，如图11-120所示。

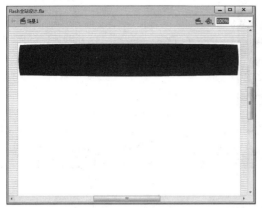

图11-120 调整图形

04 在两帧之间单击鼠标右键，执行"创建补间形状"命令，创建补间形状动画。

05 在第23帧、第24帧处插入关键帧。选择第23帧，使用选择工具，调整图形形状，如图11-121所示。

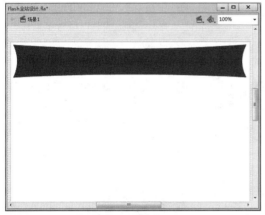

图11-121 调整图形形状

06 在第18帧与第23帧、第23帧与第24帧之间创建补间形状动画。

07 用同样的方法，在第28帧至第32帧之间创建关键帧，并调整图形，创建补间形状动画。

08 新建"音乐波动"影片剪辑元件，新建5个图层，在"图层1"～"图层6"中分别使用矩形工具绘制填充色为白色的矩形条，如图11-122所示。

提示： 由于本实例的舞台背景色为白色，为了显示效果，这里暂时将背景设置为其他颜色。

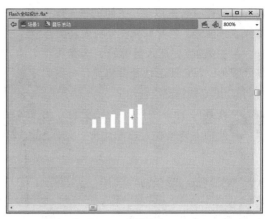

图11-122 绘制白色矩形条

09 在第7帧插入关键帧，分别使用Q键调整图形的大小，如图11-123所示。

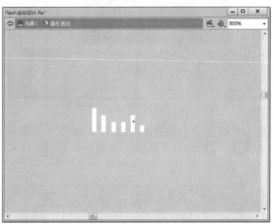

图11-123 调整图形大小

10 分别在6个图层的帧与帧之间创建补间形状动画。

11 用同样的方法，依次在第8帧、第14帧、第15帧、第22帧、第23帧、第28帧处插入关键帧，并调整图形大小及创建补间形状动画。

12 在"图层6"的第29帧处插入空白关键帧，将前面绘制的第1帧图形复制到舞台中，时间轴如图11-124所示。

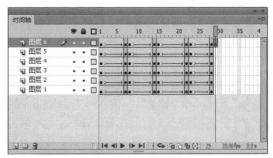

图11-124 时间轴显示

13 新建"音乐控制"影片剪辑元件，将"音乐波动"影片剪辑元件拖入到舞台中。

14 在第2帧处插入关键帧，选择舞台中的元件，按Ctrl+B快捷键将元件分离为图形，然后按Ctrl+G快捷键组合图形。

15 新建"音乐按钮"按钮元件，在第4帧处插入关键帧，绘制矩形，如图11-125所示。

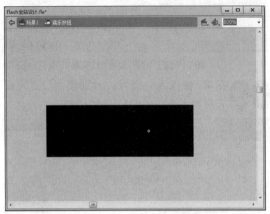
图11-125 绘制矩形

16 回到"音乐控制"影片剪辑元件，新建"图层2"，将"音乐按钮"按钮拖入舞台中，如图11-126所示。

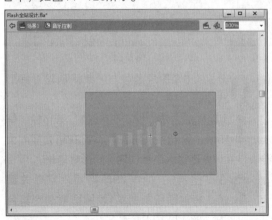
图11-126 将元件拖入舞台

17 在第2帧处插入关键帧，选择第1帧，按F9键打开"动作"面板，输入脚本，如图11-127所示。

18 新建"图层3"，在第2帧插入空白关键帧。在第1帧和第2帧处分别输入脚本"stop();"。

19 回到"场景1"，在第36帧处插入关键帧，将"音乐控制"影片剪辑元件拖入到舞台中合适的位置，如图11-128所示。

图11-127 输入脚本

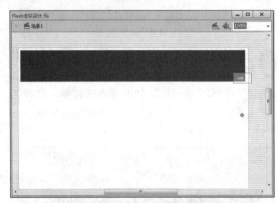
图11-128 将元件拖入舞台

20 新建"控制"影片剪辑元件，绘制矩形并输入文本，如图11-129所示。

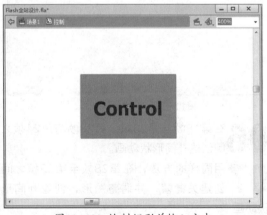
图11-129 绘制矩形并输入文本

21 返回"场景1"，新建"图层5"，在第36帧处插入关键帧，将"控制"影片剪辑元件拖入舞台外，如图11-130所示。

22 按F9键打开"动作"面板，输入脚本，如图11-131所示。

23 新建"标志-1"影片剪辑元件，在舞台中绘制图形，如图11-132所示。

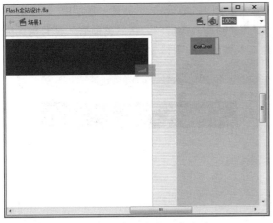

图11-130 将元件拖入舞台外

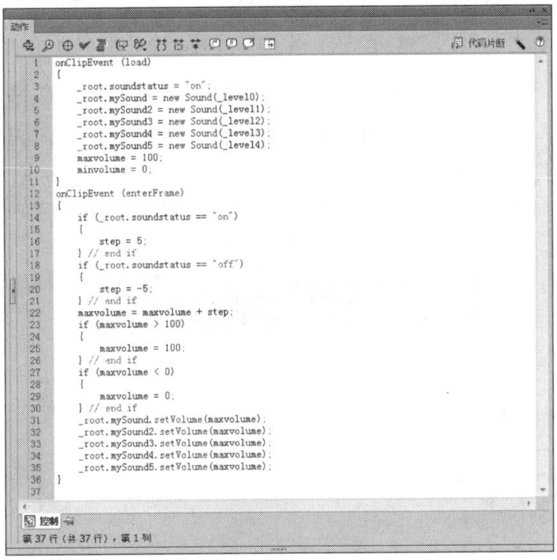

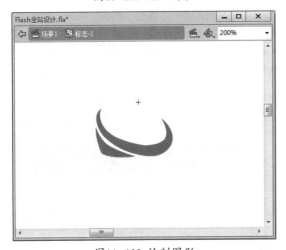

图11-131 输入脚本

图11-133 将元件拖入舞台

25 在第43帧处插入关键帧。选择第37帧，在"属性"面板中设置"色彩效果"为Alpha，值为0，如图11-134所示。

图11-134 设置色彩效果

26 在第37帧与第43帧之间创建传统补间动画。新建"标志-2"影片剪辑元件，在舞台中绘制图形，如图11-135所示。

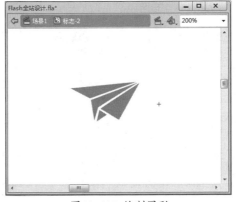

图11-132 绘制图形

24 返回"场景1"，新建"图层6"，在第37帧处插入关键帧，将"标志-1"图形元件拖入舞台，如图11-133所示。

图11-135 绘制图形

27 返回"场景1"，新建"图层7"，拖动"图层7"到"图层6"的下方。在第43帧处插入关键帧，将"标志-2"影片剪辑元件拖入到舞台中，如图11-136所示。在第49帧处插入关键帧。

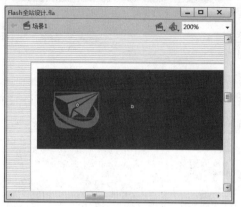

图11-136 将元件拖入舞台

28 选择第43帧，按Q键将元件调小。在"属性"面板中设置Alpha值为0，如图11-137所示。

图11-137 设置Alpha值

29 在两帧之间创建传统补间动画。新建"启航者"影片剪辑元件，选择文本工具输入文本，如图11-138所示。

图11-138 输入文本

30 返回"场景1"，新建"图层8"，在第48帧插入关键帧，将"启航者"影片剪辑元件拖入舞台，如图11-139所示。

图11-139 将元件拖入舞台

31 在第54帧处插入关键帧，将元件向左移动，如图11-140所示。在两帧之间创建传统补间动画。

图11-140 将元件向左移动

32 新建"走进启航"影片剪辑元件，输入文本。返回"场景1"，新建"图层9"，在第54帧处插入关键帧，将"走进启航"影片剪辑元件拖入舞台，如图11-141所示。

图11-141 将元件拖入舞台

33 在第57帧处插入关键帧。选择第54帧的元件，按键盘上的方向键微微向下移动，在"属性"面板中设置Alpha为0，效果如图11-142所示。在两帧之间创建传统补间动画。

图11-142 设置Alpha后效果

3. 顶部导航制作

01 新建"长条"影片剪辑元件，在舞台中绘制矩形条，如图11-143所示。

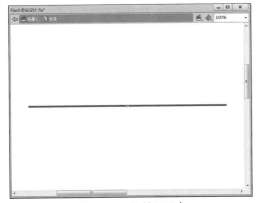

图11-143 绘制矩形条

02 返回"场景1"，新建"图层10"，在第35帧处插入关键帧，将"长条"影片剪辑元件拖入舞台，如图11-144所示。

图11-144 将元件拖入舞台

03 在第46帧处插入关键帧。选择第35帧，将元件缩小，并调整到最左侧。在两帧之间创建传统补间，制作元件由左向右的动画。

04 用同样的方法，新建"长条2"影片剪辑元件，并将其添加到"场景1"的舞台中，如图11-145所示。并制作元件由右向左的动画。

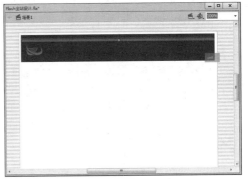

图11-145 添加元件

05 新建"导航按钮"影片剪辑元件，在第4帧处插入关键帧，绘制矩形，如图11-146所示。

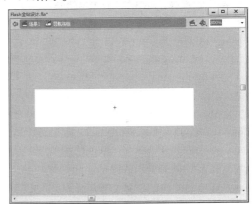

图11-146 绘制矩形

06 新建"联系我们"影片剪辑元件，选择文本工具输入文字，如图11-147所示。

图11-147 输入文本

07 新建"图层2"，将"导航按钮"影片剪辑元件拖入舞台中，如图11-148所示。

图11-148 将元件拖入舞台

08 返回"场景1"，新建"图层12"，在第42帧处插入关键帧，将"联系我们"影片剪辑元件拖入舞台中，如图11-149所示。

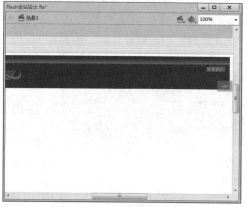

图11-149 将元件拖入舞台

09 在第46帧处插入关键帧。选择第42帧，将元件向左移动，并设置Alpha值为0。在两帧之间创建传统补间动画。

10 新建"图标"影片剪辑元件，使用椭圆工具绘制图形，如图11-150所示。

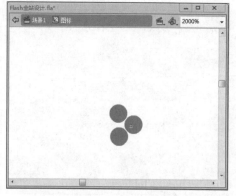

图11-150 绘制图形

11 返回"场景1"，新建"图层13"，在第46帧处插入关键帧，将"图标"影片剪辑元件拖入舞台中，如图11-151所示。

图11-151 将元件拖入舞台

12 在第49帧处插入关键帧。选择第46帧，将其向左微微移动，并设置Alpha值为0。在两帧之间创建传统补间动画。

13 在"库"面板中选择"联系我们"影片剪辑元件，单击鼠标右键，执行"直接复制"命令，如图11-152所示。

图11-152 执行"直接复制"命令

14 弹出对话框，在"名称"文本框中输入名称，单击"确定"按钮，如图11-153所示。

图11-153 单击"确定"按钮

15 在"库"面板中双击进入元件编辑界面，修改元件内的文本为"培训课程"，如图11-154所示。

美工与创意 | 网页设计艺术 第二版

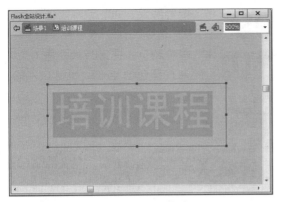

图11-154 修改文本

16 返回"场景1",新建图层,将"培训课程"影片剪辑元件拖入舞台,并制作动画效果,如图11-155所示。

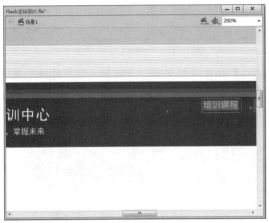

图11-155 制作动画效果

17 用同样的方法,创建其他元件并制作动画效果,最终的导航如图11-156所示。

图11-156 最终导航

4. 广告图制作

01 新建"图层20",在第46帧处插入关键帧,使用矩形工具绘制矩形。

02 在第57帧处插入关键帧,按Q键拉长矩形,如图11-157所示。

图11-157 拉长矩形

03 在两帧之间单击鼠标右键,执行"创建补间形状"命令。

04 新建"图形1"图形元件,将"库"面板中的素材拖入舞台,按Ctrl+B快捷键分离位图,如图11-158所示。

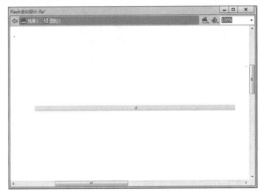

图11-158 分离位图

05 返回"场景1",新建"图层21",在第46帧处插入关键帧,将"图形1"图形元件拖入舞台,如图11-159所示。

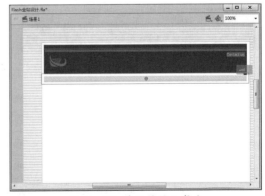

图11-159 将元件拖入舞台

06 新建"遮罩"影片剪辑元件，在舞台中绘制图形，如图11-160所示。

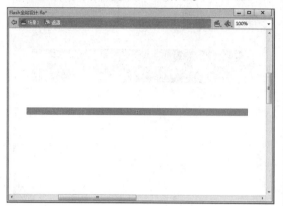

图11-160 绘制图形

07 返回"场景1"，新建"图层22"，在第46帧处插入关键帧，将"遮罩"影片剪辑元件拖入舞台，如图11-161所示。

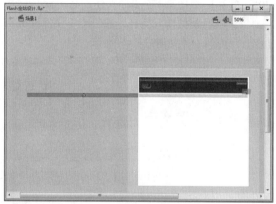

图11-161 将元件拖入舞台

08 在第57帧处插入关键帧，将元件向右移动，如图11-162所示。在两帧之间创建传统补间动画。

图11-162 将元件向右移动

09 选择"图层22"，单击鼠标右键，执行"遮罩层"命令。

10 新建"图层23"，在第67帧处插入关键帧，绘制浅蓝色的矩形，如图11-163所示。

图11-163 绘制浅蓝色的矩形

11 在第65帧处插入关键帧，使用选择工具调整图形，如图11-164所示。

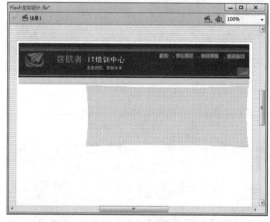

图11-164 调整图形

12 在两帧之间创建补间形状动画。使用相同的方法，依次创建关键帧并调整图形。

13 新建"人物图"影片剪辑元件，将素材图片拖入舞台，按Ctrl+B快捷键分离位图，按Ctrl+G快捷键组合图形，如图11-165所示。

14 返回"场景1"，新建"图层24"，在第67帧处插入关键帧，将"人物图"影片剪辑元件拖入舞台，如图11-166所示。

15 在第82帧处插入关键帧。选择第67帧，在"属性"面板中设置"色彩效果"为"亮度"，"亮度"的值为100%，如图11-167所示。

图11-165 分离并组合图形

图11-166 将影片剪辑元件拖入舞台

图11-167 调整亮度

16 在两帧之间创建传统补间动画。新建"专业"影片剪辑元件，使用文本工具输入"专业"。

17 返回"场景1"，新建"图层25"，在第67帧插入关键帧，将"专业"影片剪辑元件拖入舞台，如图11-168所示。

图11-168 将元件拖入舞台

18 在第81帧插入关键帧，选择第67帧，将其向左移动，在"属性"面板中设置"亮度"为100%。

19 在两帧之间创建传统补间动画。用同样的方法，新建"图层26"和"图层27"，依次新建元件并制作动画效果，如图11-169所示。

图11-169 依次新建元件并制作动画效果

20 新建"图层28"，使用绘图工具绘制三角形，如图11-170所示。

图11-170 绘制三角形

21 新建"图层29",选择该图层,单击鼠标右键,执行"遮罩层"命令。

22 在第80帧处绘制矩形,如图11-171所示。

图11-171 绘制矩形

23 在第94帧处插入关键帧,将图形放大,以遮盖"图层28"中的图形,如图11-172所示。

图11-172 放大图形

24 在两帧之间创建补间形状动画。新建"(更多…)按钮"影片剪辑元件,在第2帧处插入关键帧,绘制矩形。

25 在第9帧处插入关键帧,将元件拖长。选择第2帧,单击鼠标右键,执行"复制帧"命令,如图11-173所示。

图11-173 执行"复制帧"命令

26 选择第15帧,单击鼠标右键,执行"粘贴帧"命令。在第2帧、第10帧与第15帧之间创建补间形状动画。

27 新建"图层2",选择文本工具,输入"更多关于我们"。

28 新建"图层3",将"导航按钮"按钮元件拖入舞台中,按F9键打开"动作"面板,输入脚本,如图11-174所示。

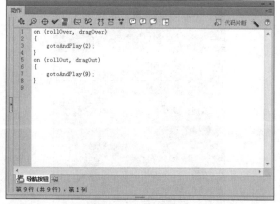

图11-174 输入脚本

29 新建"图层4",在第1帧、第10帧、第15帧处分别插入关键帧,并打开"动作"面板,输入脚本"stop();"。

30 新建"关于我们"影片剪辑元件,在舞台中绘制图形,如图11-175所示。

31 新建"图层2",将"(更多…)按钮"影片剪辑元件拖入到舞台中,如图11-176所示。

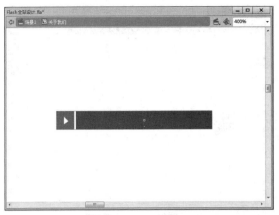

图11-175 绘制图形

图11-176 将影片剪辑元件拖入到舞台

32 新建"图层3",打开"动作"面板,输入脚本"stop();"。

33 返回"场景1",新建"图层30",在第87帧处插入关键帧,将"更多关于我们"影片剪辑元件拖入舞台,如图11-177所示。

图11-177 将"更多关于我们"影片剪辑元件拖入舞台

34 在第92帧处插入关键帧。选择第87帧,按Q键将元件缩小。在两帧之间创建传统补间动画。

5. 侧边导航制作

01 新建"阴影"影片剪辑元件,将"库"面板中的图片素材拖入舞台中,如图11-178所示。

图11-178 将素材图片拖入舞台中

02 新建"侧边导航"影片剪辑元件,在第20帧处插入关键帧,将"阴影"影片剪辑元件拖入舞台中。

03 在第29帧处插入关键帧。选择第20帧,将元件向左上角移动,并缩小元件。

04 在两帧之间创建传统补间动画。在第35帧处插入帧。

05 新建"方块"影片剪辑元件,在舞台中绘制图形,如图11-179所示。

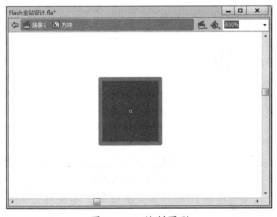

图11-179 绘制图形

06 返回"侧边导航"影片剪辑元件,新建"图层2",将"方块"影片剪辑元件拖入舞台中。

07 在第9帧处插入关键帧,将元件调大,并向右下角移动,在两帧之间创建传统补间动画。

08 新建"三角"影片剪辑元件，在舞台中绘制三角形。

09 返回"侧边导航"影片剪辑元件，新建"图层3"，在第4帧处插入关键帧，将"三角"影片剪辑元件拖入舞台中。

10 在第10帧处插入关键帧，放大元件，并调整位置，以和"图层2"中图形保持一致，如图11-180所示。在两帧之间创建传统补间动画。

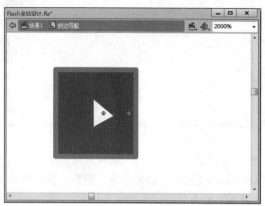

图11-180 放大元件

11 新建"图层4"，在第9帧处插入关键帧，绘制图形，如图11-181所示。

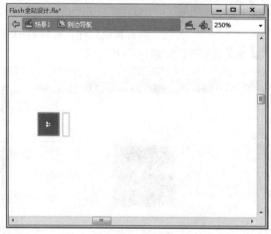

图11-181 绘制图形

12 在第19帧处插入关键帧，将元件向右拖长，如图11-182所示。

13 在两帧之间创建补间形状动画。新建"首页1"影片剪辑元件，使用文本工具输入"首页"。

14 新建"公司首页"影片剪辑元件，将"首页1"影片剪辑元件拖入到舞台中，如图11-183所示。

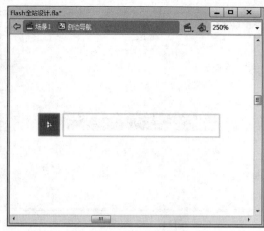

图11-182 将元件向右拖长

图11-183 将元件拖入舞台

15 在第6帧处插入关键帧，将元件向右移动。在第10帧处插入关键帧，将元件向左移动。在帧与帧之间创建传统补间动画。

16 新建"图层2"，在第2帧处插入关键帧，将"首页1"元件拖入舞台，在"属性"面板中修改色调。调整元件，使之与"图层1"中的元件对齐，如图11-184所示。

图11-184 将元件拖入舞台

17 在第6帧、第9帧处分别插入关键帧，且移动到相应的位置，在帧之间创建传统补间动画。

18 新建"图层3"，将"导航按钮"按钮元件拖入舞台，并打开"动作"面板，输入脚本，如图11-185所示。

图11-185 输入脚本

19 新建"图层4"，在第1帧、第6帧和第10帧处分别插入关键帧，输入脚本"stop();"。

20 返回"侧边导航"影片剪辑元件，新建"图层5"，在第17帧处插入关键帧，将"公司首页"影片剪辑元件拖入到舞台中，如图11-186所示。

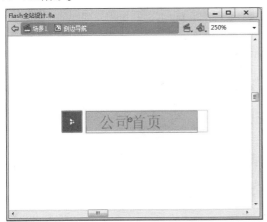

图11-186 将元件拖入舞台

21 在第21帧处插入关键帧，将元件向右移动。在第35帧处插入关键帧，将元件向左移动。

22 在帧与帧之间依次插入传统补间动画。新建"图层6"，在第35处插入关键帧，输入脚本"stop();"。

23 返回"场景1"，新建"图层31"，在第62帧处插入关键帧，将"侧边导航"影片剪辑元件拖入舞台中，如图11-187所示。

图11-187 将元件拖入舞台

24 用同样的方法，制作其他侧边导航，如图11-188所示。

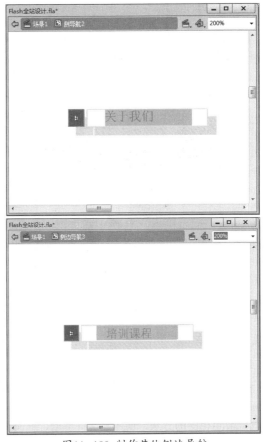

图11-188 制作其他侧边导航

25 返回"场景1"，新建"图层32"，在"图层32"中的第65帧处插入关键帧，将"侧边导航2"影片剪辑元件拖入舞台。

26 用同样的方法，新建"图层33"～"图层36"，依次在"图层33"～"图层36"的第69帧、第73帧、第77帧、第81帧处插入关键帧，然后依次将不同的影片剪辑元件拖入到舞台中，效果如图11-189所示。

图11-189 将元件拖入舞台

6. 底部导航制作

01 新建"图层37"，在第75帧处插入关键帧，在舞台中绘制线段。在第84帧处插入关键帧，将线段拉长，如图11-190所示。在两帧之间创建补间形状动画。

图11-190 将线段拉长

02 新建"图层38"，在第87帧处插入关键帧，绘制矩形，如图11-191所示。

03 在第75帧处插入关键帧，将图形缩小并调整形状。

04 用相同的方法，创建其他关键帧，并将图形进行调整。然后在帧与帧之间创建补间形状动画。

05 新建"图层39"，在第90帧处插入关键帧，绘制图形。在第97帧处插入关键帧，

将图形放大，如图11-192所示。在两帧之间创建补间形状。

图11-191 绘制矩形

图11-192 将图形放大

06 新建"图层40"，在第90帧处插入关键帧，绘制图形。在第97帧处插入关键帧，将图形放大，如图11-193所示。在两帧之间创建补间形状。

图11-193 将图形放大

07 新建"图层41"，在第96帧处插入关键帧，使用文本工具输入文本。选择文本，单击鼠标右键，执行"转换为元件"命令，将其

转换为"底部导航"影片剪辑元件。双击进入元件，如图11-194所示。

图11-194 进入元件

08 返回"场景1"，选择元件，在"属性"面板中设置Alpha值为40，效果如图11-195所示。

图11-195 效果

09 在第104帧处插入关键帧，在"属性"面板中设置Alpha值为100。在两帧之间创建传统补间动画。

10 新建"图层42"，在第96帧处插入关键帧，绘制图形，如图11-196所示。

图11-196 绘制图形

11 新建"图层43"，在第96帧处插入关键帧，将"库"面板中的遮罩拖入舞台中，

如图11-197所示。

图11-197 将遮罩拖入舞台

12 在第104帧插入关键帧，将元件向右移动，如图11-198所示。在帧与帧之间创建传统补间动画。

图11-198 将元件向右移动

13 选择"图层43"，单击鼠标右键，执行"遮罩层"命令。选择"图层42"和"图层43"，将第104帧后的所有帧删除。

14 新建"图层44"，在第110帧处插入关键帧。将"导航按钮"按钮元件拖入舞台中，并调整大小，如图11-199所示。

图11-199 调整大小

15 打开"动作"面板，输入脚本，如图11-200所示。并复制该脚本。

图11-200 修改大小

16 用同样的方法，新建图层，并依次将"导航按钮"按钮元件拖入舞台中合适的位置，修改大小，如图11-201所示。

图11-201 修改大小

17 依次选择按钮，粘贴脚本，并分别修改脚本"_root.link=1"中的数字为2~6。

18 新建"版权信息"影片剪辑元件，输入文本，如图11-202所示。

图11-202 输入文本

19 返回"场景1"，新建"图层50"，在第116帧处插入关键帧，将"版权信息"影

片剪辑元件拖入舞台中，如图11-203所示。

图11-203 将元件拖入舞台

20 在第108帧处插入关键帧，将Alpha值修改为0。在两帧之间创建传统补间动画。

21 新建"图层51"，在第116帧处插入关键帧，将"导航按钮"按钮元件拖入舞台中，如图11-204所示。

图11-204 将元件拖入舞台

22 打开"动作"面板，粘贴脚本，将"_root.link=1"修改为"_root.link=7"。

23 新建"图层52"，在第103帧插入关键帧，将"图形1"图形元件拖入舞台中，如图11-205所示。

24 新建"图层53"，在第115帧插入关键帧，将"遮罩"影片剪辑元件拖入舞台，如图11-206所示。

25 在第103帧处插入关键帧，将元件向左移动至舞台外。在两帧之间创建传统补间动画。

26 选择"图层53",将其设置为遮罩层。

图11-205 将元件拖入舞台

图11-206 将元件拖入舞台

27 选择"图层52"和"图层53"的第115帧,将其后的所有帧删除。

7. 主栏目制作

01 新建"图形2"图形元件,将"库"面板中的图片拖入舞台中,如图11-207所示。

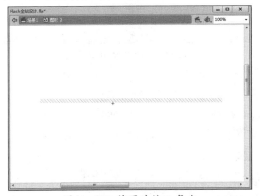

图11-207 将图片拖入舞台

02 新建"热门课程"影片剪辑元件,将"图形2"图形元件拖入舞台中。

03 新建"图层2",绘制矩形,并将"图层2"设置为"遮罩层",效果如图11-208所示。

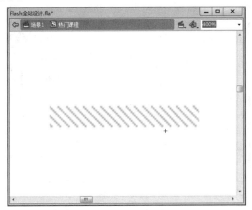

图11-208 效果

04 新建"图层3",选择矩形工具,绘制矩形,如图11-209所示。

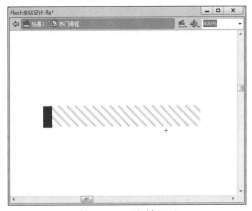

图11-209 绘制矩形

05 新建图层,选择文本工具输入文本,如图11-210所示。

图11-210 输入文本

06 新建"页面1"影片剪辑元件，将"库"面板的元件依次拖入舞台中，如图11-211所示。

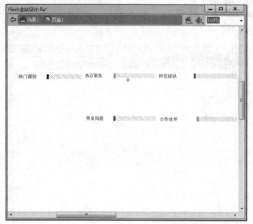

图11-211 将元件拖入舞台

07 新建"图层2"，使用矩形工具绘制矩形，如图11-212所示。

图11-212 绘制矩形

08 新建"图层3"，使用文本工具输入文本，如图11-213所示。

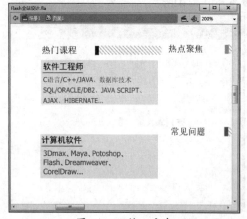

图11-213 输入文本

09 新建"按钮"按钮元件，在第2帧插入关键帧，在"属性"面板中设置"声音"参数，如图11-214所示。

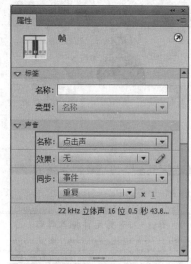

图11-214 设置"声音"参数

10 在第4帧处绘制矩形。

11 新建"更多"影片剪辑元件，在第2帧插入关键帧，绘制矩形。

12 在第9帧插入关键帧，将图形向右拖大，如图11-215所示。

图11-215 将图形向右拖大

13 将第2帧复制到第14帧处。在帧与帧之间分别创建补间形状动画。

14 新建"图层2"，使用文本工具输入文本，如图11-216所示。在第15帧处插入关键帧。

15 新建"图层3"，将"按钮"按钮元件拖入舞台，如图11-217所示。

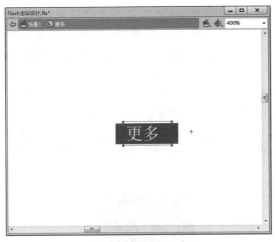

图11-216 输入文本

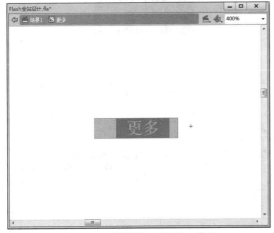

图11-217 将按钮元件拖入舞台

16 打开"动作"面板，输入脚本，如图11-218所示。

图11-218 输入脚本

17 新建"图层4"，在第1帧、第9帧、第15帧处分别插入空白关键帧，输入脚本"stop();"。

18 新建"更多2"影片剪辑元件，在舞台中绘制图形，如图11-219所示。

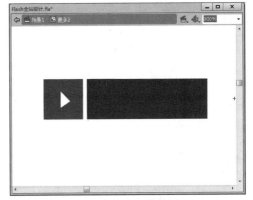

图11-219 绘制图形

19 在第8帧处插入帧。新建"图层2"，将"更多"影片剪辑元件拖入舞台中，如图11-220所示。

图11-220 将影片剪辑元件拖入舞台

20 新建"图层3"，在第8帧处插入关键帧，输入脚本"stop();"。

21 返回"页面1"影片剪辑元件，新建"图层4"，将"更多2"影片剪辑元件拖入舞台中，如图11-221所示。

图11-221 将影片剪辑元件拖入舞台

22 新建"图层5",选择文本工具输入文本,如图11-222所示。

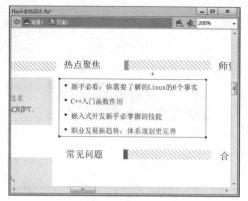

图11-222 输入文本

23 新建"人物图2"影片剪辑元件,将"库"面板中的照片素材拖入舞台中,如图11-223所示。

图11-223 将照片素材拖入舞台

24 在第15帧处插入帧。新建"白色"影片剪辑元件,绘制白色矩形。

25 返回"人物图2"影片剪辑元件,新建"图层2",将"白色"影片剪辑元件拖入舞台中并调整到与照片相同大小,设置Alpha为50,如图11-224所示。

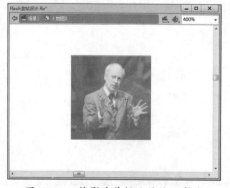

图11-224 将影片剪辑元件拖入舞台

26 在第7帧插入关键帧。选择第1帧,调整为最小。将第1帧复制,并粘贴到第15帧处。在帧与帧之间分别创建传统补间动画。

27 新建"图层3",将"按钮"按钮元件拖入舞台,如图11-225所示。

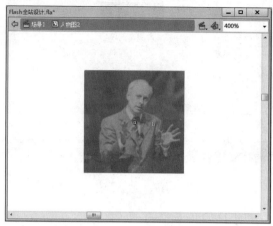

图11-225 将按钮元件拖入舞台

28 打开"动作"面板,输入脚本,如图11-226所示。

图11-226 输入脚本

29 新建"图层4",在第1帧、第7帧和第15帧处分别输入脚本"stop();"。

30 返回"页面1"影片剪辑元件,新建"图层6",将"人物图2"影片剪辑元件拖入舞台,并使用文本工具输入文本,如图11-227所示。

31 用前面所叙方法,创建按钮元件并拖入到"页面1"中,如图11-228所示。

图11-227 输入文本

图11-228 将按钮元件拖入舞台

32 新建"图层8"，将图片拖入舞台中，如图11-229所示。

图11-229 拖入图片

33 新建"图层9"，将图片拖入舞台中，并使用线条工具绘制线条，如图11-230所示。

图11-230 拖入图片并绘制线条

34 新建"图层10"，使用文本工具输入文本，如图11-231所示。

图11-231 输入文本

35 新建"图层11"，将"按钮"按钮元件拖入舞台中多次，如图11-232所示。

图11-232 拖入按钮元件到舞台中

36 新建"图层12"，使用线条工具绘制线条，如图11-233所示。

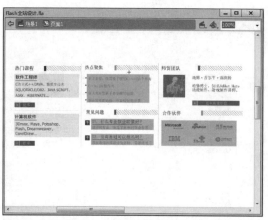

图11-233 绘制线条

📷 11.2.5 子页面制作

下面介绍其他子页面的制作步骤。

01 用同样的方法，新建"页面2"影片剪辑元件，效果如图11-234所示。

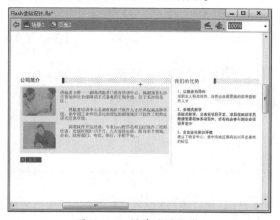

图11-234 制作"页面2"

02 新建"页面3"影片剪辑元件，将图片拖入舞台中，并添加按钮元件，如图11-235所示。

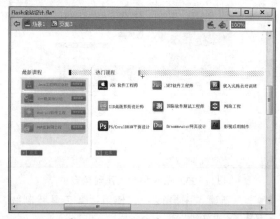

图11-235 添加图片及按钮元件

03 用同样的方法新建"页面4"影片剪辑元件，制作页面如图11-236所示。

图11-236 制作"页面4"

04 新建"页面5"影片剪辑元件，制作页面如图11-237所示。

图11-237 制作"页面5"

05 新建"页面6"影片剪辑元件，制作页面如图11-238所示。

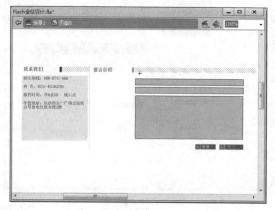

图11-238 制作"页面6"

06 选择文本工具，在"属性"面板中设置文本类型为"输入文本"，如图11-239所示。

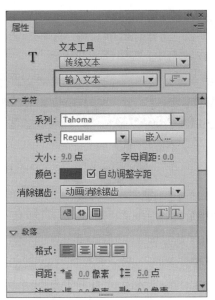

图11-239 设置文本类型

07 新建图层，在舞台中绘制文本框，如图11-240所示。

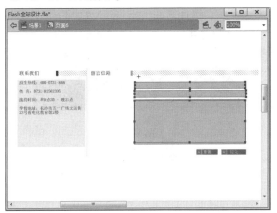

图11-240 绘制文本框

08 新建"页面7"影片剪辑元件，页面制作如图11-241所示。

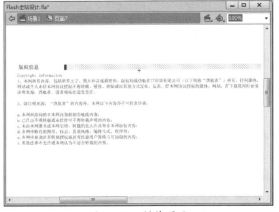

图11-241 制作页面

09 返回"场景1"，新建"图层54"，在第144帧处插入关键帧，将"页面1"影片剪辑元件拖入舞台，如图11-242所示。

图11-242 将元件拖入舞台

10 在第176帧处插入空白关键帧，在第187帧处插入空白关键帧，将"页面2"影片剪辑元件拖入舞台中，如图11-243所示。

图11-243 将元件拖入舞台

11 在第219帧、第229帧处插入空白关键帧。选择第229帧，将"页面3"影片剪辑元件拖入舞台中，如图11-244所示。

12 在第261帧、第271帧处插入空白关键帧。选择第271帧，将"页面4"影片剪辑元件拖入舞台中，如图11-245所示。

13 在第303帧、第312帧处插入空白关键帧。选择第312帧，将"页面5"影片剪辑元件拖入舞台中，如图11-246所示。

图11-244 将元件拖入舞台

图11-245 将元件拖入舞台

图11-246 将元件拖入舞台

14 在第344帧、第353帧处插入空白关键帧。选择第353帧，将"页面6"影片剪辑元件拖入舞台中，如图11-247所示。

图11-247 将元件拖入舞台

15 在第385帧、第395帧处插入空白关键帧。选择第395帧，将"页面7"影片剪辑元件拖入舞台中，如图11-248所示。

图11-248 将元件拖入舞台

16 将第427帧之后的所有帧删除。

17 新建"图层55"，在第116帧处插入关键帧，绘制白色矩形，如图11-249所示。

18 在第158帧处插入空白关键帧，将116帧复制到第161帧处。

19 选择第158帧至第161帧，将其粘贴到第201帧、第243帧、第285帧、第326帧、第367帧、第409帧处。

图11-249 绘制白色矩形

20 新建"图层56",在第116帧处插入关键帧,将"遮罩"影片剪辑元件拖入舞台中,如图11-250所示。

图11-250 将元件拖入舞台

21 在第139帧处插入关键帧,将元件向上移动,如图11-251所示。

22 复制第139帧到第145帧处,复制第116帧到第156帧处,在帧与帧之间创建传统补间动画。

23 根据上述方法,依次新建关键帧,移动元件,并创建传统补间动画。

24 选择该图层,单击鼠标右键,执行"遮罩层"命令。

25 新建"图层57",在第116帧处插入关键帧,将"图形1"影片剪辑元件拖入舞台,如图11-252所示。

26 在"属性"面板中修改实例类型为"影片剪辑"。

图11-251 将元件向上移动

图11-252 将元件拖入舞台

27 在第139帧处插入关键帧,将元件向上移动,如图11-253所示。

图11-253 将元件向上移动

28 在两帧之间创建传统补间动画，打开"属性"面板，设置声音为"背景音乐"，如图11-254所示。

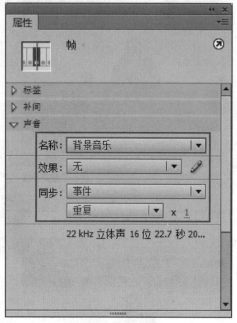

图11-254 设置声音

29 根据"图层56"来创建关键帧和补间动画，使其动画效果一致。

30 新建"图层58"，在第116帧处插入关键帧，输入脚本"stop();"。

31 在第182帧插入关键帧，输入脚本，如图11-255所示。

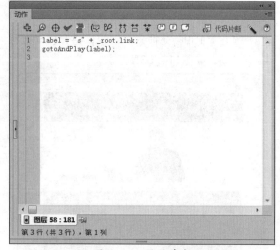

图11-255 输入脚本

32 选择第116帧，将其复制粘贴到第204帧、第246帧、第288帧、第329帧、第370帧、第412帧处。

33 选择第182帧，将其复制粘贴到第225帧、第264帧、第306帧、第347帧、第389帧、第430帧处。

34 新建"图层59"，在第145帧处插入关键帧，打开"属性"面板，设置标签名称为s1，如图11-256所示。

图11-256 设置标签名称

35 用同样的方法，依次在第189帧、第228帧、第274帧、第315帧、第356帧、第398帧处插入关键帧，并设置标签为s2~s7。

36 新建"图层60"，在第10帧处插入关键帧。打开"属性"面板，设置声音为"音乐1"；在第49帧处插入关键帧，设置声音为"音乐2"。

37 按Ctrl+S快捷键保存文档，按Ctrl+Enter快捷键测试影片，如图11-257所示。

图11-257 测试影片

美工与创意 网页设计艺术 第二版